国家出版基金项目
NATIONAL PUBLICATION FOUNDATION

"十二五"国家重点图书出版规划项目

高性能纤维技术丛书

高性能纤维产业技术发展研究

周　宏　编著

国防工业出版社

·北京·

内 容 简 介

高性能纤维与用来制作服装的普通纤维有着截然不同的应用使命。正因如此,对国家而言,高性能纤维技术和产业具有极强的战略重要性。

本书以碳纤维和对位芳纶为例,综述了高性能纤维的主要应用领域和近期技术进展,阐释了高性能纤维的技术特点和产业发展规律,研究梳理了碳纤维和对位芳纶技术的发现、发明史,并对碳纤维和对位芳纶产业技术的成功因素进行了案例研究。

本书可用作从事高性能纤维教育教学、产业规划和技术研发的院校师生、管理人员及科技工作者的技术参考资料。

图书在版编目(CIP)数据

高性能纤维产业技术发展研究 /周宏编著 . —北京:
国防工业出版社,2018.7
(高性能纤维技术丛书)
ISBN 978 - 7 - 118 - 11605 - 2

Ⅰ.①高…　Ⅱ.①周…　Ⅲ.①纤维增强复合材料—技术发展—研究　Ⅳ.①TB334

中国版本图书馆 CIP 数据核字(2018)第 111850 号

※

国防工业出版社出版发行

(北京市海淀区紫竹院南路 23 号　邮政编码 100048)
北京强华印刷厂印刷
新华书店经售
*
开本 710×1000　1/16　印张 16½　字数 318 千字
2018 年 7 月第 1 版第 1 次印刷　印数 1—2000 册　定价 78.00 元

序

Foreword

从 2000 年起,我开始关注和推动碳纤维国产化研究工作。究其原因是,高性能碳纤维对于国防和经济建设必不可缺,且其基础研究、工程建设、工艺控制和质量管理等过程所涉及的科学技术、工程研究与应用开发难度非常大。当时,我国高性能碳纤维久攻不破,令人担忧,碳纤维国产化研究工作迫在眉睫。作为材料工作者,我认为我有责任来抓一下。

国家从 20 世纪 70 年代中期就开始支持碳纤维国产化技术研发,投入了大量的资源,但效果并不明显,以至于科技界对能否实现碳纤维国产化形成了一些悲观情绪。我意识到,要发展好中国的碳纤维技术,必须首先克服这些悲观情绪。于是,我请老三委(原国家科学技术委员会、原国家计划委员会、原国家国防科学技术工业委员会)的同志们共同研讨碳纤维国产化工作的经验教训和发展设想,并以此为基础,请中国科学院化学所徐坚副所长、北京化工大学徐樑华教授和国家新材料产业战略咨询委员会李克建副秘书长等同志,提出了重启碳纤维国产化技术研究的具体设想。2000 年,我向当时的国家领导人建议要加强碳纤维国产化工作,中央前后两任总书记均对此予以高度重视。由此,开启了碳纤维国产化技术研究的一个新阶段。

此后,国家发改委、科技部、国防科工局和解放军总装备部等相关部门相继立项支持国产碳纤维研发。伴随着改革开放后我国经济腾飞带来的科技实力的积累,到"十一五"初期,我国碳纤维技术和产业取得突破性进展。一批有情怀、有闯劲儿的企业家加入到这支队伍中来,他们不断投入巨资开展碳纤维工程技术的产业化研究,成为国产碳纤维产业建设的主力军;来自大专院校、科研院所的众多科研人员,不仅在实验室中专心研究相关基础科学问题,更乐于将所获得的研究成果转化为工程技术应用。正是在国家、企业和科技人员的共同努力下,历经近十五年的奋斗,碳纤维国产化技术研究取得了令人瞩目的成就。其标志:一是我国先进武器用 T300 碳纤维已经实现了国产化;二是我国碳纤维技术研究已经向最高端产品技术方向迈进并取得关键性突破;三是国产碳纤维的产业化制备与应用基础已初具规模;四是形成了多个知识基础坚实、视野开阔、分工协作、拼搏进取的"产学研用"一体化科研团队。因此,可以说,我国的碳纤维工程技术和产业化建设已经取得了决定性的突破！

同一时期，由于有着与碳纤维国产化取得突破相同的背景与缘由，芳纶、芳杂环纤维、高强高模聚乙烯纤维、聚酰亚胺纤维和聚对苯撑苯并二噁唑（PBO）纤维等高性能纤维的国产化工程技术研究和产业化建设均取得了突破，不仅满足了国防军工急需，而且在民用市场上开始占有一席之地，令人十分欣慰。

在国产高性能纤维基础科学研究、工程技术开发、产业化建设和推广应用等实践活动取得阶段性成就的时候，学者专家们总结他们所积累的研究成果、著书立说、共享知识、教诲后人，这是对我国高性能纤维国产化工作做出的又一项贡献，对此，我非常支持！

感谢国防工业出版社的领导和本套丛书的编辑，正是他们对国产高性能纤维技术的高度关心和对总结我国该领域发展历程中经验教训的执着热忱，才使得丛书的编著能够得到国内本领域最知名学者专家们的支持，才使得他们能从百忙之中静下心来总结著述，才使得全体参与人员和出版社有信心去争取国家出版基金的资助。

最后，我期望我国高性能纤维领域的全体同志们，能够更加努力地去攻克科学技术、工程建设和实际应用中的一个个难关，不断地总结经验、汲取教训，不断地取得突破、积累知识，不断地提高性能、扩大应用，使国产高性能纤维达到世界先进水平。我坚信中国的高性能纤维技术一定能在世界强手的行列中占有一席之地。

师昌绪

2014 年 6 月 8 日于北京

师昌绪先生因病于 2014 年 11 月 10 日逝世。师先生生前对本丛书的立项给予了极大支持，并欣然做此序。时隔三年，丛书的陆续出版也是对先生的最好纪念和感谢。——编者注

前 言

Preface

20 世纪 90 年代中期，我军单兵防弹装备技术开始了从基于金属材料技术向基于先进复合材料技术的转型。我有幸参与了这一过程，从 1995 年开始从事对位芳纶应用技术研究，并由此进入国产高性能纤维技术发展战略研究领域。

国产高性能纤维技术研究起源于 20 世纪 70 年代中期，当时取得了一些技术和产品成果，满足了国防军工急需，但由于经济、技术和管理基础薄弱，国家尚没有实力去建设需要天量级资源投入的国产高性能纤维产业。

进入 21 世纪，在师昌绪先生倾力倡导下，发展国产高性能纤维技术受到了各界的高度关注。此间，一些杰出的企业家们走上前台，成为中国高性能纤维技术创新和产业建设的主角。他们充分发挥各自组织资源、开拓市场和争取政府支持的能力，有力地推动了国产高性能纤维技术的产业化进程。当然，党和国家领导人的关注、国家科技计划特别是 863 计划的推动、各级各地党政机关的支持、科学家和工程师们的攻关，以及发展大国重器的机遇牵引等因素，都为近 10 年来以碳纤维和对位芳纶为代表的国产高性能纤维技术进步及产业建设成就打下了良好基础。

参与其间的 20 多年里，我切身感受到了国产高性能纤维技术研发和产业化建设过程中的痛苦与艰辛、无奈与失落、坚持与希望、成功与喜悦。感谢国家出版基金和国防工业出版社，是你们的鼓励和支持，得以让我们这一代国产高性能纤维技术科技工作者，能够以"高性能纤维技术丛书"来记录这段历史、总结经验教训、展望光明未来！

本书以高性能碳纤维和对位芳纶为例，综述了其技术发展史；较全面地介绍了 PAN 基碳纤维和对位芳纶领域的世界领先企业——日本东丽公司和美国杜邦公司，并从管理学视角，采用案例研究方法，分析了其技术发展和产业建设的成功因素。目的是为国产高性能纤维技术发展和产业化建设提供参照。因为，已取得的成就，只是阶段性的成功；要实现技术领先和产业做强，我们要走的路还很长很长。

由于水平有限，本书中一定存在许多不足，诚请读者予以批评指正。

最后，我要感谢：863 计划新材料领域的各位领导和专家，特别是高性能纤维及其复合材料专项专家组的各位同仁;本套丛书编委会的各位院士、专家及作者;帮助作者校定本书相关技术内容的马千里博士、刘瑞刚博士和胡桢博士;参加本套丛书立项申报工作的黄献聪博士和李常胜博士两位同事;以及,各位参考文献的作者们!

周宏

2017 年 10 月

目 录

Contents

X

第1章

高性能纤维的特性、分类与作用

　　人类自发现和利用纤维开始,对纤维性能改进提升的需求和实践就从未停止过。工业文明出现后,除了衣着家纺外,纤维越来越多地用于工业和军事等特殊领域,从而对提升纤维性能有了更强烈的需求。化学纤维的出现,特别是1940 年尼龙纤维的问世,使人们对提升有机聚合物纤维的性能有了更强的期盼。与此同时,高分子科学的快速发展,为科学家们认识高聚物的性质和改进其纤维的性能,提供了更多的理论方法和技术工具。由此,高性能纤维时代拉开了序幕。

　　毛森·米拉夫特布(Mohsen Miraftab)认为,1957 年安德鲁·凯勒(Andrew Keller,1926—1999)在高密度聚乙烯稀溶液中发现片层状单晶并阐释了聚合物存在形成折叠链型结晶趋势的理论,为发展高强度和高模量(高强高模)有机纤维指出了方向[1]。此后,人们注意到,到 20 世纪 70 年代后期,聚丙烯腈(PAN)基碳纤维、对位芳纶和超高分子量聚乙烯纤维开始具有了其他纤维所无法企及的高强高模性质。1994 年,慕吉克(S. K. Mukhopadhyay)较早地提出了"高性能纤维"(high - performance fiber)的概念,并认为其强度和模量应分别在 3 ~ 6GPa 和 50 ~ 600GPa 范围内(图 1 - 1)[2]。

1.1 定　义

　　2006—2009 年,季国标、周其凤、孙晋良、蒋士成和姚穆等两院院士领导开展了中国工程院重大咨询项目"国产高性能纤维发展战略"的研究。在项目研究报告中,对高性能纤维做出了如下定义:

　　"高性能纤维是具有重量轻、强度高、模量高、耐冲击、耐高温、耐腐蚀等优良物理化学性能的纤维,其强力和模量通常在18cN/dtex(20g/D)和440 cN/dtex (500g/D)以上,可以在 160 ~ 300℃下长期使用[3]。"

　　这应是迄今为止我国工程技术界对高性能纤维做出的最权威界定。

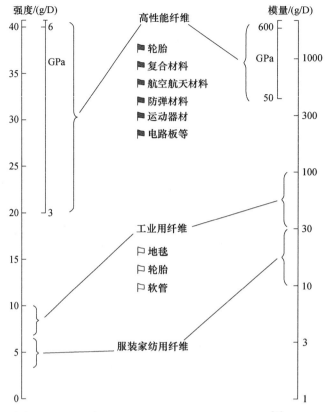

图 1-1 慕吉克提出的高性能纤维性能与应用示意图[2](1D=9/10dtex)

1.2 特 性

高性能纤维的特性主要表现在高强高模的力学性能,以及耐高温和耐腐蚀等三个方面。

1. 力学性能优异:高强高模

PAN 基碳纤维、对位芳纶(PPTA)、超高分子量聚乙烯(UHMWPE)纤维和聚对苯撑苯并二噁唑(PBO)纤维是四种主要的高强型高性能纤维,聚(2,5-二羟基-1,4-苯撑吡啶并二咪唑)(PIPD(M5))纤维是有商业化可能性的高强型高性能纤维。高强型高性能纤维主要用作先进复合材料的增强体。

强度和模量是反映高性能纤维基本力学性能的两个关键指标。图 1-2 和图 1-3 为主要高性能纤维的性能及其与钢丝性能的比较。高性能纤维的密度都远低于钢丝,是钢丝的 1/8~1/4;重量比强度是钢丝的 2~4 倍;重量比模量是钢丝的 4~10 倍。

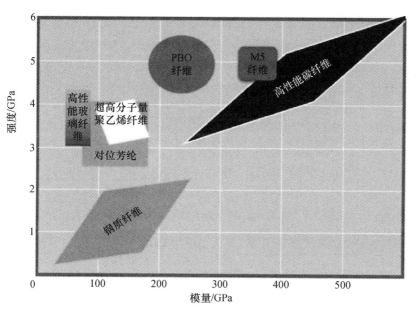

图 1-2　主要高性能纤维力学性能示意图

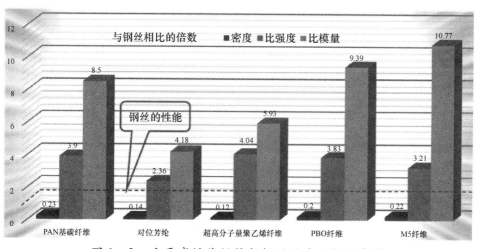

图 1-3　主要高性能纤维与钢丝性能比较示意图

2. 阻燃耐高温性能好：工作温度在 160℃以上

耐热型高性能纤维是可在 160~300℃温度长期使用的纤维。高温下，其尺寸稳定，软化点、熔点和着火点高，热分解温度高，长期曝露在高温下能维持一定的力学强度、化学稳定性以及加工性能等[4]。极限氧指数、玻璃化温度和分解温度等指标是反映其耐热性能的关键参数。

耐热型高性能纤维包括线形芳香族纤维、石墨化碳纤维和聚四氟乙烯纤维

(PTFE)等主要品种。线形芳香族耐热纤维的分子主链或侧链含有刚性的苯环，其耐热性能与苯环的稠密程度及其在分子中的位置、链接方式密切相关。这类纤维主要包括聚对苯二甲酰对苯二胺纤维(即对位芳纶(PPTA))、聚间苯二甲酰间苯二胺纤维(间位芳纶(PMIA))、聚苯硫醚纤维(PPS)、聚酰亚胺(PI)纤维、聚苯并咪唑(PBI)纤维和聚对苯撑苯并二噁唑纤维。

耐热型高性能纤维主要用于环保和个体防护等领域。

3. 耐化学腐蚀性出色：对绝大多数溶剂表现为惰性

高性能纤维都具有优异的耐化学腐蚀性能。例如：间位芳纶纤维可耐大多数高浓无机酸的腐蚀；高温下，置于不同的有机试剂中一周后，聚苯硫醚纤维仍能保持其原有的抗拉强度；聚酰亚胺纤维不溶于有机溶剂，耐腐蚀、耐水解。耐腐蚀性能最出色的当属聚四氟乙烯纤维，其几乎耐任何化学试剂腐蚀，即使在浓硫酸、硝酸、盐酸甚至王水中煮沸，其重量及性能都不变化；只在300℃以上稍溶于全烷烃(约0.1g/100g)。

1.3 分　类

高性能纤维分为有机和无机两大类(表1-1)。

表1-1　高性能纤维分类和品种

主要高性能纤维的分类和品种		
有机高性能纤维	刚性分子链	间位芳香族聚酰胺纤维
		对位芳香族聚酰胺纤维
		芳香族聚酯纤维
		聚对苯撑苯并噁唑纤维
		聚苯硫醚纤维
		聚(2,5-二羟基-1,4-苯撑吡啶并二咪唑)纤维
		聚苯并咪唑纤维
		聚苯砜对苯二甲酰胺纤维
		聚酰亚胺纤维
		聚酰胺-酰亚胺纤维
		酚醛纤维
		三聚氰胺甲醛纤维
		聚醚醚酮纤维
		聚四氟乙烯纤维
	柔性分子链	超高分子量聚乙烯纤维
		聚乙烯醇纤维

（续）

主要高性能纤维的分类和品种		
无机高性能纤维	碳纤维	聚丙烯腈基碳纤维、沥青基碳纤维、黏胶基碳纤维、石墨纤维
	陶瓷纤维	氧化铝纤维、碳化硅纤维
	玻璃纤维	
	玄武岩纤维	
	硼纤维	

有机高性能纤维源于高分子聚合物。碳纤维被认为是准有机高性能纤维，因为它的前驱体是有机物。

从分子维数角度，高性能纤维分为线形聚合物、石墨片和三维网络三种类型。线形聚合物是一维的，通常具有良好的力学性能；根据分子中有无苯环和氨基，分为刚性分子链和柔性分子链两类；有苯环和氨基的是刚性分子链，主要是酰胺类纤维；没有苯环和氨基的是柔性分子链，主要是聚乙烯类和醇类纤维。石墨片型纤维是二维结构的；乱层排列，既获得了石墨结晶完善取向所产生的最高轴向强度和刚度，又获得了维系纤维横向性能的内聚力。三维网络型纤维中，有机热固性树脂制成的纤维通常不具备足够强度，主要提供耐热性能，而无机三维网络型纤维则能够同时提供刚度、强度和高温性能[5]。

1.4 作　用

纤维结构学奠基人之一、英国曼彻斯特理工大学（University of Manchester Institute of Science and Technology（Umist））荣誉教授赫尔（J. W. S. Hearle，1926—2016）在其著作《高性能纤维》一书中指出，除了防弹、防火等特殊用途外，不会优先考虑把高性能纤维用在服装和家纺等舒适或时尚性产品上[6,7]。可见，高性能纤维在其诞生之初就有着完全不同于服装用纤维的应用使命了。

后续的应用发展证明，高性能纤维主要有三个方面的重要作用。

1. 发展尖端军民用装备的关键材料

没有高性能纤维就不可能有卫星、空间站、大型客机和先进战斗机等尖端军民用装备。竞争性市场上，由于成本因素，高性能纤维难以大规模应用。例如，在汽车轮胎市场上，尼龙帘子线是最有竞争力的对手，其无以撼动的性价比优势，稳稳地把对位芳纶排挤出了普通汽车轮胎市场。至今，对位芳纶增强轮胎只能用于赛车、重载汽车和飞机。赫尔指出："每种高性能纤维只有有限的几个制造商生产，而他们必须找到其出色性能可支撑高昂价格的合理的特定市场[7]。"事实上,赫尔想指出的愿意付出"高昂价格"来证明高性能纤维的"出色性能"的那个"合理的特定市场",就是军民用尖端装备市场。特别是尖端武器市场,因其经济学特征就是:"强调性能而非成本;政府承担风险,对研究与发展和基础设施投资,……[8]。"尖端军民用装备市场的应用关乎着高性能纤维技术和产品的生存和发展,这一点在相当长的一段历史时期内是难以改变的。

2. 绿色发展的重要物质基础

高性能纤维增强复合材料制造的飞机、汽车、高速火车和舰船等的结构体,增强了抗冲击和抗形变能力,减轻了装备自重,不仅提高了使用安全性,而且显著减少燃油消耗和 CO_2 气体的排放;高性能纤维增强复合材料制造的风力发电机叶片重量轻,可提高风能利用率;耐热型高性能纤维制成的烟气过滤袋,用于火力发电厂、水泥厂和垃圾焚烧厂的烟气除尘;等等。高性能纤维的广泛应用会为国家的绿色发展和美丽家园建设做出重要贡献。

3. 促进产业转型升级的技术动力

2012 年,中国已是世界化学纤维(以下简称化纤)第一大生产国,2016 年我国化纤总产量已达 5000 万吨,占全球总量的 75%[9]。但是,其中高性能纤维所占比例非常小。虽然历经多年努力,国产高性能纤维产业化技术在"十二五"期间取得了实质性突破,但从技术先进性和全行业盈利能力看,我国高性能纤维产业仍规模偏小、实力较弱,与日本、美国等强国间还存在着较大差距。

国产高性能纤维产业要想由弱变强,就必须促进化工、化纤和纺织等产业的转型升级、换代,而大力发展高性能纤维技术将为此提供强有力的牵引力。2015 年 9 月召开的"第 21 届中国国际化纤会议"上,日本化纤协会董事长上田英志指出,当一个国家的经济发展到一定水平之后,人均纤维消费量呈趋稳状态,增长量极小。同时,消费者对化纤产品的质量要求趋高,导致纤维消费价格提高。此时,化纤产品升级为高附加值的"技术纺织品"(Technical Textiles)[10]。与此吻合的是,20 世纪 90 年代末西方大型化纤企业就开始了产业升级,出售通用化纤业务,专注发展高性能纤维产业。英威达公司(INVISTA)原是美国杜邦公司的织物与室内饰品公司(DuPont Textiles & Interiors),在全球 50 多个国家开展服装面料、产业用纺织品和中间体化学品业务,拥有 Lycra®、Stainmaster®、Antron®、Coolmax®、Thermolite®、Cordura®、Supplex®、Tactel®、Corfree®、Dytex®、ADI – Pure®和 Terathane®等全球最著名的品牌和商标组合,2002 年销售收入为 63 亿美元。2004 年,杜邦公司以 44 亿美元现金,将英威达公司出售给了科氏工业有限公司(Koch Industries, Inc.),而将 Kevlar®、Nomex®和 Tyvek®等三个品牌的高性能纤维业务保留在了自己的防护技术(DuPont Protection Technologies)业务板块中,由此,杜邦公司完成了其纤维业务高性能化的升级[11]。2016 年,日本东丽产业有限责任公司(东丽公司)(Toray Industries,Inc.)化纤与织物板块,占销售总额的 42.3%、占营业收入 44.6%;同年,碳纤维及其复合材料板块仅占销售总额的 9%,却占营业收入的 23.3%(表 1-2,图 1-4)。可见,碳纤维及其复合材料业务的经济效益附加值远高于传统技术产品[12]。

这说明,世界领先企业在转型升级中都对高性能纤维业务加以倚重和发展,以期为企业带来更长久的效益。

表 1-2 2016 年度东丽公司业务收入一览表

日本东丽公司 业务板块	2016 财年 净销售额	2016 财年 营业收入
	（单位:亿美元）	
纤维与织物	79.15	6.11
塑料与化学品	46.25	2.61
IT 相关产品	22.28	2.32
碳纤维复合材料	16.52	3.20
环境与工程	16.27	0.85
生命科学	4.95	0.27
其他（试验测试）	1.31	0.17
总计	186.73	13.71
注:汇率按 1 美元 = 112.7 日元计		

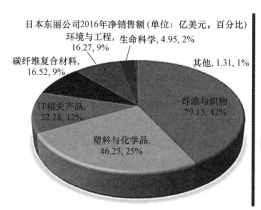

图 1-4 2016 年度东丽公司业务收入示意图

参考文献

［1］Horrocks A R, Anand S C. Handbook of Technical Textiles［M］. Cambridge：Woodhead Publishing Limited, 2000.

［2］Mukhopadhyay S K. High Performance Fibers［M］. Cambridge：Woodhead Publishing Limited, 1994.

［3］周宏. 国产高性能纤维发展战略研究报告［R］. 北京：中国工程院,2009.

［4］蒋红. 耐高温纤维的进展(I)［J］. 纺织导报,2001(1):22.

［5］Hearle J W S. 高性能纤维［M］. 马渝茳,译. 北京：中国纺织出版社,2004.

［6］Denyer R, Hearle J. The Gardian［P/OL］.［2017 – 11 – 18］. https：//www. theguardian. com/technology/ 2016/aug/11/john – hearle – obituary.

［7］Hearle J W S. High – performance Fibers［M］. Cambridge：Woodhead Publishing Limited,2001.

［8］Dunne J P. 国防工业基础//国防经济学手册(第一卷)［M］. 姜鲁明,等译. 北京：经济科学出版社,2001.

［9］中国化学纤维工业协会. 中国化纤新时代［OL］.［2016 – 5 – 17］. http：//www. ccfa. com. cn/html/ hyyw/5591. html#.

［10］中国化学纤维工业协会. 探寻全球化纤工业融合发展之路［OL］.［2015 – 12 – 3］. http：// www. ccfa. com. cn/html/2015 – 09/4371. html#.

［11］Dopout. 2004 Best Known Global Fiber Brands Sold,Innovation Starts Here［EB/OL］.［2017 – 12 – 01］, http：//www. dupont. com/corporate – functions/our – company/dupont – history. html.

［12］Toray. Toray Group Overview, Investor Relationship［EB/OL］.［2017 – 12 – 01］. http：//www. toray. com/ ir/individual/index. html.

第2章

高性能纤维应用发展及产业特性

高性能纤维产业主要由纤维制造和纤维应用两部分构成。高性能纤维制造是产业的基础,高性能纤维应用是产业的目的与归宿。高性能纤维应用的领域和规模映射着产业的总体技术水平及发展前景。

2.1 应用发展的五个阶段[1]

图2-1以碳纤维和对位芳纶为例展示了高性能纤维产业半个多世纪应用发展历程中的五个重要阶段:

（1）初始应用研究阶段(1955—1975)。发现了碳纤维和对位芳纶等的基础科学原理,发明了纤维制备技术,突破了工程化技术瓶颈,建立了小规模生产装置并开始批量生产,初步应用于一些简单产品(如钓鱼杆和高尔夫球杆)的制造。

（2）推广阶段(1975—1985)。碳纤维开始用于制造飞机次要结构部件,对位芳纶开始用于制造军警人员防弹装备。

（3）增长阶段(1985—1995)。碳纤维和对位芳纶广泛用于体育休闲产品制造,形成了稳定的市场;碳纤维开始用于制造飞机的主要结构部件;对位芳纶制造的军警用防弹衣和防弹头盔全面替代了金属材质的产品,并在工业个人防护装备领域(如:防切割手套)得到广泛应用。

（4）爆发阶段(1995—2005)。碳纤维用作 B777 等大型飞机的主要结构材料,带动了其在商业航空器制造中的全面应用;碳纤维和对位芳纶的工业应用需求开始爆发。

（5）全面爆发阶段(2005—2015)。碳纤维用作大型先进飞机(如 A380 和 B787)的主承力结构材料,航空航天器制造市场全面增长;同时,碳纤维和对位芳纶在汽车、风能发电机、动力燃料电池和压力容器等工业领域的应用发展迅猛。

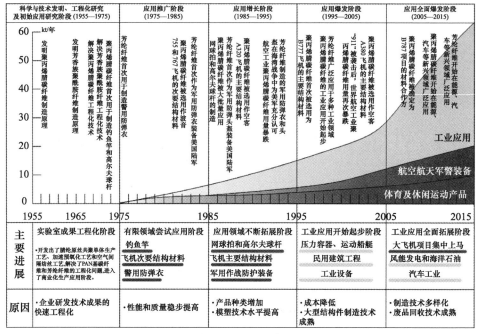

图 2-1　高性能纤维发展的 50 年

2.2　市场特性

1. 规模很小

由于性价比的缘故,高性能纤维在竞争性市场上不具成本优势,难以对尼龙等大宗纤维形成替代,故应用还只局限在一些不可替代的高端领域。尽管近些年来,碳纤维和对位芳纶的用量及产能都有了成倍的增长,但与通用化纤的规模相比,高性能纤维产业的规模仍很小。目前,碳纤维、对位芳纶、高强高模聚乙烯、PBO 和 PBI 的总量仅为 30 万 t 左右。

2. 日本、美国垄断高端技术与市场

全球高端高性能纤维的生产商几乎都是日本和美国的企业。从市场性质看:全球中低端碳纤维市场是竞争性市场;高端碳纤维(高强型和高模型)市场是寡头垄断市场,即由日本东丽公司独家垄断;对位芳纶纤维则是双寡头垄断市场,即由美国杜邦公司和日本帝人公司垄断了全球市场。近年来,由于国产间位芳纶和超高分子量聚乙烯纤维的产能建设持续发展,这两种产品已经形成了完全竞争性市场。而国产高性能聚丙烯腈基碳纤维和对位芳纶虽已实现了产业化技术和能力建设的突破,但从综合技术性能、企业竞争力和行业盈利能力等指标考量,与日本同类企业相比,总体实力仍有很大差距。

2.3　产业特点

2.3.1　产品生命周期很长

1. 产品生命周期曲线

高性能纤维应用发展的五个阶段折射出了它的产品生命周期特性。根据产品生命周期理论,高性能纤维的产品生命周期可分为四个阶段,即孕育期、成长期、成熟期和退出期。高性能纤维是工业原材料,因此,其应用领域随着时间的延长而不断扩大,需求量不断增加,价格和利润也会有序消涨。基于这些因素,高性能纤维的产品生命周期曲线呈扇贝形(图 2 - 2)。以 PAN 基碳纤维和对位芳纶为例,虽然市场寿命已经超过了 40 年,但其仍处于产品生命周期中的成熟阶段,且仍将有较长时间的市场生命力。

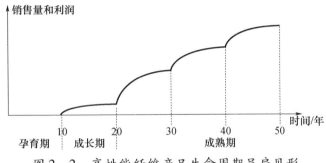

图 2 - 2　高性能纤维产品生命周期呈扇贝形

2. 产品生命周期三个阶段

1）孕育期约 10 年

孕育期是指高性能纤维的研发时间。PAN 基碳纤维和对位芳纶的研发历程告诉我们,高性能纤维的产品孕育期需要长达 10 年甚至更长的时间。本书第 4 章中对高性能碳纤维和对位芳纶技术发展历程的阐释,足以证明这一判断。

2）成长期约 10 年

成长期是指高性能纤维开始进入市场,潜在用户认识到其独特的性能优势并开始进行商业化应用的时间。例如,从日本东丽公司 1972 年用碳纤维来制造钓鱼杆,到 1992 年 T800H/3900 - 2 型碳纤维预浸料用于制造 B757 和 B767 飞机的主承力结构部件,花了 20 年时间,完成了对高性能碳纤维增强树脂材料和制品的研究及验证过程。此间,碳纤维的性能和质量稳步提高,并应用于体育休闲产品和压力容器制造,以及建筑补强等领域。进入产品生命周期的成长期后,高性能纤维的销售量开始稳步提高,成本开始下降,产品开始盈利。

3）成熟期超过 30 年

成熟期是指产品进入销量和利润同步稳定增长的阶段。随着性能、质量的提高和应用技术的发展,高性能纤维在已经进入的应用领域内的消费需求持续增长。随着成本下降和新应用领域的拓展,其销量和利润进一步提升,产品进入成熟期。高性能碳纤维和对位芳纶的实例表明,高性能纤维产品的成熟期至少30 年,至少有 20 年的获利期。如果以尼龙为参照,成熟期的时长已超过 60 年。

2.3.2　技术创新很难

高性能纤维产业化制造技术突破和产业化能力建设是产业发展的起点和难点。原因在于,围绕高性能纤维产业建设开展的创新活动不是一般性的产品创新,而是复杂产品系统(Complex Products and Systems,CoPS)创新。

复杂产品系统是那些研发成本高、物化的知识种类多、技术集成度高、生产批量小、项目管理难度大的大型产品、系统或基础设施。20 世纪 70 年代,西欧国家劳动力成本高、资源不足,产业无法与美国的大规模定制生产模式进行竞争。为摆脱竞争劣势,西欧国家开始专注在大型复杂产品(如大型商用飞机)领域开展持续创新。经过 20 多年努力,西欧国家避开了弱项,成功地发挥出了自身优势,开辟了一个全新的竞争领域,形成了核心竞争力,实现了产业的结构调整和升级。20 世纪 90 年代末,人们发现大型复杂产品与大规模制造产品在创新方面存在明显不同,于是开始将其作为独立的对象进行研究并进而认识到,复杂产品系统是"构筑一切现代经济活动基础的生产资料",关系到国家的强弱兴衰,是一个国家赖以生存和发展的关键要素[2]。

高性能纤维产业技术创新活动具有对基础研究依赖性强、对知识一体化集成能力要求高,以及对设备性能和公用设施配套要求高等特征,是典型的复杂产品系统创新。

1. 对基础研究依赖程度高

高性能纤维的高性能,源于其独特的微观结构特性。要使规模生产中制造出来的纤维的微观结构特性能够实现,就需要对其微观结构的形成过程有非常清楚的认识,对影响其结构形成的外部条件有精准的控制。要做到这一点,纤维制造工程必须有基础研究的有力支撑,以做到"知其然",也"知其所以然"。

2. 对知识一体化集成能力要求高

高性能纤维产业化技术创新涉及化工、化纤、机械、电气、电子、土建、流程管理等诸多领域的知识,需要一支经验丰富的一体化项目团队来协力完成。一体化项目团队在不断发现和解决问题的过程中,实现高性能纤维制造与应用全部知识的系统集成,并持续物化到工艺装备和过程控制技术之中。

3. 对设备性能和公用设施配套要求高

高性能纤维制造是在强酸、高温条件下进行的精细化学反应,这对工艺装备的材质性能、加工质量和控制水平要求极为严格,需要非常高的工程设计水平和装备制造能力。

公用设施指纤维制造所需的水、电、气、暖、溶剂回收、污染物处理等装置,这些装置如果单独应用于某一两个品种的高性能纤维制造是非常不经济的,依托大型化纤制造企业已经具备的完善基础设施来布局高性能纤维制造产业应是经济合理的。

2.3.3　产业建设投入巨大

斯蒂芬妮·露易丝·克沃莱克发现对位芳纶后,杜邦公司投入了 5 亿美元研发其产业化技术和建设生产能力,是其有史以来最大规模的一项产业建设投入,被《财富》(Fortune)杂志称为"寻找一个市场上的奇迹[3]"。

如果没有 20 世纪 70 年代这 5 亿美金的产业建设投入,杜邦公司就不会有 Kevlar® 品牌产品 40 年的盈利。我国近年国产高性能纤维企业的产业化建设实践也证明,足够的投入规模是产业成长成熟的必要条件之一。

2.3.4　纤维应用对产业成长成熟作用重大

应用是高性能纤维制造技术得以成熟、高性能纤维性能臻于完美的必要保证。日本东丽公司和美国杜邦公司是全球最高水平的高性能纤维制造商,都兼具纤维制造和纤维应用两方面的技术优势。日本东丽公司不仅在碳纤维制造技术方面具有领先优势,而且在碳纤维应用技术领域(如预浸与复合技术)也具有强大的技术优势,这对推动碳纤维在飞机制造上的应用发挥了重要作用。同样,美国杜邦公司不仅在对位芳纶制造技术上具有独到优势,而且在下游产品制造技术方面(如防弹装备和特种防护服装技术)也占据领先地位。

参考文献

[1] 周宏. 国产高性能纤维发展战略研究报告[R]. 北京:中国工程院,2009:21.

[2] The Centre for Research in Innovation Management (CENTRIM). Complex Product Systems (CoPS) Innovation Centre [OB/EL]. [2017 – 12 – 01]. https://www. brighton. ac. uk/centrim/research – projects/cops. aspx.

[3] Dupont USA. Innovation Starts Here:1965 Kevlar® [EB/OL]. [2017 – 11 – 08]. http://www. dupont. com/corporate – functions/our – company/dupont – history. html.

第 3 章

高性能纤维的主要应用

聚丙烯腈基碳纤维和对位芳纶是全球产能最高、用量最大、应用技术最为成熟的两种最具代表性的高性能纤维。本章以这两种纤维为代表,综述高性能纤维的主要用途及近期技术进展。

3.1 碳纤维的主要应用及近期技术进展

碳纤维是最重要的无机高性能纤维,这点是由其材料特性、产业技术复杂性、应用领域重要性和市场规模性等因素决定的,其首个市场化应用是 1972 年市售的碳纤维增强树脂(CFRP)钓鱼竿[1]。此后,碳纤维应用快速向以航空航天器主结构材料为代表的高端化发展。碳纤维最主要的应用形式是作为树脂材料的增强体,所形成的 CFRP 具有优异的综合性能,其在导弹、空间平台和运载火箭,航空器,先进舰船,轨道交通车辆,电动汽车,新概念货运卡车,风电叶片,燃料电池,电力电缆,压力容器,铀浓缩超高速离心机,特种管筒,公共基础设施,医疗设备,机械零部件,体育休闲用品,乐器和时尚产品等 18 个领域,有着实际和潜在的应用。本节综述了上述领域中碳纤维的应用及其近期技术进展。

3.1.1 导弹、空间平台和运载火箭

碳纤维是现代航空航天工业的物质基础,具有不可替代性。CFRP 被广泛应用于导弹、空间平台和运载火箭等航天领域。在导弹应用方面,CFRP 主要用于制造弹体整流罩、复合支架、仪器舱、诱饵舱和发射筒等主次承力结构部件(图 3 - 1);在空间平台应用方面,CFRP 可确保结构变形小、承载力好、抗辐射、耐老化和空间环境耐受性良好,主要用于制造卫星和空间站的承力筒、蜂窝面板、基板、相机镜筒和抛物面天线等结构部件(图 3 - 2);在运载火箭应用方面,CFRP 主要用于制造箭体整流罩、仪器舱、壳体、级间段、发动机喉衬和喷

管等部件(图3-3)[2]。目前,CFRP在航天器上的应用已日臻成熟,其是实现航天器轻量化、小型化和高性能化不可或缺的关键材料。

图3-1 CFRP在导弹上的应用示例

图3-2 CFRP在卫星和空间站上的应用示例

美国登月用战神5火箭　　　欧洲阿里安火箭　　　日本H2A火箭　　　俄罗斯质子M火箭

图 3-3　CFRP 在运载火箭上的应用示例

3.1.2　航空器

在大型先进飞机中,CFRP 广泛用作机身主承力结构和发动机叶片材料,在近期研制成功的新型飞艇中,CFRP 也用作结构材料。

3.1.2.1　CFRP 大型先进飞机机身结构

20 世纪 70 年代中期的石油危机是碳纤维应用于飞机制造的直接原因。为缓解能源危机,当时的美国政府启动了"飞机节能计划"(Aircraft Energy Efficiency Program,ACEE)[3]。现代飞机机身采用钢、铝、钛等金属和复合材料制成。为节约燃油和提高运营效益,减轻机身重量一直是飞机设计制造技术中的核心挑战之一。而 CFRP 在飞机机身制造上的成熟应用为减轻飞机机身重量提供了最有效的途径。最新投产的波音 787 飞机,其机身机翼采用碳纤维层合结构,升降舵、方向舵和发动机舱(发动机吊挂除外)采用碳纤维夹芯结构,整流罩采用玻璃纤维夹芯结构,整机复合材料使用量达到了 50%[4]。燃油效率较以金属材料为机身结构的飞机提高了 20%[5]。

波音 787 飞机机身分为前机身、中机身、后机身 3 部分 6 个筒形结构段,其制造特点是,采用整体成型的筒形结构工艺,相较过去的壁板整合结构工艺,是革命性的进步。用铺带/铺丝机将预浸料在直径 5.74m、留有窗口位置的模胎上缠绕,形成筒形件。缠绕前,将碳纤维预浸料铺设并压实在模胎上设有的长桁和大梁槽内;缠绕后,退出模胎,将机壳、长桁和大梁一并放入 23.2m×9.1m 的热压罐中,固化成一个整体的复合材料机身段(图 3-4)。仅用少量的高锁螺钉和单面抽钉等紧固件,即可将这些整体成型的机身段对接总装。这种工艺大大减少了连接件和装配工时,生产效率大幅提高,降低了生产成本,提高了机身气密性和抗疲劳性能,结构质量更优[4]。

波音 777X 飞机(图 3-5)是以波音 777 飞机为基型,波音公司正在研发的一种大型双引擎客机,计划首架飞机于 2020 年交付运营。波音 777X 飞机的主翼由 CFRP 制成,其翼展长约 72m(235 英尺),是目前客机中翼展最长的机型之一。翼展越长,升力越大。因此,波音 777X 的单座燃油消耗和运营成本都非常有竞争力。此外,CFRP 机翼不仅强度高、柔性好,而且末端可折叠,多数机场都能满足其宽翼展的停机需求[6]。

图 3-4　波音 787 飞机 CFRP 机身段、成型模胎和缠绕加工

图 3-5　CFRP 在大型客机机身及承力结构中的应用

波音 787 飞机的主翼和机身等主承力结构都采用日本东丽公司 TORAY-CA® 品牌碳纤维预浸料制造。2005 年 11 月,日本东丽公司与美国波音公司签署了一项为期 10 年的协议,为波音 787"梦想"号飞机提供碳纤维预浸料。2015 年 11 月 9 日,日本东丽公司宣布与美国波音公司达成综合协议,将为波音 787 和波音 777X 两型飞机提供价值约 110 亿美元的碳纤维预浸料。波音公司计划提高波音 787 飞机的月产量,从 2015 年的 10 架提高到 2016 年的 12 架、2020 年的 14 架。同时,大型模块的比例也将提高,这将极大地促进对 CFRP 的需求。为保证波音 787 飞机月产量达 12 架后的材料供应,位于美国华盛顿州塔科马市(Tacoma,Washington)的东丽复合材料(美国)公司(Toray Composites(America),Inc.)已于 2016 年 1 月完成了扩产。同时,日本东丽公司决定投资约 4.7 亿美元,在其收购的斯帕坦堡县(Spartanburg County,South Carolina)厂区内建设包含原丝、碳纤维和预浸料在内的生产线,设计产能为 2000t/年,这是日本东丽公司首次在美国建设全流程的碳纤维生产线,以用于研发波音 777X 飞机和满足月产 14 架波音 787 飞机的需求[7]。

3.1.2.2　CFRP 飞机发动机叶片

提升发动机的涵道比(Bypass Ratios),能够增加飞机推力、降低噪声、提高燃油效率。20 世纪 70 年代,涵道比从 5∶1 提高到了 10∶1。预计到 2025 年,涵道比为 15∶1 的发动机将投入实用,到 2050 年,采用新概念设计的发动机涵道比将达到50：1或更高。但是，提高涵道比会相应增加发动机的体积和重量。因此，CFRP是制造涡扇发动机叶片和风扇防护罩的理想材料，CFRP叶片比中空钛金属叶片更薄、空气动力性更好。20世纪60年，英国罗尔斯·罗伊斯飞机发动机公司（Rolls - Royce PLC，下称罗·罗公司）就研制了Hyfil型CFRP叶片，因未能通过"鸟撞击"测试和加工可重复性评价，当时没能实用。但这并未妨碍对CFRP叶片的继续研究。美国GE公司为波音777飞机研发的GE90型涡扇发动机首次使用了CFRP叶片。该型叶片由1700片碳纤维预浸料经手工铺层、热压罐固化和精细机加工而成，每只叶片需340h加工工时，由美国CFAN公司（San Marcos，TX，US）制造。GE90型涡扇发动机1995年服役，其风扇定子罩、风扇平台和吸音板都采用复合材料制造。GE公司为波音787和波音747 - 8飞机研制的GEnx型涡扇发动机也采用了CFRP叶片，还首次采用了CFRP前风扇罩。

波音737MAX、空客A320neo和中国商飞C919等飞机使用的LEAP型发动机，每年需28000只CFRP叶片，由法国克莫希公司（Commercy，France）和美国罗彻斯特公司（Rochester，NH，US）制造。这种叶片采用阿伯尼工程复材公司（Albany Engineered Composites，AEC）研发的三维复合材料技术，先将日本东丽公司T700型标准模量碳纤维编织成双轴向和三轴向的三维织物预制件，再经树脂传递模塑（RTM）加工，使用环氧树脂快速注射并固化，每天可生产50只叶片（图3 - 6）。

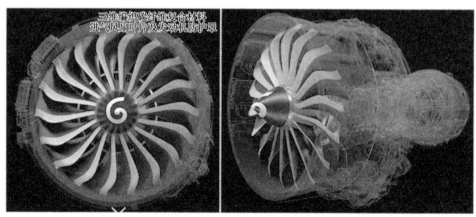

图3 - 6　采用CFRP技术制造LEAP发动机叶片、风扇罩和线槽

罗·罗公司制造的CFRP叶片、风扇罩和线槽可减重680kg，燃油效率比上一代瑞达型发动机提高了20%。澳大利亚FACC公司（Ried im Innkreis，Australia）研发的CFRP环形填充物，比金属填充物减重40%，预计在2020年会用在罗·罗公司的LEAP发动机平台上。每台发动机会使用18～22个填充物，将减小金

属风扇盘上的载荷,进而可采用更轻的风扇盘[8]。

3.1.2.3　CFRP飞艇艇身结构

2016年8月17日,英国最新研制的"空中之恋"10号大型飞艇完成了处女航(图3-7)。这架飞艇是一种轻于空气的航天器,设计用来执行侦察、监视、通信、货物运输,以及乘客交通等任务。该飞艇的成型结构采用CFRP材料,最大化地减轻了艇身重量;蒙皮采用了日本可乐丽公司(Kuraray Co. Ltd)生产的Vectran®品牌聚芳酯织物,蒙皮内充满了带压氦气。无人值守的情况下,该飞艇一次最长可在空中漂浮5天[9]。

图3-7　英国最新研制的"空中之恋"10号大型飞艇

3.1.3　先进舰船

CFRP对提高舰船的结构、能耗和机动等性能具有非常明显的作用。

瑞典在船艇制造技术方面有着传统优势,其夹层复合材料技术居世界一流水平,较早便采用CFRP技术研制了军用舰船。2000年6月下水的瑞典海军维斯比号护卫舰是世界第一艘在舰体结构中采用CFRP材料的海军舰艇(图3-8)。该舰长73.0m、宽10.4m、吃水深度2.4m、排水量600t;舰体采用CFRP夹层结构,具有高强度、高硬度、低重量、耐冲击、低雷达和磁场信号,以及吸收电磁波等优异性能。

(a)　　　　　　　　　　　　　　(b)

图3-8　CFRP在舰船船体结构中的应用

由于成本原因,虽然船舶中大量使用 CFRP 还有待时日,但其已实际用于制造民用新概念船艇和军用舰船关键部件。2010 年,瑞典寇克乌姆斯造船厂(Kockums AB)为该国探险家制造了一条几乎全部采用 CFRP 的新概念太阳能探险船——TuANor PlanetSolar。该船长 31m、宽 15m,以太阳能为动力。2010 年 9 月 27 日,瑞典探险家 Raphael Domjan 驾驶该船出海,开始环球探险航行(图 3 – 9)。

图 3 – 9　CFRP 在新概念船艇中的应用

CFRP 还用于舰船推进器叶片、一体化桅杆和先进水面舰艇上层建筑的制造。

低噪声、安静运行是舰船(特别是潜艇)性能的关键指标。因为螺旋桨高速运转时,桨叶上会产生时生时灭的空泡,不仅形成了强烈的振动和噪声而降低隐蔽性能,而且导致了桨叶剥蚀。CFRP 叶片不仅更轻、更薄,而且可改善空泡性能、降低振动和水下特性、减少燃油消耗。图 3 – 10(a)为以色列 Deadliest 号潜艇所用螺旋桨;图 3 – 10(b)为日本中岛推进器有限责任公司(Nakashima Propeller Co.,Ltd.)研制生产的 CFRP 大型货轮螺旋桨,它已于 2014 年 5 月安装在了"太鼓丸"号(Taiko Maru)化学品货轮上。图 3 – 11 为英国罗·罗公司为班尼蒂型(Benetti)游艇生产的 CFRP 材质的推进器系统。

此外,隐身也是评价军用舰船先进性水平的一项重要指标。提高隐身性能必须减小舰船体的雷达反射截面,并降低其光学特性。过去,舰船上层建筑上都竖立着多根挂满各种鞭状和条状天线的桅杆,它们极大地阻碍了舰船在探测设备中的隐身能力。1995 年,美军开始研究一体式桅杆系统,其将各种天线设计成平面形或球形阵列,并集成于采用能透射电波的复合材料制成的一体式桅杆系统中,有效增强了舰船隐蔽性,提高了电子设备防风雨、抗盐雾侵害的能力。

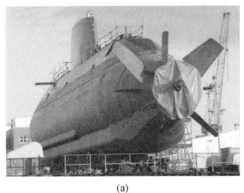

(a)　　　　　　　　　　　　　　　(b)

图 3 – 10　CFRP 用于制造潜艇和货轮推进器系统的螺旋桨桨叶

图 3 – 11　CFRP 用于制造游艇的推进器系统

更进一步的是,美军下一代作战舰艇的整个上层建筑都采用了复合材料制造。2016 年 10 月 15 日,美国海军举行了其首艘朱姆沃尔特级驱逐舰(Zumwalt – class destroyer)的入列仪式。该舰是美国海军的下一代主战舰艇,集成了当今最尖端的海军舰船技术,舰体造型、电驱动力、指挥控制、情报通信、隐身防护、侦测导航、火力配置等性能均具超越性。特别值得注意的是,该舰上层建筑及内嵌天线系统由美国雷神公司(Raytheon)设计制造,采用了一体化模块式复合材料结构(Integrated Composite Deckhouse and Assembly,IDHA),重量轻、强度高、耐锈蚀、透波性好,具有极佳的隐身性能,被发现概率低于 10%(图 3 – 12)[10]。

图 3 - 12　朱姆沃尔特级驱逐舰及施工中的复合材料上层建筑

3.1.4　轨道交通车辆

　　轻量化是减少列车运行能耗的一项关键技术。金属材质的轨道列车,虽车体强度高,但质量大、能耗高。以 C20FICAS 不锈钢地铁列车为例,其每千米能耗约为 $3.6×107J$(即 $10kW·h$),运行 15 万 km 约消耗能量 540000GJ;如果质量减少 30%,则可节能 $27000×30% = 8100GJ$[11]。

　　CFRP 是新一代高速轨道列车车体选材的重点,它不仅可使轨道列车车体轻量化,而且可以改进高速运行性能、降低能耗、减轻环境污染、增强安全性[12]。当前,CFRP 在轨道车辆领域的应用趋势是:从车箱内饰、车内设备等非承载结构零件向车体、构架等承载构件扩展;从裙板、导流罩等零部件向顶盖、司机室、整车车体等大型结构发展;以金属与复合材料混杂结构为主,CFRP 用量将大幅提高。

图 3－13 列出了 1 节地铁列车中间车辆各部分的质量比例,其中车身质量约占 36%、车载设备约占 29%、内部装饰约占 16%。由于车载设备几乎没有减重空间,因此,车身和内部装饰就成为轻量化的重点对象。2000 年,法国国营铁路公司采用 CFRP 材料研制了双层 TGV 型挂车。韩国铁道科学研究院研制了运行速度为 180km/h 的 TTX 型摆式列车车体,其墙体和顶盖采用铝蜂窝夹芯 CFRP 三明治结构,车体外壳总质量比铝合金结构降低了 40%,车体强度、抗疲劳强度、防火安全性、动态特性等性能良好,于 2010 年投入商业化运营(图 3－14)。

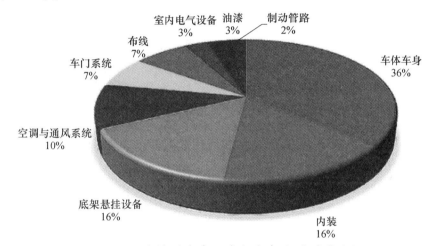

图 3－13　地铁列车中间车辆各部分的质量比例

图 3－14　TTX 型摆式列车车体

2011 年,韩国铁道科学研究院研制了 CFRP 地铁转向架构架,质量为

635kg,比钢质构架的质量减少约30%。日本铁道综合技术研究所与东日本客运铁道公司(East Japan Railway Company)联合研制的CFRP高速列车车顶,使每节车箱减轻300～500kg。2014年9月,日本川崎重工研制的CFRP构架边梁,其质量比金属梁减少约40%。

3.1.5　电动汽车

英国材料系统实验室关于材料对汽车轻量化和降低生产成本的研究表明,CFRP的轻量化效果最好,可减重30%以上;而质量每减轻10%,燃油消耗降低6%;抗冲击能量吸收能力高出钢、铝材料4～5倍,具有更高的安全性;以2万辆/年的规模计,CFRP车身综合成本比金属车身成本减少800美元/辆[13]。汽车设计和CFRP技术的快速发展,使碳纤维在汽车制造中的应用速度远超人们的预期。

BMW公司BMWi型车的推出引领了这一潮流。2008年,BMW公司在慕尼黑召开会议,主题是研讨如何让城市交通技术发生彻底的变革,其建立了一个名为"i计划"(Project i)的智库,唯一的任务就是"忘掉以前所做的一切,重新思考一切"。2009年,该智库形成了一个全新的节能概念——BMW有效动力愿景,奠定了BMW公司后续研究的思想基础。它要求对车身和驱动系统进行变革性设计,以达到全新的节能性,而此前的想法都是将已有的节能技术集成到既有的模板中。2011年,BMW公司确立了"天生电动(Born Electric)技术",创立了BMWi品牌,让人们在日常驾驶出行中用上了全电动能源;同年,第一款全电动BMWi3概念车实现技术演示。2012年,兼具高能效和更优异运动跑车性能的BMWi8概念车推出,其采用CFRP、铝和钛等轻质材料,实现了突破意义的减重;同年,全新BMW i3电驱动系统(eDrive Propulsion System)推出,实现了零排放。2013年,BMW i3实现量产。2014年,BMW i8实现量产。2016年,BMW公司在美国拉斯维加斯消费电子展上推出BMW i未来互动愿景概念车(图3-15);同时推出BMW i3(94Ah)型新车,该车整车质量仅1245kg,一次充电续航里程可达200 km,且百公里加速时间7.3 s,灵活性独特[14]。

图3-15　BMW i未来互动愿景概念车

BMW i3 采用 LifeDrive 模块化车身架构设计,由乘员座舱(Life)模块和底盘驱动(Drive)模块两部分组成。乘员座舱模块又称生命模块(图 3 - 16),是驾乘人员的乘用空间采用 CFRP 制成,重量轻、安全性非常高,乘用感宽敞、均称。底盘驱动模块又称 eDrive 驱动系统,其结构由铝合金制成,集成了电动机(最大功率 125kW,最大扭矩 250N・m)、电池和燃油发动机等动力部件。

图 3 - 16　BMW i3 车体上部的生命模块

通过与 SGL 汽车用碳纤维材料(SGL Automotive Carbon Fibers)公司合作,历经 10 多年研发,BMW 公司开始生产自己所需的碳纤维。BMW i3 型车中生命模块的制造工艺是:将碳纤维织成织物后浸润于专用树脂中,制成预浸料;将预浸料热定型成刚性车身零件;采用专门开发的技术,将车身零件全自动地黏合成完整的车身部件(图 3 - 17)。制成的 CFRP 车身具有极高的抗压强度,能承受更快的加速度,整车的敏捷性和路感都非常好[15]。

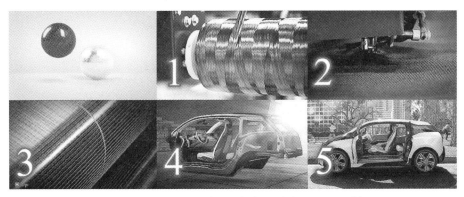

图 3 - 17　CFRP 车体制造工艺(BMW 公司)

3.1.6　新概念货运卡车

世界零售业巨头沃尔玛(Walmart)公司在 28 个国家的 63 个区域拥有 11500 家门店。其在美国拥有 1 支由近 6000 辆货车组成的卡车车队,能将产品送至遍布于美国的数千家门店。为保持持续的生存能力和效率,该车队一直以"行驶里程更少,运输量更多"为目标,依靠提高司机驾驶技术、采用先进牵引挂车、改进过程与系统筹划等措施,实现 2007—2015 年间车队行驶里程超 480 万 km,运送集装箱超 8 亿个,运输效率较 2005 年提高 84.2%。

由于牵引挂车的性能对实现"多拉少跑"的目标关系最大,故沃尔玛公司投入巨资启动了名为"沃尔玛先进车辆体验"的新概念卡车研究计划。已研制的新概念卡车集成了空气动力学造型、微型涡轮混合动力驱动装置、先进控制系统,以及 CFRP 车体等前沿技术。主要技术创新包括:依据先进的空气动力学理念,设计的凸鼻形整车造型优雅、流畅,在充分保证载货容量的同时,气动性能较现行 Model 386 型卡车提高了 20%;微型涡轮混合电力驱动装置运行清洁、高效、节油;司机座位设在驾驶室中央,具有 180°的视野;驾驶室空间宽敞,设有带折叠床的可伸缩卧室,电子仪表盘可提供定制化的量程和性能数据;滑动型车门和折叠型台阶提高了安全和安保性能;低剖面 LED 灯光更节能、耐用。牵引挂车的整个车身采用 CFRP 制成,顶部和侧墙均采用 16.2m(53 英尺)长的单块板材,其优异的力学性能可确保车体的结构强度;采用先进黏结剂黏合,最大限度地减少了铆钉数量;低剖面 LED 灯光更节能、耐用(图 3 – 18)[16,17]。

混合动力 (HEV)

图 3－18　沃尔玛公司研制的新概念卡车

目前,该计划已完成 84% 的任务量,但仍有许多创新性技术有待继续研发。可以预见,沃尔玛公司的新概念卡车对推进卡车技术的进步和拓展碳纤维的应用有非常大的作用。

3.1.7　风电叶片

风能是最具成本优势的可再生能源,近 10 年来,取得了飞速发展。截至 2016 年 5 月,全球风电装机容量已近 427052MW(表 3－1)。并据预测,2020 年前,新增风电装机能力将按 25% 的年增长率递增;到 2020 年,风力发电量将占世界总发电量的 11.81%[18]。

表 3－1　全球风电装机容量(截至 2016 年 5 月)

地区	装机容量/MW
欧洲	148248
中东地区及非洲	3370
亚太地区	172837
拉丁美洲	15917
北美洲	86680
总计	427052

为提高风力发电机的风能转换效率,增大单机容量和减轻单位千瓦质量是关键。20 世纪 90 年代初期,风电机组单机容量仅为 500 kW,而如今,单机容量 10 MW 的海上风力发电机组已产品化。风电叶片是风电机组中有效捕获风能的关键部件,叶片长度随风电机组单机容量的提高而不断增长。根据顶旋理论,为获得更大的发电能力,风力发电机需安装更大的叶片[19,20]。1990 年,叶轮直径为 25m;2010 年,叶轮直径已达 120m。2011 年,Kaj Lindvig 预测海上风机的叶轮直径 2015 年将达 135m,2020 年将达到 160m[21]。但这一预测很快就被突破,美国超导公司(American Superconductor Corp.)2016 年投产的 10MW 海上风力发电机的叶轮直径就达到了 190m[22]。因叶片长度问题,业界虽然就是否

需发展 10 MW 及以上能力的风力发电机存有争议,但主流观点是需要发展。西门子风电(Siemens Wind Power)公司首席技术官认为:面积与体积关系的科学定律将最终限制叶轮直径的不断增长,但目前还未达到极限,制造 10 MW 风力发电机在技术上是可行的,且从运营效益上看,降低每兆瓦·时的运营成本,必须提高风力发电机的容量(图 3 - 19)[23]。

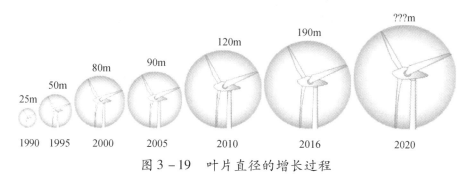

25m 50m 80m 90m 120m 190m ???m

1990 1995 2000 2005 2010 2016 2020

图 3 - 19　叶片直径的增长过程

叶轮直径的增加对叶片的重量及抗拉强力提出了更轻、更高的要求。CFRP 是制造大型叶片的关键材料,其可弥补玻璃纤维复合材料(GFRP)性能的不足。但长期以来,出于成本因素,CFRP 在叶片制造中只用于樑帽、叶根、叶尖和蒙皮等关键部位。近年,随着碳纤维价格稳中有降,加之叶片长度进一步加长,CFRP 的应用部位增加,用量也有较大提升。2014 年,中材科技风电叶片股份有限公司成功研制了国内最长的 6 MW 风机叶片,该叶片全长 77.7m,主梁采用 5t 国产 CFRP 制成,重量 28t(图 3 - 20)。但如果采用 GFRP 材料作为主梁,则该叶片重量将重达约 36t,可见 CFRP 材料的减重效果之显著。

CFRP主梁加工中预浸料铺覆

CFRP主梁与玻璃纤维复材外壳粘合

图 3 - 20　6MW 风机叶片加工与试验现场
（中材科技风电叶片股份有限公司研制）

3.1.8　燃料电池

燃料电池是指不经过燃烧,直接将化学能转化为电能的一种装置。在等温条件下工作,利用电化学反应,燃料电池将储存在燃料和氧化剂中的化学能直接转化为电能。燃料电池是一种备受瞩目的清洁能源,其能量转化效率非常高(除了 10% 的能量以废热形式浪费外,其余的 90% 都转化成了可利用的热能和电能)且环境友好。相较之下,使用煤、天然气和石油等化石燃料发电,60% 的能量以废热的形式浪费掉了,还有 7% 的电能浪费在传输和分配过程中,只有约 33% 的电能可以真正用到用电设备上(图 3 - 21)。

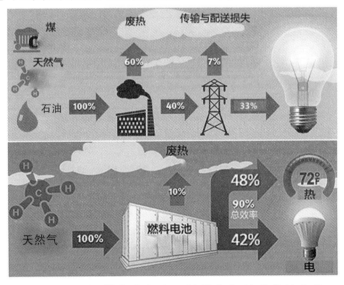

图 3 - 21　燃料电池与化石燃料发电利用率的比较

各类燃料电池中,质子交换膜燃料电池(PEMFC)的功率密度大、能量转换率高、低温启动性最好,且体积小、便携性好,是理想的汽车用电源。质子交换膜燃料电池由阴极、电解质和阳极等三个主要部分组成,其工作原理如下:

(1)阴极将液氢分子电离。液氢流入阴极时,阴极上的催化剂层将液氢分子电离成质子(氢离子)和电子。

(2)氢离子通过电解质。位于中央区域的电解质允许质子通过到达阳极。

(3)电子通过外部电路。由于电子不能通过电解质,只能通过外部电路,故而形成了电流。

(4)阳极将液氧电离。液氧通过阳极时,阳极上的催化剂层将液氧分子电离成氧离子和电子,并与氢离子结合生成纯水和热;阳极接受电离所产生的电子(图3-22)。

将多个质子交换膜燃料电池连接起来组成燃料电池组,可提高电能的输出量。

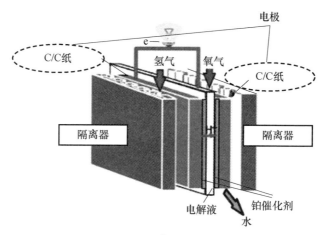

图3-22 燃料电池工作机理

美国联合技术(United Technologies)公司是全球军民用燃料电池产品技术的领先企业。联合技术动力公司(UTC Power)原是联合技术公司的一个业务部门,其产品广泛用于航天器、潜艇、建筑、公交巴士和家用汽车等领域。20世纪90年代早期,联合技术动力公司便已制造出大型固定式燃料电池电站,并投入商业化运行。此后10多年,联合技术动力公司一直致力于公交巴士和家用汽车用燃料电池技术的研发。2005年12月,联合技术动力公司研制的燃料电池在混合动力公交车上投入使用,由千棕榈阳光车道运输(SunLine Transit)公司在美国加利福尼亚州的千棕榈镇(Thousand Palms,CA)投入商业试运营[24]。

2008年以来,由于突破了成本和寿命等技术瓶颈,燃料电池的商业化应用取得实质性进展[25]。美国巴拉德动力公司(Ballard Power Systems Inc.)研制生产的 FCveloCity® 型燃料电池是专为公交巴士和轻轨研制的第七代可扩展式模块化燃料电池,使用该燃料电池可组成 30～200 kW 的电源。2015 年 6 月上市的 85 kW 级的 FCveloCity® 型燃料电池主要用于电动公交巴士(图 3－23 和图 3－24)[26]。

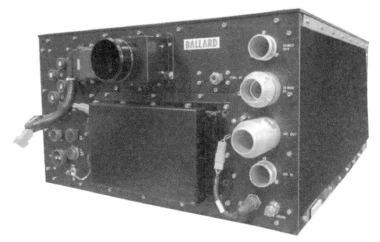

图 3－23　85kW 级的 FCveloCity® 型燃料电池(巴拉德动力公司)

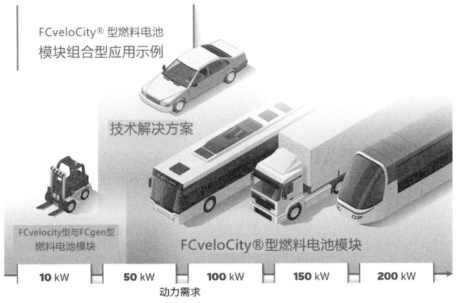

图 3－24　巴拉德动力公司生产的模块化燃料电池的应用示例

碳纤维纸是制造燃料电池质子交换膜电极中气体扩散层必不可少的多孔扩散材料(图3-25)。气体扩散层(GDL)构成气体从流动槽扩散到催化剂层的通道,是燃料电池的心脏,是膜电极组(MEA)中非常重要的支撑材料,其核心功能是作为连接膜电极组和石墨板的桥梁。气体扩散层可帮助催化剂层外部生成的副产品——水尽快流走,避免积水造成溢流。在膜的表面保持一定水分,确保膜的电导率。燃料电池运行过程中,维持热传导。此外,它还提供足够的力学强度,在吸水扩展时保持膜电极组的结构稳定性(表3-2)[27,28]。

图3-25   燃料电池用碳纤维纸、碳纤维布和碳纤维板(CE-Tech公司)

表3-2   CE-Tech公司生产的燃料电池用部分碳纤维纸牌号及性能指标

性能		带有微孔层的碳纤维纸			
		GDL240	GDL260	GDL340	N1S1007①
厚度/μm		240	260	340	210
单位重量/(g/m²)		90	100	140	85
透气率/s		<85	<110	<170	<225
穿透电阻/(mΩ·cm²)		<15	<11	<10	<15
拉伸强度/(N/cm)	经向	30	37	45	35
	纬向	18	33	36	17
弯曲模量/(N/cm)	经向	4000	7000	4600	3100
	纬向	1500	2600	2400	1300
① N1S1007是第二代碳基材料,具有更好的性能					

在质子交换膜燃料电池和直接甲醇燃料电池中,同时使用碳纤维纸和碳纤维布作为气体扩散层的综合效果更好。每辆燃料电池电动汽车约需消耗碳纤维纸100m²(即8kg)[29]。

2016年9月23—26日召开的全球铁路装备交易会上,法国阿尔斯通(Alstom)公司发布了其最新研制的全球首辆液氢燃料电池电动火车。该车属于阿尔斯通公司Coradia iLint系列的区域型列车,是根据2014年与德国下萨克森州(German Landers of Lower Saxony)、北莱茵威斯特伐利亚州(North Rhine - Westphalia)、巴登符腾堡州(Baden - Württemberg)及黑森州(Public Transportation Authorities of Hesse)的公共交通部门签订的一项内部意向而研发的新一代零排放燃料电池动力火车。最新发布的液氢燃料电池电动火车全部采用成熟技术研制,车顶装有氢燃料电池,乘客舱底部装有锂电池、变流器和电动机[30],它将开辟燃料电池更大的应用市场空间,促进碳纤维纸技术的进一步发展(图3-26)。

图3-26　全球首创的氢燃料电池动力火车(法国阿尔斯通公司)

3.1.9　电力电缆

电能是生产生活必需的常备能源。电能从发电厂输送至用电场所的过程中,存在着严重的线损问题。线损是指在输电、变电、配电等电力输送环节中产生的电能耗损[31]。

架空线中传输的电流增大时,会造成电缆发热。如果电缆耐热性差,其承载力就会下降,从而产生弧垂。弧垂是一个重要的线损源,也是限制架空线提高传输容量的主要因素。钢芯铝导线(Aluminum Conductor Steel Reinforced, ACSR)中的增强钢芯受热即产生弧垂。超过70℃时,弧垂会使电缆严重下垂,可能与邻近物体接触导致短路,甚至落到地面危及人员生命。弧垂引发的短路会使邻近的架空线和变压器瞬间过载,引起灾难性故障。自承式铝绞线(Aluminum Conductor Steel Supported, ACSS)虽然允许短暂的较高运行温度(150℃),但也无法避免弧垂的产生[32]。

复合材料芯材铝导线(Aluminum Conductor Composite Core, ACCC)以复合材

料替代金属作为芯材,为解决架空线弧垂问题开辟了更有效的技术途径。2002年,基于 ACCC 专利技术,全球供配电设备技术的领先企业——美国 CTC 公司(CTC Global)——开展了产品研发,以期将其投入实用。当时的开发目标是,在不对现有架空线承载塔架做任何变动且不增加现行导线重量或直径的前提下,开发 CFRP 芯材来承载铝导线,以降低热弧垂、增大塔架距离、承载更大电流、减少线损,提高供电网络的可靠性。2005 年,该公司首次推出了商业化 ACCC 导线产品,其研制生产的 CFRP 芯材 ACCC 导线,强度是同等重量钢芯铝导线的 2 倍,传输的电流容量也是其他芯材铝导线的 2 倍,线损比其他芯材铝导线降低了25% ~40%,高容、高效和低弧垂等性能远远超越了其他材质芯材的导线。

图 3 - 27 为钢芯铝导线和 CFRP 芯铝导线的截面对比。可见,相同直径下,CFRP 芯直径明显小于钢质芯直径。同样大的面积中,可多容纳 28% 的铝质导线,从而增大了电流的通过能力[33]。

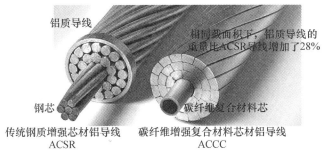

图 3 - 27　钢芯铝导线和 CFRP 芯铝导线的截面对比

3.1.10　压力容器

高压容器主要用于航空航天器、舰船、车辆等运载工具所需气态或液态燃料的储存,以及消防员、潜水员用正压式空气呼吸器的储气。为在有限空间内尽可能多地存储气体,需要对气体进行加压,为提高容器的承压能力、保证安全,必须对容器进行增强。

20 世纪 40 年代,美国开始了武器系统用复合材料增强高压容器的研究。1946 年,美国研制了纤维缠绕压力容器;20 世纪 60 年代,美国又在北极星和土星等型号的固体火箭发动机壳体上采用纤维缠绕技术,以实现结构的轻质高强;1975年,美国开始研制轻质复合材料高压气瓶,采用 S 玻璃纤维/环氧、对位芳纶/环氧缠绕技术制造复合材料增强压力容器。20 世纪 70 年代以来,科学家们研制出了玻璃纤维、碳化硅纤维、氧化铝纤维、硼纤维、碳纤维、芳纶和 PBO 纤维增强的多种先进复合材料(表 3 - 3)。对位芳纶曾大量用于各种航空航天器用压力容器的缠绕增强,但后来逐渐被碳纤维所取代。20 世纪 70 年代,纤维缠绕金属内衬轻质压力容器大量用于航天器和武器的动力系统中;80 年代,碳纤维增强无缝铝合金内衬复合压力容器的出现,使压力容器的制造费用更低、重量更轻、可靠性更高。

表 3 - 3　压力容器缠绕增强用多种高性能纤维性能对比

增强纤维	密度 /(g/cm³)	拉伸强度 /MPa	弹性模量 /GPa	比强度 /(GPa·cm³·g⁻¹)	比模量 /(GPa·cm³·g⁻¹)
E 玻璃纤维	2.55	3510	73.8	1.38	28.9
S 玻璃纤维	2.49	4920	83.9	1.97	35.3
碳化硅纤维	2.74	2800	270	1.02	98.5
氧化铝纤维	2.50	2000	300	0.61	90.9
硼纤维	3.30	3500	420	1.40	169
石墨纤维	2.50	2500	273	1.46	159.6
T300 碳纤维	1.71	3530	230	2.00	130.7
T700 碳纤维	1.79	4900	235	2.74	131.3
T1000 碳纤维	1.79	6330	304	3.54	169.8
Kevlar 49	1.45	3790	121	2.61	83.4
PBO - AS	1.54	5800	180	3.77	116.9
PBO - HM	1.54	5800	270	3.77	175.3

复合材料增强压力容器具有破裂前先泄漏(LBB)的疲劳失效模式,提高了安全性。因此,全缠绕复合材料高压容器已在卫星、运载火箭和导弹等航天器中广泛使用。阿波罗(Appolo)登月飞船使用的钛合金球形氦气瓶,容积92L,爆破压力大于或等于47MPa,重26.8kg;标准航空航天用钢内衬复合氦气瓶重20.4kg,铝内衬复合氦气瓶重11.4kg,而无内衬复合气瓶质量仅为6.8kg,减重75%。

高性能纤维是全缠绕纤维增强复合压力容器的主要增强体。通过对纤维含量、张力、缠绕轨迹等进行设计和控制,可使纤维性能得以充分发挥,确保复合压力容器性能均一稳定,爆破压力离散差小。车用高压 Ⅲ 型氢气瓶(金属内胆全缠绕)的材料成本中,近70%为增强纤维的成本,其余30%为内胆和其他材料的成本[34,35]。

20 世纪 30 年代,意大利率先将天然气用作汽车燃料。早期车用气瓶均为钢质气瓶,其厚重问题始终限制着其扩大应用。20 世纪 80 年代初,出现了玻璃纤维环向增强铝或钢内胆的复合气瓶。由于环向增强复合气瓶的轴向强度不佳,故其金属内胆依然较厚。为解决此问题,同时对环向和轴向进行增强的全缠绕纤维增强复合气瓶应运而生,其金属内胆厚度大幅减薄,重量显著减轻。20 世纪 90 年代,出现了以塑料作为内胆的复合气瓶。新能源汽车领域,高压气瓶的应用主要是燃料电池动力汽车用高压储氢气瓶,其压力已到达70MPa(图 3 - 28)。

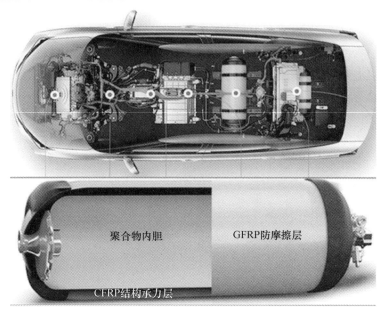

聚合物内胆　　　　　　GFRP防摩擦层

CFRP结构承力层

图 3 -28　燃料电池电动汽车 CFRP 液氢储罐

3.1.11　铀浓缩超高速离心机

民用核电反应堆燃料组件中的二氧化铀，^{235}U 含量为 4% ~5%。而制造核弹所需的核燃料中，^{235}U 含量至少要在 90% 以上。

天然铀矿石中，主要成分是^{238}U，^{235}U 仅占 0.7%。工业上，采用气体扩散法进行铀浓缩，尽管投资大、耗能高，但它是目前唯一可行的方法。^{235}U 和^{238}U 的六氟化铀气态化合物，重量相差不到 1% ；加压分离时，这一不到 1% 的重量差，使^{235}U 的六氟化铀气态化合物以稍快的速度通过多孔隔膜。每通过一次多孔隔膜，^{235}U 的含量就稍微增加一点，但增量十分微小。因此，要获得纯^{235}U，需要让六氟化铀气体数千次地通过多孔隔膜。工业加工中，就是让六氟化铀气体化合物反复地通过级联的多台离心机来实现对^{235}U 的浓缩(图 3 -29)。

铀浓缩离心机技术是核燃料生产的关键技术，是核技术水平的重要标志。离心机具有高真空、高转速、耐强腐蚀、高马赫数、长寿命、不可维修等特点，其研制涉及机械、电气、力学、材料学、空气动力学、流体力学、计算机应用等多学科的理论和技术，难度非常大[36]。离心机中转子的转速与气体分离效率直接相关，转子转速越快，气体分离效率越高。因此，保证转子转速在 60000r/min 以上，是对此类气体离心机最基本的性能要求[37]。而这样高的转速，就对转子的材质提出了非常苛刻的要求。金属材质的转子根本无法达到如此高的转速，因为，它无法跨越共振频率，一旦达到共振频率，金属材质转子就会碎裂。而 CFRP 制成的转子则不存在这一问题,其可耐受更高的转速。因此,早在 20 世纪 80 年代,CFRP 就已用于制造铀浓缩气体离心机的高速转子了。随着 CFRP 技术的进步,其制成的转子可耐受更快的转速,铀浓缩效率已有大幅提升。

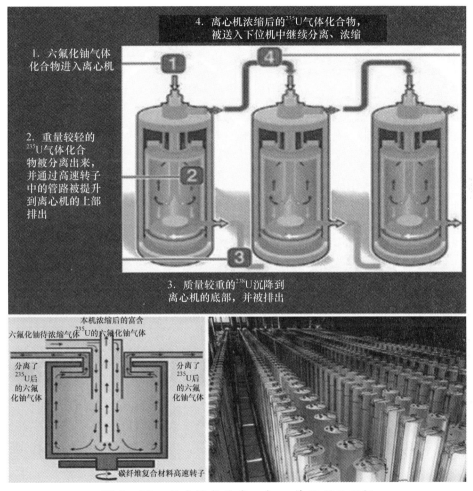

图 3 - 29　铀浓缩气体离心机工作原理及现场

鉴于其在铀浓缩生产中的重要作用,西方国家一直对非核国家禁运气体离心机用 CFRP 高速转子。1992 年 11 月 9 日,美国《核燃料》杂志报道,欧洲铀浓缩公司(Urenco)的股东、奥格斯堡 - 纽伦堡机器制造公司(Maschinenfabrik Augsburg - Nurnberg AG, MAN)的前员工 Karl HeinzSchaap,与妻子共同经营了一家名为 Ro - Shc 的公司。这对夫妻通过 Ro - Shc 公司向伊拉克出售了至少 20 个 CFRP 离心机转子。1992 年 11 月 2 日,奥格斯堡(Augsburg)联邦检察官向 Karl HeinzSchaap 发出了逮捕令[38]。此事进一步印证了 CFRP 在铀浓缩气体离心机技术中的重要性。

3.1.12 特种管筒

与压力容器长时间持续耐压不同,枪管、炮管、液压作动筒等特种管筒,需要在较长时间内高频次地承受和释放高压。使用碳纤维缠绕或预浸料包覆增强此类特殊用途的承压管筒,在减轻自重、改进散热、提高精度、延长寿命等方面的效果非常明显。

美国普鲁夫实验公司(PROOF Research)是总部位于美国蒙大拿州的一家科技企业,其研究开发了 CFRP 增强枪管。将先进复合材料技术与热 – 机械设计原则相融合,采用航空专用碳纤维和航天高温树脂,该公司研发了一系列的专利技术,研制出了新一代运动用和军用枪械。与钢质枪管相比,其研制的 CFRP 增强枪管自重最多减轻 64%,射击精度可达比赛级要求。该公司研制的 CFRP 增强枪管,在设计与制造工艺上适应了碳纤维的纵向热扩散率(沿枪管长度方向)特性,能更有效地通过枪管壁散热,极大地提高了热扩散效率,枪管能快速冷却并保持更长时间内持续射击状态下的命中精确度,是唯一被美国军队验证过的 CFRP 增强枪管[39](图 3 – 30)。

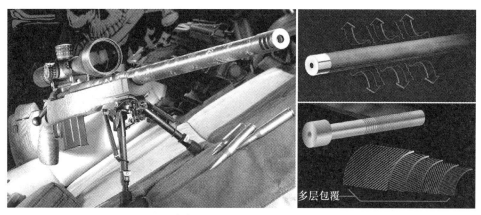

图 3 – 30 美国普鲁夫实验公司生产的碳纤维增强枪管

CFRP 技术在枪管上的成功应用,将很快推广到对各式炮管的增强[40]。同时,CFRP 增强的特种液压作动筒也已面市。

3.1.13 公共基础设施

桥梁是重要的交通基础设施。在建设跨江河和跨海峡的大型交通通道中,需要修建许多大跨度的桥梁。

悬索桥是超大跨桥梁的最终解决方案[41]。跨径增大,会使悬索桥钢质主缆的强度利用率、经济性和抗风稳定性急剧降低。目前,大跨悬索桥中,高强钢丝主缆自重占上部结构恒载的比例已达 30% 以上,主缆应力中活载所占比例减

小。跨度 1991m 的日本明石海峡大桥,钢质主缆应力中活载所占比例仅约为
8%。跨径增大,还会降低桥梁的气动稳定性。研究表明,从气动稳定性考虑,
2000m 的跨径,应是加劲梁断面和缆索系统悬索桥的跨径极限。

改善结构抗风性能,要解决好提高结构整体刚度、控制结构振动特性和改善
断面气动特性等三个问题。而大跨度悬索桥的结构刚度,取决于主缆的力学性
能。CFRP 的力学特性,决定了其是大跨悬索桥主缆的优选材料。采用悬索桥
非线性有限元专用软件 BNLAS,研究主跨 3500m CFRP 主缆悬索桥模型的静力
学和动力学性能最优结构体系,结论是:CFRP 主缆自重应力百分比将大幅降
低,活载应力百分比将提高到 13%(钢主缆为 7%),结构的竖弯、横弯及扭转基
频大幅提高;CFRP 主缆安全系数的增加,将提高结构的竖向和扭转刚度;增大
CFRP 主缆的弹性模量可大幅减小活载竖向挠度,提高竖弯和扭转基频。可见,
CFRP 主缆可以明显提升大跨径悬索桥的整体性能(图 3 - 31)[42]。

图 3 - 31　湖南矮寨特大跨度悬索桥钢质主缆

此外,建筑与民用工程领域是最早将碳纤维用于结构增强的。在建筑物上
铺覆碳纤维织物,可提高水泥结构体的耐用性,增强水泥结构建筑物的抗震性能
(图 3 - 32)。

图 3 - 32　CFRP 在建筑与民用工程中的补强应用

未来,CFRP 很可能成为名副其实的建筑材料。世界各国都在研发技术使 CFRP 能够直接用作建筑结构材料。由于具有导电性,CFRP 还可用作建筑的电磁防护材料。此外,CFRP 中可嵌入传感器,成为智能建筑材料;通过传感器传送的数据,人们可实时掌握建筑物结构可能受到的损害。

3.1.14 医疗设备

CFRP 可传导微电流、可透射 X 射线,因此,医疗和工业无损检测用多功能高分辨率 X 射线平板成像仪中,已采用 CFRP 片板替代铝板作为成像器件。在保证成像品质的前提下,其使用的电压较低,可降低辐射剂量,既减少了对病人的有害副作用,又可节能。CFRP 与人体生物相容,且耐腐蚀,长期接触酒精、药物、血渍不会损伤;易清洁;重量轻、便于移动和调节。因此,影像检查和肿瘤放射治疗设备的床板和一些手术器械都采用 CFRP 技术制造。为形成高磁场,核磁共振仪使用了在绝对零度(液氦 −268.785℃)以下才能产生超导效应的磁铁,其周围的结构部件就需采用 CFRP 制造(图 3 −33)。CFRP 制成的假肢和矫形器,强度高、重量轻、功能更完善(图 3 −34)[43,44]。

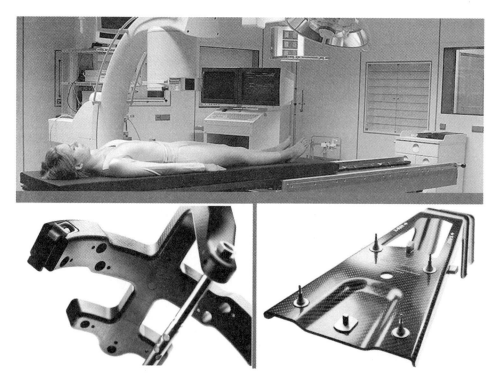

图 3 −33　CFRP 在医用床板和手术器械中的应用

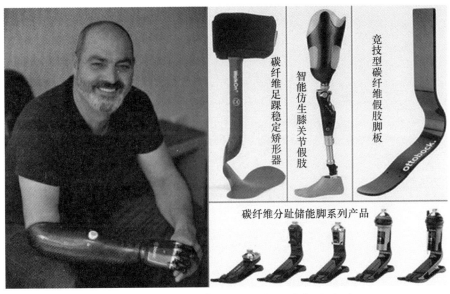

图 3 - 34 CFRP 在假肢和矫形器中的应用

3.1.15 机械零部件

3.1.15.1 CFRP 辊

机器设备用辊是 CFRP 最早的应用之一。当今制膜、造纸和印刷等行业中,机器转速和材料卷筒宽度持续增加,钢或铝质辊已无法满足加工、安装和使用等需求。CFRP 辊重量轻、惯性小、偏转低、固有频率高、力学性能优异。超高速下,可稳定旋转、加速和刹车。环境适应性好、不变形。可精密安装,维护成本低,使用寿命长。

CFRP 辊的辊径为 30 ~ 1200mm 或更大,最大辊长为 13000mm,表面特性和额定负载可定制。其表面可为抛光、螺旋槽、凹焊槽、凸焊槽等结构,并可用复合物、陶瓷、碳化物、不沾物、弹性体等材质做涂层。

CFRP 气泡碾压辊能满足食品包装和保鲜膜吹制的严格工艺要求,轻量化和装有性能优异的球轴承,使其具有极好的转动性。带有特定偏转线的CFRP 涂层辊能压实卷绕材料,防止空气进入材料层间,是制造大幅宽双轴向延展膜的关键设备。CFRP 主动低偏转系统(ALDS)涂层辊可自动响应控制参数变化,持续实时地调整压力曲线,实现卷绕周期内所需的不同压力。CFRP 传感器辊可精确地导向、测量和控制卷绕张力,顺畅传送,防止过载。CFRP 柔版印刷辊筒阻尼特性好、偏转和惯性矩小,印刷速度快、质量高(图 3 - 35)[45]。

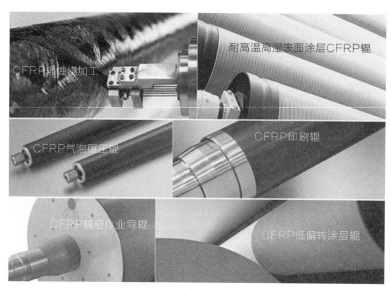

图 3 - 35　各类 CFRP 辊

3.1.15.2　CFRP 汽车配件

CFRP 汽车传动轴和轮毂是技术已成熟、有望进入规模应用的先进汽车零部件。

CFRP 传动轴重量轻、惯性低,加速快。长度约 140cm QA1 品牌的钢、铝和 CFRP 传动轴,质量分别约为 6.8kg、3.2kg 和 2.9kg。CFRP 传动轴输出的扭矩是前两者的 2 倍。CFRP 传动轴具有以下优点:①高安全性。CFRP 传动轴一旦损坏,会像扫帚一样碎裂,而钢或铝质传动轴则会破坏驾驶室或其他部件,造成人员伤害,加重车辆损坏。②高强、耐用。CFRP 传动轴采用内置式绕线机铺覆、缠绕而成,轴管壁厚均匀,力学性能非常好,极限扭矩下,转速稳定;采用含有球形纳米二氧化硅颗粒的基体树脂,大幅提高了摩擦阻力、抗压强度和扭矩容量,不吸湿,使用寿命长。③轴管叉接合牢固。采用飞机用高强黏合剂和黏接工艺,按最大强力和免维修方式,将铝质轴管叉与轴黏合在一起,可保证高速动平衡。④质量优异。整个加工过程中,成品和原材料都要做扭矩、抗压、剪切、三点抗弯、表面硬度、复合材料纤维体积和分层分析等检测,质量控制极为严格(图 3 - 36)[46-48]。

使用 CFRP 轮毂,每辆车约可减重 16kg,从而降低车轮的转动惯量,减小车辆的簧下重量,提高动态响应。改装市场上,CFRP 轮毂并不是新产品,但普通汽车几乎不配备 CFRP 轮毂。近来,美国通用汽车公司(GE)拟首先从凯迪拉克 V 系列车型开始,为其高端车型选配澳大利亚碳材革命公司(Carbon Revolution)生产的 CFRP 轮毂。碳材革命公司是奥迪(Audi,R82007—2015)、宝马(BMW,M42015 -)、克莱斯勒(Chevrolet,Z06 C6 2006—2013)、兰博基尼(Lamborghini,

Gallardo 2004—2014）、玛格罗兰（McLaren，MP4 – 12C 2011—2014）、尼桑（Nissan，GTRR352007 – ）和保时捷（Porsche，981Boxster/Cayman 2012—2015）等车型的碳纤维轮毂供应商（图 3 – 37）[49,50]。

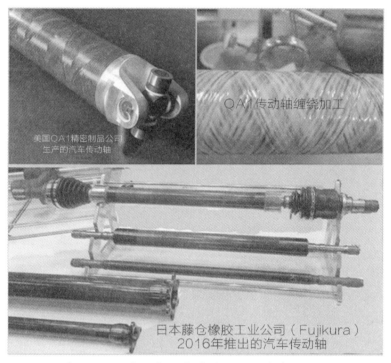

图 3 – 36　美日企业生产的 CFRP 汽车传动轴

图 3 – 37　澳大利亚碳材革命公司生产的 CFRP 汽车轮毂

3.1.15.3　CFRP 机器零件

使用碳纤维增强橡胶和金属制成的管、杆等零件，强度高、重量轻，具有优异的抗撕裂性能。使用短切碳纤维与 10% ~ 60% 的尼龙或聚碳酸酯模塑成型的CFRP 零部件，重量轻、厚度薄，抗静电、抗电磁，在电子信息产品中应用广泛，如制造笔记本电脑、液晶投影仪、照相机、光学镜头和大型液晶显示板等产品的机身(图 3 – 38)。

图 3 – 38　CFRP 在工业设备部件中的应用示例

3.1.16　体育休闲产品

体育休闲产品制造是 CFRP 最早进入市场化应用的领域。随着性价比的提高,这一领域已经形成了对 CFRP 的稳定需求。滑雪板、滑雪手杖、冰球杆、网球拍和自行车等是 CFRP 在体育休闲产品中的典型应用(图 3 – 39)。

图 3 – 39　CFRP 在体育休闲产品制造中的应用示例

3.1.17　乐器

美国露易斯与克拉克公司(Luis and Clark)创始人露易斯·莱吉亚(Luis Leguia)是一位有着 40 多年管弦乐演奏经验的职业大提琴家,2001 年 9 月,他获得了 CFRP 乐器专利授权。他发明的 CFRP 提琴具有非凡的声学特性,其音质与木质乐器相同,声音可充满一个大音乐厅,能透过钢琴或合唱队的声音而被清晰地听到。CFRP 提琴不怕磕碰,音乐家们经常因为演奏错了一个音符就会发狂地把琴猛摔在地上,即使如此它也不会碎裂;雨雪天气里,它照样可以演奏。CFRP 乐器的内部结构与传统乐器完全一样,但它无须用飞檐将琴身固定在一起。飞檐是木质乐器上必不可少的支撑结构,但它降低了声音的振动。乐器由整体式背板、侧板与琴颈、面板与指板三部分组成,都是由手工制作而成的。每个制作步骤都要测量和称重,以严格控制质量,保证乐器的声音听起来总是一样。制作乐器需要使用模具,依据详细说明,两件乐器间允许存在一些小的变化,也可以制作得让它们之间不会有变化。通常,使用木质琴码和音柱来设置乐器。CFRP 乐器不会像木质乐器那样随大气变化产生波动,因此,它不需要许多不同高度的琴码,它一年四季只需一个高度的琴码。CFRP 乐器采用带内齿啮合装置的旋钮进行调音,在天气骤变和长期使用条件下,不会发生热胀冷缩或磨损,可进行精确调音(图 3 - 40)[51]。

图 3 - 40　CFRP 大提琴、中提琴、小提琴、低音提琴和吉他

3.1.18　时尚产品

碳纤维本质具有的黑亮色泽,其机织物和缠绕物构成的纹理和质感,为时尚设计师们提供了丰富的想象空间和造型元素。目前,使用碳纤维制成的服装饰品已有鞋、帽、腰带、首饰、钱包(夹)和眼镜架等诸多品种,制成的旅行用品有行李箱(图 3 - 41),制成的居家用具有桌、椅、浴缸等(图 3 - 42)。所有这些制品,都展现了碳纤维坚韧和优雅的时尚特质。它们既是日用品,又是艺术品,给人们

的生活增添了极致奢华的技术和艺术享受[52]。

图 3-41　碳纤维制成的服装鞋帽、服饰和行李箱

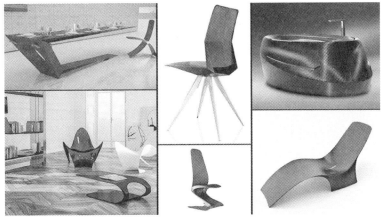

图 3-42　CFRP 制成的时尚家居产品

综上可见,碳纤维在众多领域有着广泛应用。应用市场的不断细分,将推动碳纤维技术的差别化发展,制造出更多、更好的碳纤维制品,促进尖端装备的性能提升和经济社会的绿色发展。

3.2 对位芳纶纤维的主要应用

纤维本质的高性能、工程技术的高门槛、产能建设的高投入、过程管控的高风险、市场盈利的高回报,以及军需民用的广泛性,这"五高一广",决定了对位芳纶是最重要的有机高性能纤维。

对位芳纶的重量比强度是钢丝的 5 倍、重量比模量是钢丝的 3~4 倍,并可在 350℃ 高温下长期使用。这些独特的性质,使得对位芳纶主要应用到了如下 14 个领域。

3.2.1　特种防护服装

对位芳纶制成的特种防护服装和手套等产品,具有防火、阻燃、耐热、耐磨、耐切割、耐撕裂和使用舒适等特点,广泛应用于军警人员的作战防护,以及航天、汽车、钢铁、冶金、玻璃和焊接等行业劳动者的作业安全保护(图 3 - 43)。

军用作战防护服装　　劳动作业保护服装　　消防战斗服

航天员服装　军用作战手套　劳动作业保护手套　消防战斗防护手套

图 3 - 43　对位芳纶制造的特种防护服装

3.2.2　军警人员防弹装备

对位芳纶是目前制造军警人员用防弹装备的最佳材料。通过纤维的拉伸、变形和断裂等方式,对位芳纶可有效消耗弹药破片和枪弹的动能,使其变形或碎裂,并被嵌在织物层间和纤维丛中,从而实现防弹。对位芳纶增强酚醛树脂基复合材料技术广泛用于军警防弹头盔的制造。近年来,军事作战中对人员防弹装备的要求有了较大提升。提高对位芳纶性能和研发新型对位芳纶增强复合材料技术,已成为研制轻质、高性能军警人员防弹装备的主要技术途径(图 3 - 44)。

军用防弹头盔和防弹背心　　警用防弹头盔和防弹衣

图 3 - 44　对位芳纶制造的军警人员防弹装备

3.2.3 车辆轻型装甲

对位芳纶增强复合材料重量轻、抗侵彻能力强、能量吸收性能优异,非常适合用作军用轻型战车和民用防弹车辆的装甲。对位芳纶增强钢质复合材料装甲,对弹药爆炸产生的爆轰波具有很好的防护性能(图3-45)。

图3-45 防弹车车身中的对位芳纶板模块

3.2.4 汽车配件

为了满足更苛刻的燃烧效率和低排放标准,汽车胶管必须具备耐高温、耐渗透和与汽车同寿命等要求。国际知名汽车公司已将对位芳纶增强的耐热胶管和燃油胶管应用到了各自生产的汽车上。这样的胶管可耐150℃以上高温,燃油渗透率明显降低,排放可达到欧洲V级标准,这是聚酯、尼龙纤维增强胶管不可能达到的。此外,对位芳纶短纤维还可用于制造汽车刹车片(图3-46)。

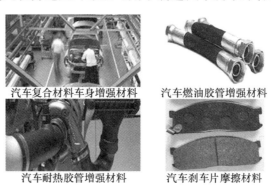

图3-46 对位芳纶增强的汽车用橡胶管和刹车片

3.2.5 特种绳缆线带

绳缆是由多股纱或线捻合而成的。两股以上的复捻绳称"索",直径更粗的称"缆"。绳缆的结构分为编织、拧绞和编绞三类。

编织绳手感柔软,由多组纱线绕芯线以"8"字形轨道编织而成,如降落伞绳、救生索、攀登绳等,直径为 0.5 ~ 100mm;拧绞绳由多股纱线加捻制成,直径为 4 ~ 50mm,用于船舶拖带、装卸、起重等相关部件;编绞绳由 8 根直径为 3 ~ 120mm 的拧绞绳,分 4 组以"8"字形轨道交叉扭结而成,具有高强、耐磨、低延伸、不易回转扭结、手感好、操作安全等特性,主要用于高吨位船舶系泊。

除了具备一般绳缆的抗拉、抗冲击、耐磨、轻柔等性能外,对位芳纶制成的绳缆线带产品具有更高的强度,且密度小、耐腐蚀、耐霉变、耐虫蛀,广泛应用于体育运动器材、海洋工程装备、渔业器具、电子电器和航天装备制造等领域。典型产品有登山绳索、计算机线缆、火星探测器着陆垫等(图 3 - 47)。

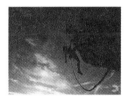
登山用绳缆

电力用牵引绳缆

舰船及海洋工程用绳缆

特种线带

火星探测器着陆垫

图 3 - 47　对位芳纶制造的特种绳缆及线带

3.2.6　耐压管线

综合考虑使用压力、密度、比强度、比模量、耐热和加工性能等关键因素,20 世纪 70 年代末以来,对位芳纶作为增强体大量应用于纤维增强橡胶或塑料管线的制造。对位芳纶增强管线具有承载能力强、重量轻、单根长度大、柔性好、耐腐蚀、安全性高、性价比合理等特点,已越来越多地应用于化工、石油、航空、海洋工程等领域。对位芳纶增强管线性能及应用领域见表 3 - 4。

根据压力循环特性、流体性质、使用温度、寿命、安全等级以及置信度等参数,选择力学性能适宜的对位芳纶纱线,依照经验公式,可计算得到对位芳纶增强管线的长期静压力强度。据此,可依据不同应用的特殊需求,设计制造不同性能的对位芳纶增强耐压管线(图 3 - 48)。尽管对位芳纶增强耐压管线价格要高出同类型钢丝增强管线 30% 左右,但其使用寿命可较同类型钢丝增强管线提高 1 倍。

表3-4 对位芳纶增强管线性能及应用领域

芳纶层数	内径/mm	外径/mm	最小弯曲半径/mm	工作压力/MPa	爆破压力/MPa	耐温范围/℃	应用领域
一层芳纶	4.7~12.5	10.8~20	37~100	24~35	96~140	-40~100	高压热水循环系统、快速反应系统、应急救生系统
	2.2~3.6	5.3~8	6.3~12.6	42	168		测压设备
	4.7~9.4	10.5~16	37~75	42	168		空气压缩机、水中呼吸器、气站、汽车
	12.5~15.6	20~26.5	100~125	27.5	69		高压水清洗设备
一层芳纶+一层钢丝	6.3~25	12.7~35.5	44~200	14~27.5	56~140	-40~121	工程机械、静态输水管（与一层芳纶管比较，改进了最小弯曲半径）
两层芳纶	6.4~25.2	12.7~37.2	70~300	34.5~103	138~414	-40~70	海底电缆，水、乙二醇、甲醇、石油等输送管

海上液体输送管线

海上采油平台抽油管线

图3-48 对位芳纶增强耐压橡胶管线

3.2.7　大型工业输送带

大型工业输送带可长达近 20km,宽达 3m,重达数百吨,要求寿命长、承力大、轻质节能(图 3 - 49)。

水泥加工物料输送带

远距离矿山输送带

长距离港口输送带

图 3 - 49　对位芳纶增强大型工业橡胶输送带

其中,耐高温输送带,幅宽最宽 2.6m、长度达数百米,广泛应用于冶金、铸造、烧结、焦化、建材等行业的高温作业环境,输送烧结矿石、焦炭和水泥等生产中的高温固体物料。由于这些烧结物的瞬间温度可达 400 ~ 800℃,因此对输送带的耐高温性能要求非常高。目前,性能较好的国产耐高温输送带采用三元乙丙橡胶为覆盖层,工作温度在 150℃ 左右。如果高温物料在上面停留时间较长,就会导致覆盖层橡胶降解、炭化,形成严重的大面积龟裂,或被灼烧,造成带体鼓泡、起层等质量问题。使用寿命一般为 1 ~ 6 个月。采用对位芳纶为增强体与耐高温抗烧蚀覆盖层橡胶复合,研制的耐高温输送带使用寿命可达 1 年以上。

钢丝绳芯输送带具有非常高的强度,承载能力达 7500N/mm 以上,广泛用于煤矿、冶金、港口等场所的长距离(>15km)、高速度(>6m/s)物料输送。但其自重高,滚动阻力大,输送能耗高。日本、德国研制的以对位芳纶织物为增强体的输送带,可以采用直径较小的传导轮,不仅节省了空间、电能和投资,而且解决了钢丝绳芯输送带抵抗长度方向裂口性差和易腐蚀的缺陷。资料显示,德国企业研发生产的对位芳纶增强橡胶工业输送带,重量仅为钢丝绳芯输送带的40% ~70%,能耗降低 15%,表面磨损降低 2/3,耐化学腐蚀,使用寿命显著提高。

3.2.8　飞机轮胎及特种轮胎

低油耗、高安全和长寿命是轮胎技术的发展方向。分析表明,对位芳纶的模量随温度升高而增加,而损耗模量却随温度的升高而下降,这种优异的高温使用性能非常适合轮胎的动力学特性需求。对位芳纶增强轮胎具有滞后损失小、行驶变形小、动态生热低、滚动阻力低、高速行驶稳定性好等优异性能,对位芳纶增强轿车轮胎,质量减轻约 10% ~15% ,可降低油耗 1% ~3% 。所有飞机都使用对位芳纶增强的橡胶轮胎。对位芳纶增强飞机轮胎,能更好地满足大型飞机对轮胎高速度、高载荷、耐高温、耐屈挠和耐高着陆冲击性的要求。美国、法国等国际知名轮胎公司制造的大型飞机用对位芳纶增强橡胶轮胎,起落次数提高了 20% 以上(正常 150 ~200 次)。

此外,在工业应用中的特殊领域,也大量使用对位芳纶增强橡胶轮胎。例如:对位芳纶增强矿山工程车轮胎,可提高使用寿命 25% ,耐刺割性能提高 60% 。因综合性能优良,对位芳纶增强橡胶轮胎广泛用于矿业和林业等行业用特种重型工程车辆。

3.2.9 光缆

由于具有模量、强度、伸长、热膨胀、抗蠕变、耐高温、耐腐蚀等优异特性,对位芳纶大量用于光缆的光纤保护层材料。对位芳纶作为保护层的光缆,具有重量轻、外径小、跨距大、抗雷击、不受电磁干扰和易于施工等特点。相较其他纤维保护材料,对位芳纶用量更少,设计冗余更高,线径更细,耐抗弯性更好,可使光缆具有更高的工作可靠性(图 3 – 50)。

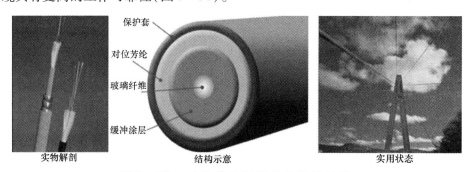

图 3 – 50　对位芳纶增强的光缆保护层

全介质自承式光缆(All Dielectric Self – supporting Optical Fiber Cable,ADSS 光缆),是一种圆形截面结构、以自承方式挂在高压输电线路杆塔上的全介质光缆。其制造工艺流程如图 3 – 51 所示。

光纤着色 → 二次被覆 → SZ成缆 → 内衬层 → 芳纶绕包 → 外护套 → 包装

图 3 – 51　ADSS 光缆制造流程

作为 ADSS 光缆的增强材料,对位芳纶纱线处于内衬层外,以适宜的节距和张力均匀地绞合在内衬层周围。层与层之间纱线的绞向相反。

3.2.10　运动休闲产品

对位芳纶可用于许多运动休闲产品的制造。登山运动中,除了绳索外,对位芳纶材质鞋帮、鞋底和鞋带制成的登山靴,具有优异的耐撕裂和耐摩擦性能。水上运动中,采用对位芳纶蜂窝材料作结构体,船身或帆板的重量更轻,突出和弯曲部位经对位芳纶增强后,船体或板体更耐冲击。在滑雪及滚轮运动中,对位芳纶增强复合材料制成的滑雪板和滚轮滑板,重量更轻,耐弯折和耐冲击性更好。在赛车运动中,F1赛车手的防护服由对位芳纶织物制成,保护头盔由对位芳纶增强复合材料制成。在拍类运动中,对位芳纶可对碳纤维框架的网球拍、羽毛球拍和壁球拍进行增强,使其更耐撕裂和振动。对位芳纶作网线的各类网状球拍具有更长的使用寿命。在拳击运动中,对位芳纶制成的拳击手套具有极强的抗冲击、抗撕裂性能,以及非常好的使用舒适性(图 3 – 52)。

F1赛车手运动防护服装　　　F1赛车手运动防护头盔　　　运动保护头盔

休闲及运动船艇　　　　　　　　　　　　　　滑雪板

图 3 – 52　对位芳纶制造的体育运动休闲产品

3.2.11　浆粕、芳纶纸和蜂窝

对位芳纶浆粕纤维是一种高度分散性的原纤化产品,密度为 1.41 ~ 1.42g/cm³,表面呈毛绒状,微纤丛生、毛羽丰富。纤维轴向尾端原纤化成针尖状,表面积巨大。同时,它还具有抗蠕变、韧性佳、抗冲击、耐疲劳、阻尼振动性好等特性。对位芳纶浆粕纤维的终端产品应用,都是以芳纶纸的形式实现的,如印制电路板和纸蜂窝芯材等。

由于对位芳纶蜂窝材料具有优异的抗压缩、抗剪切、阻燃、轻质、耐高温、低介电损耗等性能,用于飞机、航天器等高端装备的次要结构体,以及风力发电机叶片和直升机螺旋桨叶片的制造,可减轻装备自重,提高零部件加工性能。其中,抗压缩强度、抗剪切强度、抗剪模量、芯子水迁移、阻燃等,是反映蜂窝材料性能的核心指标(图3-53)。

浆粕

蜂窝结构材料

机载雷达罩　　　　　机体次要结构材料　　风力发动机叶片框架(中空部分填充蜂窝材料)

图3-53　对位芳纶纸制造的蜂窝结构材料

3.2.12　密封件

对位芳纶制成的密封填料,也称盘根(图3-54),由柔软的纱线编织而成,填充在密封腔体内,具有非常好的密封性,可长时间稳定地保持最小泄漏量。对位芳纶盘根采用编织工艺制成,编织结构分为八股编织、穿心编织和套层编织。八股编织和套层编织结构的对位芳纶盘根,多用于阀门压盖或法兰等的静密封部位;穿心编织结构的对位芳纶盘根,多用于动密封部位,如泵等。表3-5列出了不同材料制成的盘根性能,对比表明,相较其他材料,对位芳纶盘根具有明显的综合性能优势。

图3-54　对位芳纶制成的盘根

表 3 - 5　不同材料制成的盘根性能对比

盘根 材质	流体温度 /℃	流体压力 /MPa	线速度 /(m/s)	流体介质	有效使用寿命 /h
石棉	85	1.2	12	NaOH 液体混有盐颗粒	120
碳纤维	88	1.2	15		440
	120	2.8	5	甲氨	4200
对位 芳纶	98	1.8	15	NaOH 液体混有盐颗粒	2680
	120	21	5	甲氨	4320

3.2.13　电子产品

一些高端手机的外壳采用对位芳纶复合材料制成,具有重量轻、抗冲击、柔韧性好和质感美观等特点;高端耳机的连接线,都采用对位芳纶进行增强,以提高其抗拉强力,保证使用稳定性和可靠性(图 3 - 55)。

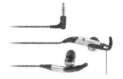

手机外壳　　　　　　　　　各种软线增强材料
图 3 - 55　对位芳纶制成的电子产品配件

芳纶浆粕纤维增强的环氧树脂基印制电路板,其介电常数和介质损耗很低,且尺寸稳定性高、吸水性低、机械加工性好,特别符合多层印制电路板对基板介电性能的更高要求。通过与环氧树脂或聚酰亚胺树脂复合,可将基板的线膨胀系数降至 $3 \times 10^{-6} \sim 7 \times 10^{-6}/℃$,适合高速电路传输,有利于电子设备的小型化和轻量化。表面贴装技术(SMT)用于微电子组装后,多采用短引线或无引线芯片载体及小型片状元器件。用于苛刻环境和高可靠性条件下工作的电子设备,一般采用密封陶瓷载体。陶瓷的线膨胀系数为 $6.4 \times 10^{-6} \sim 6.7 \times 10^{-6}/℃$,而树脂基玻璃纤维布板的线膨胀系数高达 $12 \times 10^{-6} \sim 16 \times 10^{-6}/℃$,当两者焊接后,经若干次热应力冲击会引起开裂。采用芳纶增强树脂制成的覆铜板,因芳纶的线膨胀系数为 $-4 \times 10^{-6} \sim -2 \times 10^{-6}/℃$(玻璃纤维为 $4 \times 10^{-6} \sim 5 \times 10^{-6}/℃$),故可将板的线膨胀系数调至 $6 \times 10^{-6} \sim 7 \times 10^{-6}/℃$,与陶瓷载体相匹配,减少了温度应力对印制电路板的影响。

3.2.14　建筑补强与家用掩体

由于具有轻质、高强、高模、耐腐蚀、不导电和抗冲击等性能,对位芳纶非常适用于易受碰撞、冲击的桥墩和立柱等建筑结构进行维修及补强。杜邦公司研发的 Stormroom 型对位芳纶,专门用于加固飓风多发区内的建筑物。针对美国东南部飓风多、中部龙卷风多的气候特点,杜邦公司还研制了对位芳纶增强复合材料制成的家庭避难掩体(图 3 – 56)。建造新房屋时,将这种掩体作为房屋的一部分设计和安装进去。遭遇风灾房屋倒塌时,该掩体不会受损,家人可在其中避难待救。该掩体具有符合"失效模式与效果分析"(FEMA)要求的被动通风功能,并可储藏所有必要的应急物品[53]。

飓风中彻底倒塌的房屋,与保存完好的采用对位芳纶增强的家用避难所

图 3 – 56　对位芳纶制造防飓风家用掩体

3.3　其他高性能纤维的典型应用

3.3.1　海洋工程系泊索系统

系泊索系统是海洋平台和浮式生产设备锚泊装置的重要组成部分。锚泊装置分为短期和永久性两类。短期装置用于锚泊在某一海域作业几周到几个月的钻井平台和钻井船,永久性装置用于需要锚泊定位 5 ~ 30 年的各类型采油平台。锚泊定位时间不同,对系泊索系统的要求也不同。按材质,系泊索分为三类:系泊链、钢丝绳和纤维缆绳。同一系统中,通常三种材质的系泊索都有应用。系泊索长期工作在海水中,极端气象条件、海洋生物和导电介质会使系泊索长时间处于"张紧 – 松弛"的疲劳状态。因此,高强度、耐腐蚀、耐疲劳是对系泊索的主要性能要求,抗拉性能相同时,高强高模聚乙烯纤维材质的船用绳直径只有丙纶绳的 1/3。通常情况下,丙纶和锦纶制成的船用绳缆,人手是握不住的,其重量也让人无法进行操作。而高强高模聚乙烯绳缆的直径和重量都能满足人员使用操作要求。事实证明,高性能纤维系泊索重量最轻、延伸性好,将在超深水系泊装

置中得到大量应用(图 3 - 57)。

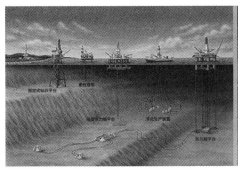

图 3 - 57　高性能纤维在海洋石油钻井平台上的应用

3.3.2　烟气除尘环保装备

粉尘是一类严重的大气污染物。大气中的粉尘来自于煤电、水泥、垃圾焚烧、冶炼和面粉加工等行业生产中排放的废气。

燃煤发电排放的废气是重要的大气污染源。长期以来,煤炭一直是廉价的天然能源,对经济发展贡献巨大,是我国重要的能源物质保证。2000—2013 年,煤炭消费量从 13.6 亿 t 增至近 40 亿 t。助力经济发展的同时,燃煤释放出的悬浮颗粒物和二氧化硫等煤烟污染,使我国许多城市遭受了严重的大气污染危害,燃煤的环境副作用已累积到了极限[54]。

为应对严峻的大气污染形势,我国政府制定了史上最为严格的 GB 3095—2012《环境空气质量标准》,该标准于 2016 年 1 月 1 日正式实施。该标准中,对公众高度关注的 PM2.5 限值浓度做出了较高水平的规定:年平均一级浓度限值 $15\mu g/m^3$、年平均二级浓度限值 $35\mu g/m^3$,24h 平均一级浓度限值 $35\mu g/m^3$、24h 平均二级浓度限值 $75\mu g/m^{3[55]}$。

其实,我国开始工业废气除尘的时间并不太晚,20 世纪 80 年代就开始了旨在进行大气保护的工业废气除尘作业。当时采用的主要是干法静电除尘技术。该技术运营成本较低,维护简便,出口烟尘浓度可达到当时的排放标准限值。要达到新颁布的 GB 3095—2012 的要求,就必须对排向大气的工业废气进行除尘处理。

布袋除尘和电袋组合除尘是比较常用的另外两种技术,其所用过滤布袋多为耐热型高性能纤维制成。袋式除尘技术是一种成熟的环保技术,能保证出口排放浓度稳定在 $20mg/m^3$ 以下,最低可低至 $5mg/m^3$,可以满足对粉尘排放的严格要求。其工作原理:①除尘过程,含尘气体经进气口进入除尘器,较大颗粒的粉尘直接落入灰斗,含微粒粉尘的气体通过滤袋,粉尘被滞留在滤袋外表面,而气体则经净化后由引风机排入大气;②清灰过程,随着过滤持续进行,附着在滤袋外表面的灰尘不断增多,除尘器运行阻力增大,某一过滤单元的转换阀关闭,转换单元停止工作,反吹压缩气体逆向进入过滤单元,吹掉滤袋外表面的粉尘,然后转换阀打开,该过滤单元重新工作,清灰转向下一过滤单元,清灰过程中,各个过滤单元轮流交替进行[56](图 3 - 58)。

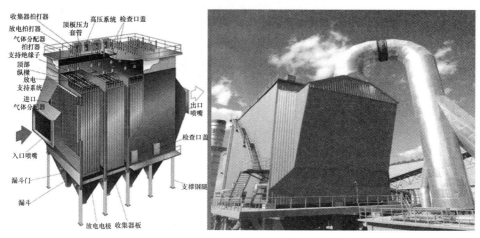

图 3 - 58　袋式除尘装置

　　PPS 纤维是 1973 年美国菲利浦石油公司采用熔融纺丝技术研制的,商品名为 Ryton。其后,日本帝人、东洋纺和东丽等多家公司也相继研发出了 PPS 纤维。日本东丽公司和东洋纺公司,是全球纤维级聚苯硫醚树脂和纺丝技术的领先企业。PPS 纤维常与其他耐热纤维(如 P84 纤维和 PTFE 纤维)一起混纺制成除尘袋,用于燃煤发电厂、垃圾焚烧炉、钢铁厂和水泥厂等的烟道除尘。其在湿态酸性环境中,接触温度 190 ~ 232℃范围内,使用寿命达 6 年左右。

　　芳族聚酰亚胺纤维是日本东洋纺公司与欧洲 Imi - Tex 公司合作开发的。日本东洋纺公司和奥地利兰精公司最早批量生产这种纤维。奥地利兰精公司生产的名为 P84 的芳族聚酰亚胺纤维具有不规则的叶状深纵剖横断面,表面积比圆形截面纤维增加了约 80%,可大大提高过滤效率。1985 年,过滤材料制造商开始采用 P84 纤维制成针刺毡除尘袋,其工作温度为 240 ~ 260℃,最高瞬间工作温度可达 300℃,玻璃化温度 315℃,极限氧指数(LOI 值)38 ~ 40,耐化学腐蚀性优异,尺寸稳定性极佳,250℃下加热 10min 后热缩率小于 1%[57]。芳香聚酰亚胺纤维是理想的垃圾焚化炉烟气除尘过滤材料。

　　聚四氟乙烯(PTFE)分子结构中,氟碳键结合力强,对整个 C—C 主链有非常好的保护作用,故其化学稳定性极好,耐酸、耐碱、耐溶剂、耐霉,可承受各种强氧化物的氧化腐蚀。最初被制成塑料部件和水分散液,用作耐高低温、耐腐蚀材料、绝缘材料和防黏涂层等。1957 年,美国杜邦公司研发了 PTFE 纤维,其强度为 17.7～18.5cN/dtex,延伸率为 25%～50%,具有良好的耐摩擦、难燃烧、绝缘和隔热等特性,是迄今为止耐化学性能最好的纤维。纤维表面有蜡感,摩擦系数小(0.01～0.05)。熔点为 327℃,工作温度为 - 180～260℃,瞬间耐温 300℃。吸湿率为 0,具有较好的耐候性和抗挠曲性。PTFE 纤维制成的滤袋主要用于垃圾焚烧厂和高硫煤发电厂的烟尘过滤。高温下,其表面只黏附少量灰尘,因而具有很高的过滤效率和良好的清灰性能。相同工作条件下,该纤维使用寿命比其他材质的滤材高 1～3 倍,性价比较好[58]。高性能纤维除尘袋如图 3 - 59 所示。

对位芳纶混纺工业滤尘袋

聚四氟乙烯工业滤尘袋

间位芳纶混纺工业滤尘袋

P84 混纺工业滤尘袋

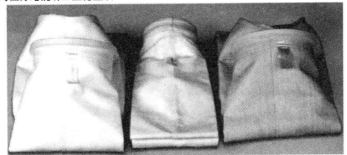

聚苯硫醚混纺工业滤尘袋

图 3 - 59　高性能纤维除尘袋

3.3.3　高温生产设备

金属加工行业中,高温成型的金属制品需要在冷却台上往复运动进行散热,冷却台需要有很好的隔热散热性能。例如,铝合金挤出成型加工中,铝带被高温挤压成型后,被吐出至冷却台上冷却。早期的冷却台上铺覆木条或石墨,供设备隔热和制品散热。由于木条和石墨的隔热散热效果有限,且石墨有易刮伤制品和后处理留下黑痕等弊端,很快就被高性能纤维制成的隔热散热产品所替代。高性能纤维制成的毛毡滚筒、平板式毡条和铝材防擦保护条等产品,耐高温、耐磨、质地柔软、无污染、隔热散热效果好、使用寿命长。

铝型材挤出生产过程中,高温成型后的铝材被吐出到接物台的转动辊上,首先接触高温铝型材的第一组转动辊需要耐受最高的温度,故其采用 PBO 材料包覆;其后的降温过程中,接物台和冷却台上的转动辊和传送带均采用对位芳纶材料包覆或制造;第二、三级冷却台所用传送带则主要采用间位芳纶或聚酯材料制造[59]。铝型材挤出设备如图 3-60 所示。

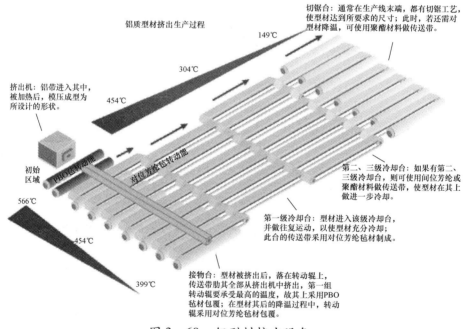

图 3-60　铝型材挤出设备

PTFE 织网传送带广泛应用在热传导和热处理工艺场所:纺织行业中,用作烘干染色服装、缩水织物和无纺织物等的高温设备的传送带;印刷行业中,用作松木干燥器、胶版印刷、紫外固化机、紫外干燥器、塑料丝网干燥器等设备的传送带;食品行业中,用作高频干燥、微波干燥、食品冷冻和解冻、烘烤等设备的传送带;包装行业中,用作热收缩包装等设备的传导带。

PTFE 织网传送带的特性:使用温度为 -70～260℃;250℃下连续使用 200天,密度和重量都不降低;不黏附,黏附到它上面的几乎任何东西都很容易被清除掉;可作为金属输送带的替代物;耐化学腐蚀性极佳;高强力,尺寸稳定性非常好(扩展系数小于 0.5%);耐弯曲疲劳,弯曲半径更小;无毒;阻燃;具有良好的渗透性,可降低热消耗,提高干燥效率[60]。

不同高性能纤维制成的织网输送带如图 3 - 61 所示。

图 3 - 61　不同高性能纤维制成的织网输送带

3.3.4　装饰装潢

飞机、高铁列车、汽车和建筑物都需要大量的室内装饰材料,各种类型和规格的高性能纤维织物具有舒适、耐用、安全、美观等特性,是必不可少的选项。波音公司为每个机型的飞机都设立了座舱配置工作室(Configuration Studio),供不同航空公司的设计人员依据自身风格,确定座舱内饰设计方案,选择内饰材料。图 3 - 62 为航空公司人员在波音公司位于华盛顿州兰顿市(Renton, Wash.)的波音 737 座舱配置工作室中,为公司订购的波音 737 Max8 飞机选择内饰材料[61]。

图 3 - 62　波音公司座舱配置工作室

参考文献

[1] Osamu Nakamura, Tsuguyori Ohana, et al. , Paper supplement to "Study on the PAN carbon – fiber – innovation for modeling a successful R&D management" – An excited – oscillation management model – , Synthesiology – English edition [J]. 2011,4(2):123.

[2] 程卫平. 聚丙烯腈基碳纤维在航天领域应用及发展[J]. 宇航材料工艺,2015,45(6):13.

[3] Bowles M D. The "Apollo" of Aeronautics – NASA's Aircraft Energy Efficiency Program (1973 – 1987) [R]. Washington:NASA,2010:X,44,92.

[4] 马立敏,张嘉振,岳广全,等. 复合材料在新一代大型民用飞机中的应用[J]. 复合材料学报,2015,32 (2):318—319.

[5] Boeing. Commercial Aviation and the Environment,Aircraft recycling [EB/OL]. [2015 – 06 – 03]. http:// www. boeing. com/resources/boeingdotcom/principles/environment/pdf/ecoMagazine. pdf.

[6] Boeing. Ultra – Efficient Folding Wings,Popular Science magazine online [R/OL]. [2017 – 12 – 01]. http://www. popsci. com/bestof – whats – new – 2015/aerospace.

[7] Toray Industries, Inc. . Toray Extends Comprehensive Agreement with Boeing to Supply Carbon Fiber TORAYCA® Prepreg Will Build Integrated Production Line for Carbon Fiber TORAYCA® Prepreg in the U. S. [EB/OL]. [2015 – 11 – 09]. http://www. toray. com/ir/news/2015/index. html.

[8] Ginger Gardiner. Aeroengine Composites, Part 2:CFRPs expand[EB/OL]. [2015 – 08 – 31]. http:// www. compositesworld. com/articles/aeroengine – composites – part – 2 – cfrps – expand.

[9] Heather Caliendo. Airlander 10 completes first flight [EB/OL]. [2016 – 08 – 18]. http://www. compositesworld. com/news/airlander – 10 – completes – first – flight – .

[10] Daniel Gouré, Ph D. Construction of USS Zumwalt Reaches Milestone [EB/OL]. [2012 – 12 – 20]. http://lexingtoninstitute. org/construction – of – uss – zumwalt – reaches – milestone/? a = 1&c = 1171.

[11] 刘晓波,杨颖. 碳纤维增强复合材料在轨道车辆中的应用[J]. 电力机车与城轨车辆,2015,38(4).

[12] 中国玻纤复合材料信息网. 十三五开端我国碳纤维材料已获突破性进展[EB/OL]. [2016 – 06 – 17]. http://www. cnbxfc. net/news/1_echo. php? id = 68678.

[13] 王东川,等. 碳纤维增强复合材料在汽车上的应用[J]. 汽车工艺与材料,2005,4:34 – 35.

[14] BMW. A success story:BMW I – Project i (2008 – 2016) [EB/OL]. [2017 – 12 – 01]. http:// www. bmw. com/com/en/insights/corporation/bmwi – 2016/visions. html.

[15] BMW. the future of urban mobility – Carbon Fiber [EB/OL]. [2017 – 12 – 01]. http://www. bmw. com/ com/en/insights/corporation/bmwi/concept. html.

[16] Walmart. Our Story [EB/OL]. [2017 – 12 – 01]. http://corporate. walmart. com/our – story.

[17] Walmart. Truck Fleet [EB/OL]. [2017 – 12 – 01]. http://corporate. walmart. com/search? q = The + Walmart + Advanced + Vehicle + Experience.

[18] Global Windicator 2016 [EB/OL]. [2017 – 12 – 01]. http://www. windpowermonthly. com/windicator – global – data.

[19] 牟书香,陈淳,邱桂节,等. 碳纤维复合材料在风电叶片中的应用[J]. 新材料产业,2012 (2):25 – 29.

[20] Masayoshi K. Toray carbon fiber composite materials businesses [R/OL]. [2017 – 12 – 01]. http:// wenku. baidu. com/view/56d8d9ba960590c69ec376f9. html.

[21] Kaj Lindvig. Offshore Wind Turbines – Danish Know How [R/OL]. [2011 – 03 – 14]. http://

www. amsc. com/documents/seatitan – 10 – mw – wind – turbine – data – sheet/.

［22］ SeaTitan™ 10 MW wind turbine［EB/OL］.［2017 – 12 – 01］. http://www. amsc. com/documents/seati-tan – 10 – mw – wind – turbine – data – sheet/.

［23］ Smith P. Question of the week：Do we need a 10MW turbine?［EB/OL］.［2014 – 06 – 09］. http://www. windpowermonthly. com/article/1297819/question – week – need – 10mw – turbine

［24］ Tosca M. UTC Power overview &fuel cell applications for transportation［EB/OL］.［2017 – 12 – 01］. http://files. harc. edu/Projects/TexasHydrogen/UTCPowerOverview. pdf.

［25］ 李建秋,方川,徐梁飞. 燃料电池汽车研究现状及发展［J］. 汽车安全与节能学报,2014,5（1）：17 – 29.

［26］ BALLARD BALLARD – Putting Fuel Cells to Work,FCveloCity® Modules［EB/OL］.［2017 – 12 – 01］. http://ballard. com/power – products/motive – modules/bus/Velocity. aspx.

［27］ BALLARD Fuelcell component［EB/OL］.［2017 – 12 – 01］. http://www. ce – tech. com. tw/prod-ucts. php? func = p_list&pc_parent = 2.

［28］ CeTech Co. ,Ltd. Fuel Cell Component,Product Specification,Types of GDL,Carbon Paper（with Micro Porous Layer）［E/OL］.［2017 – 12 – 01］. http://www. ce – tech. com. tw/products. php? func = p_list&pc_parent = 2.

［29］ 赵传山. 韩文佳. 碳纤维纸的研究现状及其发展趋势［C］//全国特种纸技术交流会暨特种纸委员会第八届年会论文集. 成都:中国造纸学会,2013:38 – 47.

［30］ Alstom. Alstom unveils its zero – emission train Coradia iLint at InnoTrans［EB/OL］.［2016 – 09 – 20］. http://www. alstom. com/press – centre/2016/9/alstom – unveils – its – zero – emission – train – coradia – ilint – at – innotrans/.

［31］ 王俭. 浅谈电能输送线损的有效降低方法［J］. 科技资讯,2015,12（34）:83 – 84.

［32］ 乔海霞. 玻璃纤维 – 碳纤维混杂增强复合材料电缆芯老化性能研究［D］. 长沙:国防科技大学,2006:1 – 2.

［33］ CTC Global. The ACCC Advantage, Technology［EB/OL］.［2017 – 12 – 01］. https://www. ctcglobal. com/.

［34］ 马雪,沈俊,等. 复合材料压力容器在航天领域的应用研究［J］. 火箭推进,2014,40（4）:8 – 37.

［35］ 郑津洋,李静媛,黄强华,等. 车用高压燃料气瓶技术发展趋势和我国面临的挑战［J］. 压力容器,2014,31（2）:47.

［36］ 中国质量新闻网. 国产铀浓缩离心机实现工业化应用［EB/OL］. 2013 – 0 – 14.［2017 – 12 – 01］. http://www. cqn. com. cn/news/zgzlb/dier/677500. html.

［37］ 陈伟. 分布式气体离心机转速测控系统设计［D］. 兰州:兰州大学,2015.

［38］ 文雨（译）,高立（校）. 德当局欲审讯一名给伊拉克谈转子的德国专家［J］. 国外核新闻,1993,1:6 – 7.

［39］ Proof Research™. Making Accuracy Commonplace［EB/OL］.［2017 – 12 – 01］. http://proofre-search. com/the – products/barrels/.

［40］ Proof Research™. Barrels［EB/OL］.［2017 – 12 – 01］. http://proofresearch. com/the – products/barrels/.

［41］ 刘明虎,强士中,等. 超大跨碳纤维增强塑料（CFRP）主缆悬索桥研究与原型设计［J］. 公路交通科技,2014,31（2）:61.

［42］ 刘明虎,强士中,等. 超大跨碳纤维增强塑料（CFRP）主缆悬索桥研究与原型设计［J］. 公路交通科技,2014,31（2）:62.

[43] 奥盛科技. 碳纤维及复合材料在医疗方面的应用研究[EB/OL]. [2017 – 3 – 31]. http://medtecchina. com/index. php/zh/production/2014 – 01 – 14 – 01 – 48 – 55/item/3500 – 2017 – 03 – 31 – 11 – 51 – 57/3500 – 2017 – 03 – 31 – 11 – 51 – 57.

[44] 奥托博克集团. 假肢[EB/OL]. [2017 – 12 – 01]. http://www. ottobock. com. cn/.

[45] INOMETA. CFRP high – performance rollers – CFRP rollers with perfect dynamic properties, Roll（er）s [EB/OL]. [2017 – 05 – 01]. http://www. inometa. de/products/rollers/cfrp – high – performance – rollers. html.

[46] QA1 QA1 Qa1 Precision Product Inc, Carbon Fiber Driveshaft Technology [EB/OL]. [2017 – 05 – 03]. http://www. qa1. net/driveshafts/carbon – fiber – driveshaft – technology.

[47] Marklines（Automotive Industry Portal）. Drive shaft made of carbon fiber（CFRP）, Fujikura Rubber Exhibit Highlights [EB/OL]. [2017 – 12 – 01]. https://www. marklines. com/en/top500/cf/fujikurarubber_exhibit.

[48] Sara Black. Carbon composite driveshaft：Tailorable performance [EB/OL]. [2017 – 01 – 19]. http://www. compositesworld. com/articles/carbon – composite – driveshaft – tailorable – performance.

[49] 碳纤维复合材料资讯. 通用高性能车型计划选装碳纤维轮毂[J]. 纤维复合材料, 2016, 03（15）：40.

[50] Carbon Revolution. R8（2007 – 2015）[EB/OL]. [2017 – 05 – 03]. http://www. carbonrev. com/product/audi/P1.

[51] Luis Clark. Carbon Fiber – Beauty in Strength [EB/OL]. [2017 – 05 – 04]. https://luisandclark. com/the – instruments/.

[52] Carbon Fiber Gear. Hanalei Carbon Fiber Chair [EB/OL]. [2017 – 12 – 01]. http://store. carbonfibergear. com/hanalei – carbon – fiber – chair.

[53] 周宏. 对位芳纶应用技术发展水平比较研究[J]. 新材料产业, 2013, 5：59 – 69.

[54] 张旭东. 中国煤炭消费下降成趋势[EB/OL]. [2016 – 03 – 27]. http://finance. huanqiu. com/roll/2016 – 03/8727321. html.

[55] 中国环境保护部. 环境空气质量标准：GB 3095—2012[S]. 北京：中国环境科学出版社, 2012.

[56] 赵东晨. 烟气治理：行业已具规模市场远未饱和[J]. 中国城市金融, 2015, 2：57.

[57] Hotteen. P84 芳香族聚酰亚胺纤维（POLYIMIDE）[OL]. http://wiki. cnjlc. com/doc. php? action = view&docid = 313.

[58] 杨莹. 高端除尘滤料市场呼唤民族品牌[EB/OL]. [2017 – 12 – 01]. http://www. epi88. com/master/News_View. asp? NewsID = 2201.

[59] Sampla Brochure：Conveyor Belts for Aluminum Extrusion [EB/OL]. [2017 – 12 – 01]. http://www. sampla. com/catalogs/Aluminum%20Extrusion. pdf.

[60] Hasen Industrial：PTFE Mesh Belt[EB/OL]. [2017 – 12 – 01]. http://www. industrial – felt. com/dryer – belt. html.

[61] Boeing. Com/Frontiers[J]. 2015 – January 2016, 14（8）：51.

第4章

高性能纤维技术的发展历程

本章较详细地综述了碳纤维和对位芳纶的技术发展历程,借以管窥高性能纤维技术半个多世纪演进中的一些人物、事件和经验。

4.1 美国高性能碳纤维技术早期发展史研究

碳纤维诞生在美国,其高性能化的基础科学研究也发端在那里。今天,美国仍是世界高性能碳纤维的生产和应用强国。本节综述了美国高性能碳纤维技术的早期发展历程及两位科学家的重要研究贡献,分析了其经验。

4.1.1 碳纤维的诞生

碳纤维是作为白炽灯的发光体诞生的。英国化学家、物理学家约瑟夫·威尔森·斯万爵士(Sir Joseph Wilson Swan,1828—1914)发明了以铂丝为发光体的白炽灯。为解决铂丝不耐热的问题,斯万使用碳化的细纸条代替铂丝。由于碳纸条在空气中很容易燃烧,斯万通过把灯泡抽成真空基本解决了这一问题。1860 年,斯万发明了一盏以碳纸条为发光体的半真空电灯,即白炽灯的原型,但当时真空技术不成熟,所以灯的寿命不长。19 世纪 70 年代末,真空技术已渐成熟,斯万发明了更实用的白炽灯,并于 1878 年获得了专利权。1879 年,爱迪生(Thomas Alva Edison,1847—1931)发明了以碳纤维为发光体的白炽灯。他将富含天然线性聚合物的椴树内皮、黄麻、马尼拉麻和大麻等定型成所需的尺寸及形状,并对其进行高温烘烤。受热时,这些由连续葡萄糖单元构成的纤维素纤维被碳化成了碳纤维。1892 年,爱迪生发明的“白炽灯泡碳纤维长丝灯丝制造技术”获得了美国专利(专利号:470925)[1]。可以说,爱迪生发明了最早商业化的碳纤维[2]。

由于原料源于天然纤维,早期的碳纤维几乎没有结构强力,使用中很容易碎裂、折断,即使只是作为白炽灯的发光体,其耐用性也很不理想。1910年左右,钨丝替代了早期的碳纤维灯丝。尽管如此,很多美国专利证实,爱迪生发明碳纤维后的30多年里,改进碳纤维性能的研究从未停止过。然而,这些努力都未能把碳纤维性能提高到令人满意的程度。此间,碳纤维研究停滞不前,处于休眠期。

4.1.2 碳纤维技术的"再发明"时代

人造纤维化学纤维的出现,把碳纤维技术引入了"再发明"时代[3]。20世纪早期,黏胶(1905)和醋酯(1914)等人造纤维的出现,特别是20世纪中期,聚氯乙烯(PVC)(1931)、聚酰胺(1936)和聚丙烯腈(1950)等化学纤维的商业化,为美国开创高性能碳纤维技术的基础科学研究提供了前提[4]。

20世纪50年代中期,美国人威廉姆·F·阿博特(William F. Abbott)发明了碳化人造纤维提高碳纤维性能的方法。作为卡本乌尔公司(Carbon Wool Corporation)的委托人,阿博特于1956年3月5日向美国专利局提交了"碳化纤维方法"的专利申请(申请号569391),但此项申请是否获得专利,不得而知。1959年11月12日,阿博特再次提出了同样的专利申请(申请号852530),1962年9月11日,该项申请获得了美国专利授权(专利号:3053775)[5]。

阿博特专利的技术要点是:一种生产固有密度高、拉伸强力好的纤维形态碳材料的加工工艺。当时的碳纤维在很小的机械力作用下就会断裂。阿博特的发明称:其可使碳纤维的碳密度和硬度更高,在机械力作用时保持纤维形态不被破坏且直径更细,表面更清洁,柔韧性和弹性更好;纤维直径及性能可设计和控制;原料必须采用黏胶、铜氨和皂化醋酸等再生纤维素纤维及合成纤维,不能采用天然纤维[6]。

申请该专利的卡本乌尔公司是一家当时位于美国加利福尼亚州奥海镇(Ojai,California)的公司,成立于1955年,后被税务部门吊销。由于信息有限,该公司和阿博特本人的详细情况尚无从知晓[7]。

阿博特的专利被转让给了美国巴尼比 – 切尼公司(Barnebey – Cheney Company)。1957年,巴尼比 – 切尼公司开始商业化生产棉基或人造丝基碳纤维复丝,但其只能用来生产绳、垫和絮等产品,用于耐高温、耐腐蚀等用途。其可独立用作吸附用活性炭纤维[3]。

自此,高性能碳纤维基础科学研究和工业化技术研发进入了高峰期(表4–1)。

4.1.3 高性能碳纤维与"美国历史上的化学里程碑"

美国历史上的化学里程碑(National Historic Chemical Landmark),是美国化学会(American Chemical Society,ACS)开展的一项发掘整理美国有历史影响的化学家和化学事件的活动。各区域分支机构申报本地区曾出现的人物和发生过的事件,美国化学会组织专家考核和认定。

表4-1　美国高性能碳纤维技术早期发展历程

时间	企业名称	技术	产品或研究成果
20世纪四五十年代	杜邦公司	1941年,杜邦公司发明了聚丙烯腈纤维技术;1950年,开始生产销售"奥纶"(Orlon)品牌的聚丙烯腈纤维;1944—1945年,联合碳化物公司(Union Carbide Corp.)的温特(L. L. Winter)就发现其在灰化温度下不熔融的特性,其可作纤维形态的碳材料	1950年,胡兹(Houtz)报告,200℃下、空气中,热处理聚丙烯腈纤维,制得的产品具有很好的防火性能,被称为"黑奥纶"(Black Orlon)
大约1957年	巴尼比-切尼公司	采用阿博特的专利;以人造丝为前驱体,生产碳纤维复丝	碳纤维绳、垫和絮制品
1958年	联合碳化物公司	1000℃和2500℃下热处理人造丝,制成人造丝基碳纤维织物	与酚醛树脂复合制造火箭喷管出口锥和再入隔热层,替代了玻璃纤维增强酚醛树脂材料,通过了美国空军的检测;用碳纤维布条作加热元件加热墙壁;用于制造航天飞机机头和机翼
1959年	联合碳化物公司	发现"石墨晶须"(Graphite Whiskers)	为碳纤维技术确立了追求目标
1963年	联合碳化物公司	用有机磷酸衍生物(棉织物阻燃剂)预浸人造丝,使其在热裂解时形成"结晶"	开始商业化生产碳纤维纱线,并以长丝卷绕和织物预浸方式增强树脂,开创了"先进复合材料"技术;连续长丝还用于填充和密封材料
1964年8月	联合碳化物公司	2800℃以上高温下,对人造丝进行应力石墨化(Stress-graphitizing)或热拉伸(Hot-stretching)处理	研制出了真正的高模量碳纤维。更早些的1964年4月,英国皇家飞机研究中心(Royal Aircraft Establishment)研制出了PAN基高模量碳纤维,这是最早的真正意义的高模型碳纤维。同时,还研发出了高强高模(Type I)和高强中模(Type II)两种特性的碳纤维
1965年下半年	联合碳化物公司	推出Thornel 25牌号的系列化高模碳纤维产品	直至1978年,该品牌的产品一直在市场上销售,并授权HITCO公司生产。此后,由于成本过高停产。1965—1970年,该产品得到了美国空军的支持
1971—1972年	联合碳化物公司	采用日本东丽公司提供的性能优异的聚丙烯腈纤维,生产出了高强中模碳纤维	这种碳纤维是之后几十年的市场主导产品,日本东丽公司是这种产品的世界主要供应商。未见美国公司在该产品的市场上有大的作为,原因不明
1974—1982年	联合碳化物公司	1970年,伦纳德辛格(Leonard Singer)发现了通过流动和剪切,将原料沥青制备成中间项或液晶态沥青的方法	在美国空军和美国海军支持下,1974年,开始生产毡用碳纤维;1975年,开始生产Thornel P-SS牌号的连续长丝;1980—1982年,开始生产模量达830GPa的高模碳纤维

位于俄亥俄州帕尔马市（Parma，Ohio）的葛孚特国际公司（GrafTech International Ltd.）向美国化学会申报了"高性能碳纤维"项目。该公司的前身是美国联合碳化物公司。2003 年 9 月 17 日，美国化学会确认，原美国联合碳化物公司帕尔马技术中心（US Union Carbide Corp.'s Parma Technical Center）曾开展的高性能碳纤维技术研究，是一项"美国历史上的化学里程碑"；罗格·贝肯（Roger Bacon，1926—2007）1958 年发现了石墨晶须及其超高强特性；伦纳德·辛格（Leonard S. Singer）1970 年发明了中间相沥青基碳纤维制备技术；他们开创了碳纤维增强复合材料的科学技术基础，是该领域的开拓者[8]。

4.1.4　高性能碳纤维技术的基础科学研究

19 世纪末，美国城市街道的照明靠的是电弧灯。这种灯由两根连接到一个电源上的碳电极组成。带电粒子在两根电极间闪耀放热，形成电弧，释放出强烈的光亮。1886 年，美国国家碳材料公司（National Carbon Company）创立，标志着美国合成碳产业的起步，其最早的产品就是电弧灯用的碳电极。1917 年，美国国家碳材料公司与联合碳化物公司合并成立了联合碳化物与碳制品集团公司（Union Carbide & Carbon Corp.）。1957 年，美国联合碳化物与碳制品集团公司更名为联合碳化物公司。20 世纪 70 年代末，联合碳化物公司组建了独立的部门生产碳纤维，后该部门被卖给美国国际石油公司（Amoco Corporation），其后，再被卖给美国氰特工业公司（Cytec Industries Inc.）。1995 年，联合碳化物公司成立了 UCAR 碳制品公司（UCAR Carbon Company）；2002 年，更名为葛孚特国际公司。

20 世纪 50 年代末，美国联合碳化物公司在克利夫兰市建立了帕尔马技术中心（Parma Technical Center）从事基础科学研究。该中心是 20 世纪 40—50 年代流行的大学校园式企业实验室（University – Style Corporate Labs），其环境风格简约现代、管理氛围自由宽松，聚集了许多学术背景不同、朝气蓬勃的年轻科学家从事自己喜爱的研究。

1. 罗格·贝肯发现"完美石墨"（Perfect Graphite），奠定高性能碳纤维技术的科学基础

高性能碳纤维技术的基础科学研究发端于 1956 年。

1955 年，罗格·贝肯毕业于凯斯理工学院（Case Institute of Technology）并获固体物理学博士学位。1956 年，他加入帕尔马技术中心，直至 1986 年。

最初，贝肯的研究目标是测量碳三相点（固态、液态、气态的热力学平衡点）处的温度和压力，这需要在近 100atm（1atm = 101.33kPa）和 3900K（约 3626.85℃）的条件下进行测量。他用的实验装置与早期的碳电弧灯原理相同，区别只是运行压力更高。1959 年的一次实验中，他发现，当压力较低时，直流碳

弧炉负极上的气态碳生长成了石笋状的长丝。这些长丝就是呈稻草状嵌入到沉积物中的石墨晶须。石墨晶须最长有 1 英寸(2.54cm),直径只有人的头发的1/10,却可承受弯曲和扭结而不脆断,其特性令人惊奇。

1960 年,贝肯在 *Journal of Applied Physics* 杂志上就此发表了论文,该论文成为高性能碳纤维技术基础研究史上的里程碑。贝肯认为,石墨晶须是石墨聚合物,是一种纯粹的碳形式,碳原子排列在六角型的片体中。它是卷起来的石墨片层,其中,晶体学的 c 轴正好垂直于旋转轴;其柱面的横截面呈圆形或椭圆形。氩气环境中,92 atm、3900K 下,可制成石墨晶须。其拉伸强力、弹性模量和室温电导率分别为 20GPa、700GPa 和 65μΩ·cm,与单晶相似。所以,它虽然不是单晶,但是,它沿长丝轴向表现出了单晶的性状。1960 年,贝肯关于石墨晶须的发现发明获得了美国专利(专利号:2957756)。贝肯当时认为,制备石墨晶须还只是实验室成果,要利用其原理制造出有实用价值的碳纤维,路还很长[9,10]。

此后十几年的研究,就是要获得低成本、高效率生产具有石墨晶须特性的高性能碳纤维技术。

发现石墨晶须及其特性并发明实验室制备石墨晶须方法的 60 年后,2016 年 10 月 25 日,罗格·贝肯入选美国国家发明家名人堂(图 4 - 1)[11]。

图 4 - 1　罗格·贝肯入选美国国家发明家名人堂

2. 高强高模碳纤维技术的进步与早期商业化应用

1959 年,帕尔马技术中心的科学家们就发明了高性能人造丝基碳纤维的制备技术。加利·福特(Curry E. Ford)和查尔斯·米切尔(Charles V. Mitchell)发明了 3000℃ 高温下热处理人造丝制造碳纤维的工艺技术,生产出了当时强度最高的商业化碳纤维,并获得了专利(专利号:3107152)[12]。美国空军材料实验室(Air Force Materials Laboratory,AFML)很快就采用这种人造丝基碳纤维作为酚醛树脂的增强体,研制了用于航天器热屏蔽层的复合材料。其作用是,返回大气层时,导弹或火箭壳体与大气剧烈摩擦,表面形成高温,酚醛树脂吸热后缓慢分解,碳纤维使酚醛树脂不被烧毁,保证弹箭完成大气层中的行程。1963 年,碳纤维增强树脂复合材料技术研究取得实质性突破,复合材料技术跨入"先进复合材料"时代。此前,树脂基复合材料的增强体一直被玻璃纤维和硼纤维垄断。

相较玻璃纤维和硼纤维,碳纤维作为增强体,性价比更佳。

1964 年,卫斯理·沙拉蒙(Wesley A. Schalamon)和罗格·贝肯一起,发明了商业化制造高模量人造丝基碳纤维的技术。2800℃以上高温下热拉伸人造丝使石墨层取向与纤维轴向几乎平行。技术关键是,在加热过程中拉伸纤维,而非在达到高温之后再进行拉伸。这种工艺使纤维模量提高了 10 倍,是制备具有与石墨晶须相同性能的碳纤维的关键一步。1965 年末,采用该技术制造的 Thornel 25 牌号的碳纤维投入市场。此后 10 多年里,美国联合碳化物公司采用高温热拉伸工艺研发出了一系列高模量碳纤维,Thornel 系列产品的模量达到了 830GPa。沙拉蒙和贝肯的这项发明于 1973 年获得了专利(专利号: 3716331)[13]。

3. 伦纳德·辛格发明中间相沥青基碳纤维制造技术

高温热处理过程中,材料内部结构会从无序变为有序。含碳物质在 1000℃下可被碳化成含碳量约 99% 的碳材料;2500℃时可被碳化成含碳量 100% 的碳材料。然而,并非所有含碳物质经高温热处理后都能得到真正的石墨。只有那些结构足够有序、可形成石墨晶须的含碳物质,才能经高温热处理制成具有高导热、高导电和高硬度等特性的纯石墨。聚丙烯腈和人造丝都不属于这类含碳物质,故不可能经高温热处理制成石墨纤维。要制造更高性能的碳纤维,必然需要一种新材料作为前驱体。

伦纳德·辛格(Leonard S. Singer, 1923—2015)(图 4 - 2)为此开辟了道路。20 世纪 50 年代中期,辛格从芝加哥大学获博士学位后,加入帕尔马技术中心,从事电子自旋共振研究。虽然没有任何碳或石墨研究经验,但他却试图研究碳化的机理。加热石油和煤等原料,就产生了沥青样物质。石油基和煤基沥青是制造碳和石墨制品的基础原料。沥青含碳量 90% 以上,远高于人造丝和聚丙烯腈。它们是分子量分布很广的数百种芳烃类物质构成的复杂混合物,是重要的高碳含量前驱体有机物[14]。同期,有研究表明,这类混合物中的多数物质是各向同性的,通过进一步聚合,可使其分子以分层的形式取向。

图 4 - 2　伦纳德·辛格

1970 年,辛格解决了制备高模量沥青基碳纤维的关键技术。其技术核心是,液晶或中间相是实现高模特性的关键。中间相沥青重量的 80% ~ 90% 可转化为碳,且具有极佳的导热、导电、抗氧化、低热膨胀率等性能。他成功地将原料沥青处理成中间相或液晶态沥青,进而通过流动和剪切使其实现取向。辛格和助手艾伦·切丽(Allen Cherry)设计了一台"太妃糖牵引"(taffy - pulling)机,并用它给黏稠的中间相沥青施加张力,使其分子重新排序,然后进行热处理。这项技术取得了成功,他们制得了高度取向的石墨纤维。1975 年,联合碳化物公司开始商业化生产 Thornel P - SS 牌号的连续长丝;1980—1982 年,其模量已达690 ~ 830GPa。1977 年,辛格获得了石墨纤维及其制造工艺的专利(专利号:3919387)[15]。美国空军材料实验室和美国海军资助了辛格的研究。

沥青虽是一种相对廉价的原料,但其制成的碳纤维成本差异却非常大。模量较低、非石墨化、较廉价的中间相沥青基碳纤维用于制造飞机刹车片和增强水泥。具有超高模量和超高热导率等高端性能且成本昂贵的中间相沥青基石墨纤维用于制造火箭喷管喉衬、导弹鼻锥和卫星结构等关键零部件,是不可替代的关键航天材料。

4.1.5　聚丙烯腈基碳纤维技术的发展

人造丝、聚丙烯腈和沥青是碳纤维的三大前驱体。其中,聚丙烯腈(PAN)基碳纤维的综合性能特别突出,已在许多领域取代了人造丝基碳纤维。碳纤维性能得以跨越式提升的原因,就是发明了更好的聚丙烯腈前驱体纤维。英国和日本的科学家最先研发出了纯聚丙烯腈聚合物,加工中,其分子链中连续的碳原子和氮原子链可形成高度取向的石墨样层,从而降低了对热拉伸的需求。

1941 年,美国杜邦公司发明了聚丙烯腈纤维技术,1950 年开始商业化生产奥纶品牌聚丙烯腈纤维。1944—1945 年,联合碳化物公司的温特就发现了聚丙烯腈在灰化温度下不熔融的特性,并认为其可制成纤维形态的碳材料。1950年,胡兹发现,在空气中、200℃下热处理聚丙烯腈纤维,制得的产品具有很好的防火性能;后来,类似的产品被称为黑奥纶。原本,这些发现应该是研发高性能PAN 基碳纤维技术的出发点,但由于过度关注人造丝基碳纤维技术研究,美国科学家们错过了 PAN 基碳纤维技术的发展机遇。

在西方科学家几乎不知情的情况下,日本科学家默默地开展了 PAN 基碳纤维技术的研究。1961 年,日本产业技术综合研究院的进藤昭男(Akio Shindo,1926—2016),在实验室中制得了模量为 140GPa 的 PAN 基碳纤维,其模量高出人造丝基碳纤维模量的 3 倍。进藤昭男的发明得到了日本科学届和工业届的迅速推广,日本东丽公司研发了性能极优异的聚丙烯腈前驱体纤维,并建立了碳纤维中试工厂,从此占据了 PAN 基碳纤维技术的领导地位。1970 年,日本东丽公司与美国联合碳化物公司签署技术合作协议,后者以碳化技术交换前者的聚丙烯腈前驱体纤维技术,并很快生产出了高性能 PAN 基碳纤维,从而把美国带回了碳纤维技术的前沿。

4.1.6　结论

综观美国碳纤维技术的早期发展历程,以下规律和事实值得注意:

（1）碳纤维诞生于电光转换装置的产品发明。19世纪中后期是科学革命和工业革命的成果爆发期，大量的科学发现和技术发明涌现出来，为人类社会进入现代化时代贡献了文明成果。碳纤维技术正是在这样的时代背景下产生的。为了点亮暗夜，斯万和爱迪生发明了将电转化为光的电灯，作为电灯的发光体，碳纤维悄然诞生。

初生的碳纤维并不引人瞩目。因为，电灯是那时人们关注的焦点。尽管碳纤维的重要性被暂时忽略，但只要是有生命力的事物就一定会走上出生、成长、成熟、衰亡和重生的规律性过程。技术、产品与生物体一样。

（2）高性能碳纤维技术诞生于基础研究的科学发现。石墨晶须及其微观结构和特性是在基础科学研究中发现的。这一发现，为高性能碳纤维制造技术研究提供了方向和目标。20世纪50—70年代，基础科学研究的发现和大量工程技术的发明，对于高性能碳纤维技术的成熟和完善功不可没。

（3）高性能碳纤维技术领域存在着"美日同盟"。日本科学家進藤昭男之所以萌生开展碳纤维研究的念头，是因为受到了美国该领域技术进展报道的启发。日本东丽公司成功实现PAN基碳纤维商业化后，与美国联合碳化物公司签署聚丙烯腈前驱体纤维技术与碳化技术互换协议，使两家公司同时拥有了高性能碳纤维生产的全过程技术。此后，其他日本公司也生产出了性能优异的聚丙烯腈前驱体纤维。日本住友公司（Sumitomo Corporation）为美国赫尔克里斯公司（Hercules Incorporated）提供聚丙烯腈前驱体纤维，并经英国考陶尔斯公司（Courtaulds Ltd）授权生产碳纤维。美日技术合作使高性能碳纤维技术得以快速研发并广泛应用。今天，美国波音飞机采用的都是日本东丽公司生产的碳纤维。2015年，日本东丽公司又把从聚丙烯腈前驱体纤维到碳化的全过程碳纤维生产工厂建在了美国，以满足波音公司生产先进飞机对碳纤维快速增长的需求。美国与日本的技术互动，是推动高性能碳纤维技术不断向前沿发展的重要因素之一。

4.2 英国高性能碳纤维技术早期发展史研究

20世纪60—80年代世界高性能碳纤维技术研究发展热潮中，英国扮演了重要角色。本节综述了英国皇家飞机研究中心威廉姆·瓦特（William Watt，1912—1985，下称：瓦特）关于PAN基碳纤维的研究，简述了罗·罗公司研发碳纤维增强树脂飞机发动机风扇叶片的失败经历，分析了英国碳纤维技术发展快速由盛到衰的原因。

尽管英国在当今全球碳纤维技术领域声名并不显赫，但在20世纪60—80年代的世界高性能碳纤维技术研究发展热潮中，英国却扮演了非常重要的角色。

高性能碳纤维基础研究奠基人、石墨晶须发现者罗格·贝肯 1986 年在《碳纤维：从白炽灯灯丝到外太空》一文中指出：由于当时聚丙烯腈纤维中存在很多不能正确聚合的共聚单体和杂质，所以早期的 PAN 基碳纤维不可能是高强高模的；瓦特最先发明了适宜于转化为高性能 PAN 基碳纤维的聚丙烯腈前驱体纤维，并制备出了真正意义上的高强高模碳纤维[16]。1988 年，德国出版的 *Industrial Aromatic Chemistry—Raw Materials Processes Products* 一书中关于碳纤维技术的内容，强调 1961 年英国生产出了高水平的 PAN 基碳纤维，而对日本的相关进展只字未提。可见，英国在高性能碳纤维技术发展中曾居领先地位[17]。

英国 PAN 基碳纤维技术发展史上发生过的两件大事，对世界和英国碳纤维技术发展产生了重大影响。一是瓦特研究揭示了聚丙烯腈纤维性能质量与 PAN 基碳纤维性能的联系，发明了优质聚丙烯腈前驱体纤维，制备出了高模和高强中模 PAN 基碳纤维；其专利转让给了美国、日本，日本东丽公司从此在后续发展中胜出，极大地促进了全球 PAN 基碳纤维技术的快速发展。二是罗·罗公司率先采用碳纤维增强树脂技术研制飞机发动机进气风扇叶片，但遭遇惨败，受此影响，英国碳纤维技术和产业发展停滞。

4.2.1　瓦特的贡献

1. 瓦特其人

瓦特生于英国苏格兰，就读于爱丁堡赫瑞瓦特大学，此间，他还参加了伦敦大学的外部考试，以一等荣誉获化学学士学位。1936 年 6 月，他加入了位于英格兰范堡罗空军基地内的英国皇家飞机研究中心，从事氧化碳化、热裂解石墨、石墨抗渗核燃料罐和铸造碳粉等研究，1960 年被任命为首席科学家。1963 年开始从事 PAN 基碳纤维研究，直至 1975 年退休。1975—1985 年，他在英国萨里大学从事碳纤维表面处理技术研究。

因成就卓著，瓦特 1968 年获英国政府技术部詹姆斯·沃尔夫最佳科研奖。1969 年，获大英帝国勋章（O. B. E.），同年，获英国宇航学会银质奖章。1971 年，因获取到大量的热裂解碳样本和制备出高度取向的聚丙烯腈纤维，获美国碳材料学会第二届"查尔斯. E·皮提诺斯奖"。1976 年当选英国皇家学会院士[18]。

2. 瓦特的 PAN 基碳纤维研究基本概况

由于当时已认识到了纤维可以增强树脂，1963 年，皇家飞机研究中心化学物理金属材料研究部，开始研究用石棉纤维（强力 2.8GPa，模量 170GPa）作树脂增强体。但瓦特认为：石棉不能制成长丝，不是好的树脂增强体；而碳纤维可制成长丝，只要提高其强度和模量，就能成为非常好的树脂增强体；石墨晶须的性能，就是碳纤维的技术目标，而人造丝基碳纤维与石墨晶须间性能差距巨大（表 4-2）。1963 年，瓦特决心寻求新的技术途径去弥合这一差距。

表 4 - 2　人造丝基碳纤维与石墨晶须性能比较

性能	拉伸强度/GPa	弹性模量/GPa
人造丝基碳纤维	0.35	34 ~ 62
石墨晶须	20.7	>800

石墨晶须是碳片层沿长度轴卷绕而成的,其高度的结构取向性形成了高模性质。为使碳纤维的性能尽可能地逼近石墨晶须,瓦特尝试通过碳化有机纤维,使石墨基面沿纤维轴向形成高取向的多晶质结构。他选取了人造纤维素、聚偏二氯乙烯、聚乙烯醇和聚丙烯腈等纤维,测量它们的碳遗留和在惰性环境中热裂解时的不熔性。

瓦特受到了黑奥纶研究的启发。胡兹将美国杜邦公司奥纶品牌聚丙烯腈纤维加热到 200℃,纤维最终变为黑色且不溶于溶剂的黑奥纶。胡兹曾演示,将黑奥纶放在本生灯火焰上,黑奥纶不熔融、不变形,只发出炽热的红光。瓦特觉得,胡兹演示的就是聚丙烯腈纤维热裂解为碳纤维的过程,其间,发生了脱氢反应,形成了杂环稠环物质(图 4 - 3)。

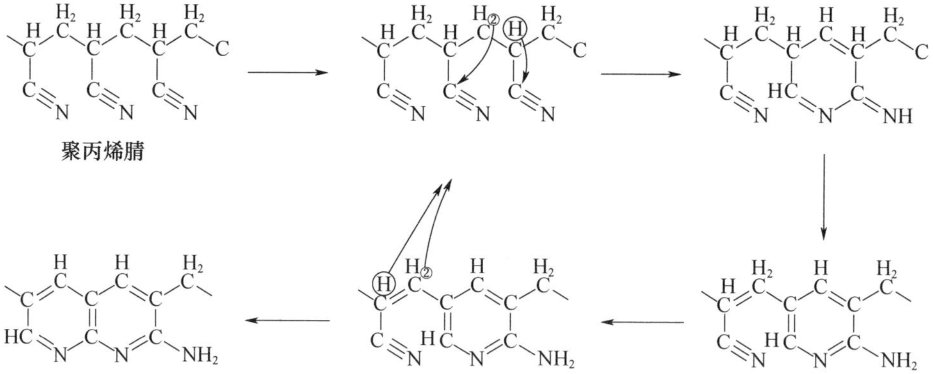

图 4 - 3　聚丙烯腈热裂解形成杂环稠环物质的过程

瓦特当时市售的英国考陶尔斯公司考特乐(Courtelle)品牌的 4.5D(1D = 10/9dtex)聚丙烯腈纤维做实验,得到了比玻璃纤维模量还高的碳纤维。随后,考陶尔斯公司提供了未加卷曲、不含消光剂(TiO_2)的 3D 聚丙烯腈纤维,瓦特对其进行氧化和 1000℃ 碳化,得到了模量为 150GPa 的碳纤维。再经 2500℃ 碳化,得到模量为 380GPa 的碳纤维。研究显示,所得到的碳纤维与酚醛和聚乙烯树脂的结合性能很好。

瓦特揭示了聚丙烯腈纤维稳定化过程中的氧化扩散控制机制和氧化中对纤维施加张力以提高碳纤维模量的机制。空气中热处理聚丙烯腈纤维,发生氧化作用,去除了氧,使纤维得以稳定;观察氧化纤维的横截面,其外部环圈呈褐色,中央核心区域呈奶油色霜染状;环圈厚度与氧化时间的平方根成正比,这与生成金属表面氧化膜采用的扩散控制工艺类似。聚丙烯腈纤维生产过程中,100～150℃下对其进行拉伸,使聚丙烯腈分子链伸展取向。聚丙烯腈纤维的热处理温度高于其拉伸温度时,聚丙烯腈分子链收缩,熵增大,纤维长度收缩。为克服收缩,需要在氧化时施加张力,而在张力状态下氧化,又恰恰对提高碳纤维的模量有重要作用。

瓦特最初将聚丙烯腈纤维缠绕在石墨或玻璃框架上,使纤维保持张力进行氧化,此后,他研制了实验室装置,以研究连续纤维的预氧化工艺。氧化 100 丝束 3D 的考特乐聚丙烯腈纤维时,瓦特测量了其不同拉伸载荷下的长度变化,以及 1000℃ 和 2500℃ 碳化得到的碳纤维模量。结果表明,氧化过程中,纤维是稳定的,后续处理中无须限制其长度收缩。2500℃不施加张力碳化,纤维长度方向收缩13%,直径收缩35%;220℃张力下氧化3D的考特乐聚丙烯腈纤维,长度增加 0～40%;1000℃ 和 2500℃ 无张力碳化得到的碳纤维,模量分别为 155～190GPa 和 350～420GPa。瓦特发现,氧化中限制或拉伸纤维,对提高碳纤维模量具有重要影响。

瓦特 1968 年 4 月 24 日获得的英国专利(专利号:1110791)中申明了四项技术要点:①氧化温度应低于热逸散温度;②必须使聚丙烯腈纤维得到充分氧化;③氧化中,必须限制纤维长度收缩,或对纤维施加张力;④预氧化后,碳化和后处理时,无需对纤维施加张力。有两项日本专利比瓦特的专利时间早,其中虽然提到了空气中220℃氧化,但未提及模量的形成和施加张力下氧化。另有研究表明,2750℃下热拉伸可改进层面取向,且可将热裂解石墨的模量提高到560GPa。但这样的高温使加热炉寿命大幅缩短,导致制造成本大幅增加。所以,瓦特发明了比较经济的较低热处理温度、较短热处理时间和不施加张力的碳纤维制造技术[3,19]。

同一时期,英国原子能研究中心(Atomic Energy Research Establishment,AERE)也开展了碳纤维研究,并研制了中试装置。皇家飞机研究中心和英国原子能研究中心对英国高性能碳纤维技术的研究发展做出了重要贡献,他们的技术转让给了摩根坩埚研发公司(Morganite R&D Ltd)、考陶尔斯公司和罗·罗公司等三家英国企业。1966 年,摩根坩埚研发公司和考陶尔斯公司分别建设了碳纤维生产线。摩根坩埚研发公司是碳材料和耐火陶瓷生产企业,1967 年就开始生产销售 Hodmor Ⅰ 型碳纤维。考陶尔斯公司是聚丙烯腈前驱体纤维制造商,后引入碳化技术制造碳纤维。罗·罗公司独立研发了碳纤维试制装置,并计划建立生产线。皇家飞机研究中心还开展了碳纤维增强树脂制造和评价的相关研究。

3. 瓦特对聚丙烯腈纤维预氧化的研究

实验显示,碳纤维模量随着热处理温度的升高而提高。1200～1400℃热处理,拉伸强度达到最大值,但更高的热处理温度会使其下降。瓦特确信,制造不同强度和模量的差别化碳纤维是可行的。他与利兹大学(University of Leeds)协作开展热裂解反应和纤维结构相关性的研究,力求明确加工中的化学变化、与碳纤维强度模量相关的纤维结构和结晶度、原材料和工艺参数等一切细节,以建立较完美的科学基础。

瓦特研究了聚丙烯腈纤维的氧化动力学特性。采用 1.5D 考特乐纤维(以 4.6% 的丙烯酸甲酯和 0.4%(摩尔分数)的亚甲基丁二酸作为共聚单体)和奥纶纤维(只以 4.6%(摩尔分数)的丙烯酸甲酯作为共聚单体)为研究对象;将样本放入 230℃ 真空中热处理 6h,纤维变为深铜褐色。由于聚丙烯腈纤维的无规聚合物结构,氰基相对于碳氢分子链随机取向,形成了氰基环绕着平面多环结构的梯形聚合物。未经处理的奥纶纤维初始氧化速度缓慢,后续速度加快,纤维拥有均匀的横截面;未经处理的考特乐纤维初始氧化速度很快,后续速度减慢,纤维截面有独特的皮芯结构。奥纶纤维中梯形聚合物较慢的氧化速度,可能与氰基呈环绕状态且缺乏引发位点有关。而共聚单体中含有羧酸基团的考特乐纤维,反应引发非常快。说明预氧化中,首先形成了梯形聚合物,氧化得以快速进行,过程变得扩散可控(图 4-4)。聚丙烯腈纤维预氧化形成梯形聚合物的化学特性和结构非常重要,因为热裂解温度提高时,它能增加石墨结构的取向度。

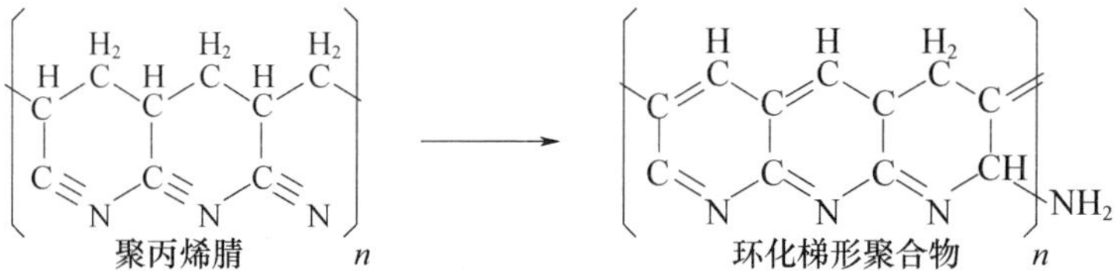

图 4-4　预氧化初始阶段聚丙烯腈纤维中形成梯形聚合物

依上述研究,瓦特提出了基于酮基形成和预氧化后聚丙烯腈纤维中氧含量的纤维结构模型,并认为,这种结构以大量的互变异构体形式存在(图 4-5)。

总之:制造高模量碳纤维,预氧化温度应低于环化放热温度,以防止出现热逸散,造成纤维收缩;预氧化后,形成了沿纤维轴取向的多环平面梯形结构;不同品牌的聚丙烯腈纤维的预氧化特点不尽相同,并受到共聚单体杂质成分、纤维形状和纺丝缺陷率等因素的影响[3,4]。

4. 瓦特对聚丙烯腈纤维热裂解与碳纤维模量关系的研究

瓦特用质谱仪分析气体,用高分辨率电子显微镜观察纤维结构,研究了考特乐和德垒尤(Draylon)两种纤维热裂解的化学过程。

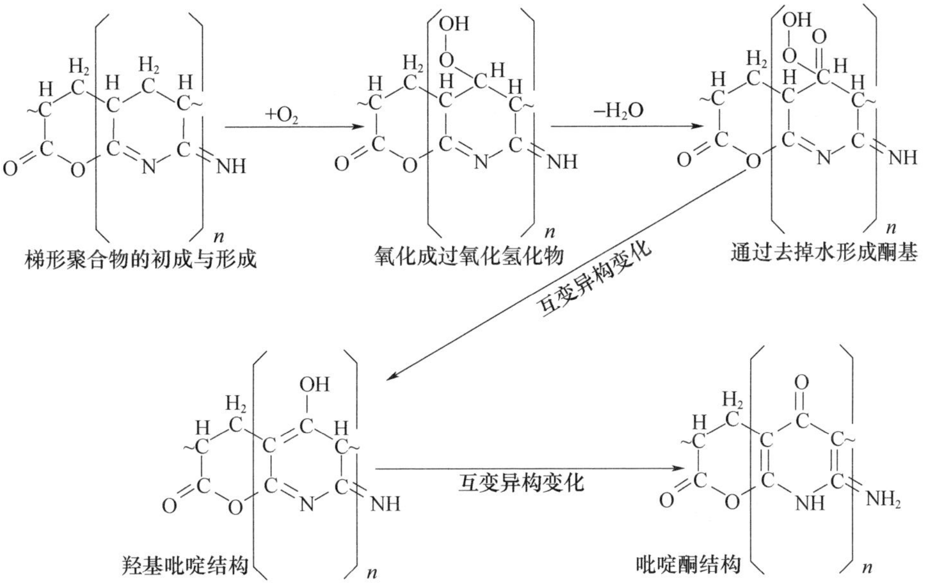

图 4-5　预氧化聚丙烯腈纤维的结构变化过程

结果显示,热裂解分为两个阶段:第一阶段在约 450℃附近,产生氰化氢(HCN)等挥发性产物、丙烯腈等腈化物、氰化甲烷和乙基腈等物质,这些应是聚合物链上未梯形化部分发生反应的结果;该温度范围内有一个氨基(NH₃—)峰,应是梯形末端序列芳构化形成的;300~400℃间,通过去除 H₂O,预氧化纤维形成了简单的石墨结构(图 4-6)。第二阶段在 500~1000℃间,约 560℃出现氨基(NH₃—)峰,约 700℃出现氰化氢峰,应是发生了图 4-7 所示的反应;由于梯形聚合物自身发生端到端的连接和边到边的缩合等反应,形成了更大的芳杂环结构;梯形聚合物反应生成的氰化氢导致了交联反应和端基连接反应,并通过支链凝聚使梯形聚合物变得更大,形成的石墨结构中含有取代的氮(图 4-8)。

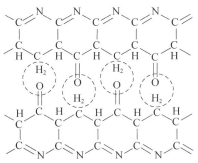

图 4-6　预氧化聚丙烯腈纤维内的简单石墨结构

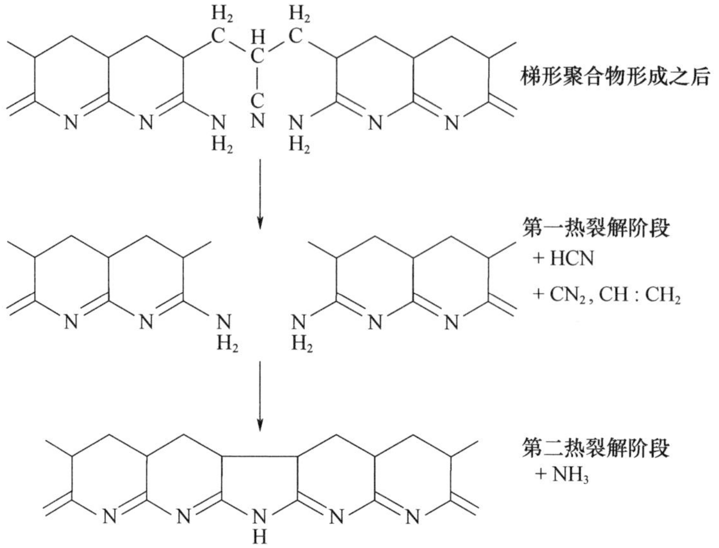

图 4-7 两个阶段的热裂解过程

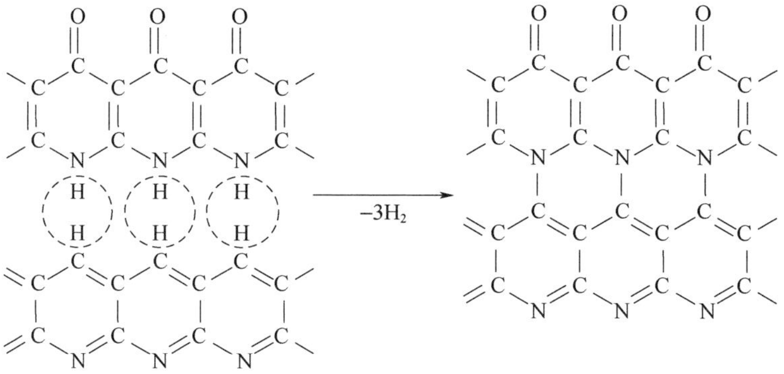

图 4-8 发生交联和端基连接反应形成大分子梯形聚合物

约 700℃时,发生了图 4-9 所示的氮消去反应。实验表明:1000℃热裂解后,碳纤维质量中含有 5.8% 的氮;通过缩合反应除去氮,随着氮消去反应的完全,纤维的结构缺陷进一步减少;1000~1500℃间,绝大多数的残留氮被去除,纤维模量从 150GPa 提高到了 240GPa;1500~2800℃热处理,主要的结构变化是乱层石墨网络形成;随着温度的升高,石墨结构重构、生长,石墨化程度提高,2700℃时,纤维模量增加到 430~480GPa。

瓦特发明的聚丙烯腈基高模量碳纤维的机理是:聚丙烯腈原丝形成了螺旋链结构;预氧化后,形成了高度取向的平面多环结构;碳化中,生成了石墨结构[3,4]。

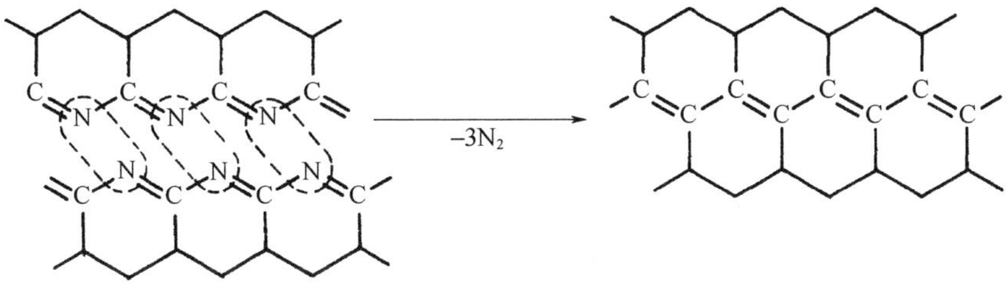

图 4 - 9　梯形聚合物间发生的氮取代反应

5. 瓦特对聚丙烯腈基碳纤维强度的研究

碳纤维的拉伸强度与原子间的键强高度相关。一些实验现象反映了影响碳纤维强度的原因:预氧化的聚丙烯腈纤维经 1200 ~ 1400℃ 热处理后,得到的碳纤维强度最大值达 2.7GPa,但热处理温度进一步升高,得到的碳纤维的强度则下降;碳纤维拉伸强度与样品长度相关,长度短,拉伸强度高;同一批经 2500℃ 热处理的碳纤维,样品长度分别为 50mm 和 5mm,拉伸强度则分别为 2.07GPa 和 2.75GPa;聚丙烯腈纤维强度 >1GPa(约为商用聚丙烯腈纤维强度的 2 倍)时,制得的碳纤维并没有对应的强度提高;等等。瓦特认为,碳纤维强度与聚丙烯腈纤维强度密切相关,但由于聚丙烯腈纤维存在杂质或表面损伤,降低了碳纤维的强度。

瓦特将湿纺装置放在空气净化器前纺丝,力求纺制不含杂质的聚丙烯腈纤维。空气净化器提供 100 级的洁净空气(粒径 ≥0.5μm,颗粒物数量 <100 个/英尺[3],不存在粒径 >5μm 的颗粒物);作为对照,在实验室环境(颗粒物数量约 107 个/m[3])中使用一台同样的纺丝装置纺丝,采用过滤(1.5μm)和未过滤的纺丝液分别纺丝,然后,对四个批次的聚丙烯腈纤维(强力 0.5 ~ 0.6GPa)进行 220℃、5h 连续长度的预氧化,再在氮气中 1000℃ 碳化,最后在氩气中 1400 ~ 2500℃ 热处理。表 4 - 3 为所得到的碳纤维的强度值。

表 4 - 3　纤维强度　　　　　　　　　　　　（GPa）

工艺条件		最后热处理温度/℃		
		2500	1000	1400
过滤纺丝液	洁净室中纺丝	2.20	2.99	2.94
纺丝液未过滤	洁净室中纺丝	1.94	2.53	1.60
过滤纺丝液	实验室中纺丝	1.79	2.14	1.67
纺丝液未过滤	实验室中纺丝	1.54	1.77	1.13

电镜观察发现:过滤纺丝液纺制的聚丙烯腈纤维制得的碳纤维,断裂原因是表面缺陷,纤维表面或裂纹表面存在斑点,与表面可见的杂质有对应关系;未过

滤纺丝液纺制的聚丙烯腈纤维1400℃碳化得到的碳纤维,断裂原因是内部缺陷或表面缺陷;2500℃热处理得到的碳纤维,断裂出现在内部孔洞处,说明杂质挥发产生了孔洞。结果表明,聚丙烯腈纤维中的杂质颗粒是影响碳纤维强度的主要原因,纯净的聚丙烯腈纤维可避免最高温度热处理时的强度下降。

瓦特研究了污染颗粒物种类与碳纤维缺陷的关系。选择实验室和纺丝厂空气粉尘中富含的炭黑、二氧化硅和三氧化二铁颗粒作为杂质样品,使其悬浮在空气中并掉落在洁净室中过滤纺丝液纺制的聚丙烯腈纤维上。被杂质颗粒污染的聚丙烯腈纤维样品经1000~1400℃热处理,得到的碳纤维的强度都达到了各自的最大值(1.9~2.5GPa);再经2500℃热处理,强度下降到了1.0~1.5GPa。电镜观察发现,碳纤维的表面缺陷是由二氧化硅和三氧化二铁颗粒在碳化时造成的;炭黑污染的纤维制成碳纤维后,纤维中没有发现炭黑颗粒造成的裂纹,炭黑以碳颗粒形式松弛地附着在碳纤维表面;炭黑形成的灰分,有可能造成碳纤维缺陷。

研究表明,造成碳纤维缺陷的杂质存在于聚丙烯腈纤维中,与纺丝液含杂或纺丝中和纺丝后的表面杂质沾染有关。缺陷主要由诸如铁氧化物等无机杂质造成。缺陷在两个阶段产生:①杂质与碳纤维间发生了化学反应;②杂质颗粒造成纤维三维石墨区域形成了小的随机取向。因此,要得到更高强度的碳纤维,必须彻底去除聚丙烯腈纤维中的杂质[3]。

4.2.2　罗·罗公司的贡献

罗·罗公司是世界最早开展高性能碳纤维在航空领域应用研究的企业。1967年它就开始研制CFRP进气风扇叶片,准备用于当时正在设计试制的最先进的涡扇飞机发动机。尽管这一探索不幸惨遭失败,但罗·罗公司对高性能碳纤维技术发展的贡献是伟大的。

为降低单座运营成本和实现跨洋飞行,1966年,美国航空公司(American Airlines)和东部航空公司(Eastern Airlines)都宣布要购买新型远程客机。为此,美国洛克希德公司(Lockheed Corporation)和道格拉斯公司(Douglas Aircraft Company)分别设计了L-1011三星号(TriStar)和DC-10两款宽体双通道、载客约300人、可跨洋飞行的大型客机。这两款新设计的大型客机都需要新型发动机。

当时,飞机发动机设计刚刚跨入高涵道比技术时代,高涵道比涡扇发动机推力大、噪声低、燃油经济性好。为升级三叉戟客机的动力系统,罗·罗公司已开始研制200kN推力的RB178高涵道比涡轮风扇发动机,同时,还在研发提高发动机效率的"三转子"技术。RB系列飞机发动机由多型产品组成,采用罗·罗公司创始人和研究设计工作所在地巴诺茨威克(Barnoldswick)的第一个大写英文字R和B命名[20]。

1967年6月,罗·罗公司提出为洛克希德公司L-1011客机研发推力

148kN 的 RB211 – 06 型发动机。技术方案是,在 RB207 与 RB203 两型成熟发动机的基础上,采用大型高功率、高涵道比和三转子等新技术进行设计,同时,还拟采用称为"海菲尔"(Hyfil)的 CFRP 风扇叶片,以大幅度减轻风扇重量,提高单位重量功率。1967 年 10 月,道格拉斯公司也请罗·罗公司为 DC – 10 客机研制推力 157kN 的发动机。经过一系列复杂的前期准备,1968 年初,新发动机型号确定为 RB211 – 22,推力升到了 181kN。1968 年 3 月,洛克希德公司向罗·罗公司订购了 150 架 L – 1011 客机所需的该型发动机,要求 1971 年完成研制并供货[21]。

然而,罗·罗公司大大低估了该型发动机的研制难度,错误测算了研制周期和研发经费需求,埋下了合同违约和研制经费严重超支而使公司破产的巨大伏笔。由于当时大型高功率、高涵道比、三转子,特别是 CFRP 风扇叶片等都不是成熟技术,既要提升单一技术的成熟度,又要开展多项技术的集成研究,故研制中问题层出不穷。1969 年秋,测试发现,发动机推力不足,重量超重,油耗太高。当时 CFRP 进气风扇叶片研究还是很振奋人心的,大多数的应力和疲劳性能都达到了要求(图 4 – 10)。但最终发现,这种叶片不能抵御鸟撞击(bird strike),即鸡那么大尺寸的鸟,以几百英里的时速撞击到发动机上,就会使叶片破碎。1970 年 5 月,冻鸡撞击试验时,CFRP 风扇叶片被撞成了碎片(图 4 – 11)。幸好,当时备份了钛合金风扇叶片的方案,但成本、重量和加工难度大增[22,23]。

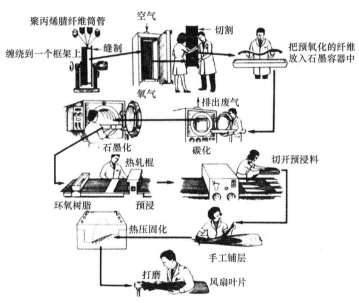

图 4 – 10　RB211 型涡扇飞机发动机研制的 CFRP 风扇进气叶片加工流程①

---

① Gunston W T. Science Journal[J]. 1969(2):39.

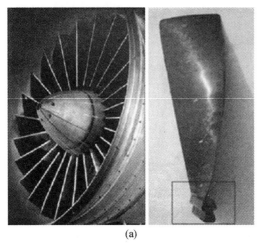

(a)　　　　　　　　　　　　　　　　(b)

图 4-11　RB211 型涡扇飞机发动机研制的 CFRP 风扇进气叶片[23]

1970 年 9 月,研制经费已达 1.7 亿英镑,超过预算 1 倍,罗·罗公司资金链断裂。1971 年初,罗·罗公司破产,严重影响了洛克希德公司 L - 1011 客机的生产。时任英国首相的艾德伍德·希斯(Edward Heath)认为,RB211 - 22 型发动机技术非常先进,对英国产业与经济具有潜在的重要战略意义。他领导政府果断出手,接管了罗·罗公司,采取了投入资金支持继续研发、协调美国政府安抚洛克希德公司、大幅度提高发动机售价等一系列措施,使罗·罗公司和 RB211 - 22 型发动机项目得以重生。1971 年 5 月新成立的罗·罗公司又经历了一年的努力,终于在 1972 年 4 月 14 日完成了 RB211 - 22 型发动机的适航认证。1972 年 4 月 26 日,装配有 RB211 - 22 型发动机的美国东方航空公司首架 L - 1011 客机投入了运营。

最终,RB211 系列发动机取得了巨大成功,从此,罗·罗公司一跃成为世界飞机发动机技术的领导者。20 世纪 90 年代起,以该型发动机技术为基础研发的瑞达(Trent)系列飞机发动机,成为我们十分熟悉的波音 747、波音 757、波音 767 和波音 787 等飞机的专属发动机。

罗·罗公司的浴火重生成就了英国的飞机发动机技术和产业,但却使英国的碳纤维技术和产业从此一蹶不振。

4.2.3　结论

用英国前首相温斯顿·丘吉尔(Winston Churchill)的名言——"终结于开始"(End of the beginning),英国人解嘲地归纳了英国聚丙烯腈基碳纤维技术的结局[23]。英国碳纤维技术由盛到衰,教训值得借鉴。

瓦特对高性能 PAN 基碳纤维技术发展做出了开创性贡献:他最早认识到聚

丙烯腈原丝性能质量对碳纤维性能的形成具有决定性影响;以不同品牌的市售聚丙烯腈纤维为样品,研究其预氧化和碳化中的化学反应及分子结构变迁,发现了 PAN 前驱体纤维的结构特性;研究了纺丝工艺技术条件,制备出了性能优异的聚丙烯腈前驱体纤维,首次制得了真正意义上的高性能 PAN 基碳纤维;等等。瓦特等创建的 PAN 基碳纤维科学研究方法和技术基础,尽管没能帮助英国在该领域取得成功,但却极大地促进了世界 PAN 基碳纤维技术的快速发展。

CFRP 进气风扇叶片研究惨遭失败,是罗·罗公司 RB211 型涡扇飞机发动机设计方案与技术决策失误造成的。设计方案失误在于将大型高功率、高涵道比、三转子和 CFPR 叶片等四项技术成熟度均偏低的新技术,同时集成于复杂、先进、精确的飞机发动机系统中,任何一项技术的缺陷都会导致系统的崩溃。而且,"当时要制造 CFRP 叶片实在是独树一帜,太超前了[24]"。在碳纤维和 CFRP 技术均不成熟时,贸然研制亟待实用的 CFRP 叶片产品,技术风险之大是难以想象的。技术决策失误在于忽视项目的高风险、高投入、高耗时性质,实验研究和经验积累不够,资金和时间准备不足。

4.3　日本高性能碳纤维技术早期发展史研究

碳纤维技术始于美国,兴于日本。20 世纪 50 年代末至 70 年代初,日本科学家先后发明了 PAN 基和沥青基碳纤维技术,日本企业高效地实现了其商业化,并持续占据着全球领先地位近 50 年。本节综述了对日本 PAN 基碳纤维技术突破发挥了关键作用的人物、机构和事件,简述了开创日本沥青基碳纤维技术的代表人物及其贡献,分析了日本高性能碳纤维技术发展中值得关注的四点事实。

4.3.1　PAN 基碳纤维技术的关键人物、机构和事件

按时序计,有八个主要因素在日本 PAN 基碳纤维技术发展和产业建设的早期成功中发挥了重要作用,即一则报纸简讯、一位年轻科学家、一项发明专利、一家科研机构、一名美国来访者、一批创新企业、一次商业机遇和一份国家标准。

1. 一则报纸简讯:1959 年 5 月 29 日的《日刊工业新闻》

当日,《日刊工业新闻》"海外技术专栏"刊登了一则简讯,介绍美国国家碳材料公司人造丝基碳纤维的研究进展。简讯内容是,美国国家碳材料公司研究成功经 3000℃ 热处理人造丝制备石墨纤维的技术,所获石墨纤维的碳含量达99.98%,该纤维具有耐高温、耐氧化、耐化学腐蚀、耐热冲击,以及热中子俘获截面小等特性,可加工成毡、布和绳等制品,也可用作塑料和耐火材料的耐高温填

充料、热电元件、电子管隔栅、红外辐射器、自润滑密封垫、灯丝和耐热输送带等[24]。

正是这则简讯,揭开了日本碳纤维技术研究的序幕。

2. 一位年轻科学家:进藤昭男博士

时年 33 岁的青年科学家进藤昭男,恰好读到了上面那则报纸简讯,并由此对碳纤维产生了浓厚兴趣。他 1951 年毕业于广岛大学(Hiroshima University),1952 年加入了通产省(Ministry of International Trade and Industry, MITI)所属大阪工业技术试验所(Government Industrial Research Institute, Osaka, GIRIO),在第一碳材料研究室从事高密度碳制品和核反应堆用碳材料技术研究(图 4 – 12)。

图 4 – 12　进藤昭男博士近照

20 世纪 50 年代,还不能制造碳或石墨的自成形产品,只能制成模压产品。由于石墨在将近 4000℃高压下才熔融,故不能将其熔纺成纤维,只能像制造其他碳材料那样,通过碳化有机纤维来制备碳纤维。用于碳化的有机纤维称为碳纤维的前驱体。为发现适宜的前驱体,1966—1976 年,曾研究过酚醛、苯酚甲醛、呋喃类树脂、聚萘乙酸、聚丙烯基醚(polyacrylether)、聚酰胺、聚苯、聚乙炔、聚亚胺、聚苯并咪唑、聚苯并咪唑阳离子盐、聚三唑、改性聚乙烯、改性聚丙烯、聚氯乙烯、聚甲基乙烯基酮、聚乙烯醇和聚乙酸乙烯酯等 20 多种有机物,但其都没有具备作为碳纤维前驱体的商业开发价值。人造丝基碳纤维力学性能太低,碳转化率也只有 20% 左右,商业应用价值有限[25]。

读了那则简讯仅一个月后,进藤昭男就启动了研究。为了发现合适的前驱体,他去百货商店收集了各种织物的布头。然后,在氮气中 1000℃热处理这些布头,使用石英式差热天平观察其变化(图 4 – 13)[26]。收集到的布头中,只有美国杜邦公司奥纶品牌聚丙烯腈纤维织成的布料经热处理后还能以黑色绒毛状小球的形态存在,这就是最早发现的 PAN 基碳纤维[27]。进藤昭男发现:聚丙烯腈热稳定性非常好;热处理中,分子内的氮和氢被转化成了氨气和氢氰酸;其碳化后的成分中含有高比例的碳,并保持了纤维形态且强力、模量和耐热性良好;再经更高温度热处理,可得到纤维态石墨。他还发现:在空气中进行热处理能获得更高质量的 PAN 基碳纤维,碳收率达 50% ~ 60% ,这奠定了碳纤维产业化的技术基础。

当时,聚丙烯腈还只是一种商业用途很窄的聚合物。美国人曾尝试使用它制备高模量碳纤维,但没有成功。进藤昭男捕获了美国人留下的这一机遇并取得了成功。因发明 PAN 基碳纤维技术,他 1977 年被授予日本化学会技术开发奖。同年,还被授予日本政府四级褒章。1996 年,日本政府授予他四级瑞宝勋章。2016 年,获日本技术与经济协会会长特别奖——发明和技术经营奖[28]。

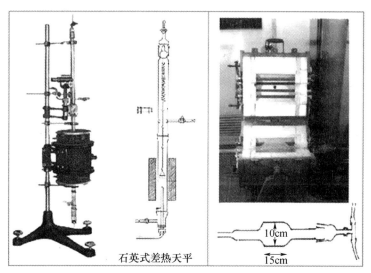

图 4 - 13　進藤昭男研究 PAN 基碳纤维曾使用的石英式差热天平和实验装置

3. 一项发明专利:PAN 基碳纤维制造工艺

1959 年 9 月,進藤昭男向日本专利局(Japan Patent Office,JPO)提交了 PAN 基碳纤维生产工艺技术的专利申请。其要点是:一种制造碳或石墨材料的方法,包括两种 PAN 基碳纤维中的晶体生长,力学性能改变,以及 1000 ~ 3000℃ 热处理得到的纤维的电阻率的变化;需选择纯净、无污染丙烯腈聚合物纺制的纤维;在富氧环境下,350℃ 热处理,使纤维保持稳定;800℃ 热处理,使其碳化。

1961 年第 317 期《大阪工业技术试验所报告》发表了進藤昭男的研究成果。1963 年,他获得了该项专利(专利号:304892)。同年,美国碳材料学会在匹兹堡大学召开第 6 届双年学术年会,進藤昭男在会上首次公开发表了题为"聚丙烯腈纤维的碳化过程"的研究报告[29]。

报告的主要内容:聚丙烯腈前驱体纤维转化为无机纤维的过程中,热处理是最基础的工艺,是稳定化过程;经碳化,氮元素和氢元素生成了氨和氢氰酸而被释放,聚丙烯腈变成高度结晶的碳或石墨,得到了纤维态的石墨化碳制品。X 射线和电子衍射图像显示,此过程中,晶体有序生长,形成了与纤维轴平行且高度取向的石墨片层状微观结构,这是 PAN 基碳纤维具有高强高模特性的主要原因。实验表明,1000℃ 热处理,制得的碳纤维取向度大幅提高,说明用聚丙烯腈纤维生产高模量碳纤维比用人造丝生产更容易。碳纤维密度与热处理温度相关,2000℃ 以上热处理,制得的碳纤维密度更高。电阻率与热处理温度的关系分为三个区域:1000℃ 以下热处理,制得的碳纤维电阻率大幅度下降;1000 ~

2300℃热处理,电阻率轻微下降;2300℃以上热处理,电阻率下降非常小。热处理温度从1000℃上升到2500℃以上时,纤维强度从0.5~1GPa逐渐下降到0.2~0.5GPa。热处理温度升高,纤维伸长率下降,1000~2000℃时,从1%下降到0.3%。热处理温度与模量的关系是:1000℃热处理,制得的碳纤维弹性模量约为1.1GPa;3000℃热处理,弹性模量约为1.5GPa;2000℃热处理,弹性模量最高为1.6GPa[30]。

可见,进藤昭男当时的研究重点是PAN纤维的碳化技术,还未就聚丙烯腈前驱体纤维开展专门研究。

4. 一家科研机构:鼓励科学家开展创新研究且注重成果转化的大阪工业技术试验所

大阪工业技术试验所成立于1918年,旨在为当时日本关西地区的企业提供技术支持,该所1993年编入日本产业技术综合研究院(Agency of Industrial Science and Technology, AIST),更名为大阪国立研究所(Osaka National Research Institute, ONRI)(图4-14)[31]。碳材料是它的重要研究领域之一。成立初期,该所主要研究纺织技术,故其较早就开展了PAN基碳纤维研究[32]。

图4-14 大阪国立研究所"产学官"研修楼

1958年8月上任的所长千石上田桢(Tadashi Sengoku)非常重视开展创新研究、知识产权保护和专利转让,并制定了相应的政策措施:鼓励科研人员依照自己的兴趣选择研究课题;允许有实用潜力的技术申请专利;与企业合作开展研究成果的产业化转化。当时,许多企业通过非正式渠道获取大阪工业技术试验所的科研信息,这种不规范的技术转移孵化了大量的商业利益。1961年,大阪工业技术试验所建立了技术咨询办公室,负责与企业合作开展技术转让。

20世纪50—60年代,大阪工业技术试验所把科研项目分为普通和特殊两类进行管理。最初,进藤昭男的课题被列为普通类项目,经费资助有限。几个月后,研究显现出了较好前景,课题随之被调整为特殊类项目。经费充裕了,并组建了有10多位研究人员的团队,1959年9月就获得了初步技术成果。大阪工业技术试验所和进藤昭男都认为,PAN基碳纤维技术发明有巨大的商业潜力,必须申请专利,并向有条件的企业授权进行产业化转化。通过专利授权,企业技术人员与进藤昭男团队密切配合,高效高质地实现了 PAN 基碳纤维技术的产业化。

5. 一名美国来访者:美国空军军官威廉姆·珀斯特尔奈克

进藤昭男在文章中多次提到,名为威廉姆·珀斯特尔奈克(William Postel-nek,1918—1997)的美国军官 1965 年访问大阪工业技术试验所时告诉他,PAN 基碳纤维最突出的性能应是机械强度和弹性模量[33]。而此前,进藤昭男一直把柔韧性、耐热性和导电性作为 PAN 基碳纤维的应用研究方向。他坦承,珀斯特尔奈克的提示是他研究的一个重要转折点。由此,PAN 基碳纤维技术研究转向到了先进结构材料的应用上。这一转变大大激发了企业参与碳纤维研究的热情,工业应用进程大大加速。

威廉姆·珀斯特尔奈克曾任美国空军中校,20 世纪 50—60 年代,在美国空军研究与发展司令部莱特航空技术研究发展中心的材料实验室工作,该实验室位于美国俄亥俄州的莱特 – 帕特森空军基地(Aright – Pattersoa Air Force Base,Ohio)内。资料显示,他主要从事新型橡胶塑料和复合材料的军事需求研究,曾作为主任工程师担任过多个科研项目的负责人,并拥有玻璃纤维上浆剂技术专利(专利号:2900338A)[34-36]。可见,作为从事过塑料橡胶和纤维增强复合材料技术研究、熟悉空军装备对新材料需求的美国军官,他的建议无疑是很有道理的。珀斯特尔奈克对碳纤维增强树脂复合材料终将成为先进结构材料的预判,确实超前。

6. 一批创新企业:日本东丽公司率先突破聚丙烯腈前驱体纤维核心技术

东海碳素公司(Tokai Electrode Mfg. Co.,Ltd.)和日本碳素公司(Nippon Carbon co.,Ltd.)是两家日本碳材料制造商,他们最先投入了 PAN 基碳纤维产业化技术研究。两家公司都拥有丰富的碳材料生产技术经验,并预测 PAN 基碳纤维一定能带来新的商业机遇。1959 年,两家公司都获得了大阪工业技术试验所的非排他性专利授权。不幸的是,两家公司未能在短时间内生产出合格的 PAN 基碳纤维,未实现其预期效益。直到 1968 年,东海碳素公司才开始商业化生产 Thermolon S 品牌的碳纤维。1969 年,日本碳素公司月产 500kg 碳纤维的中试装置才开始运转。日本东邦人造丝公司和三菱人造丝公司也分别于 1975 年、1983 年开始生产碳纤维。

1961 年,日本最大的化纤企业——东丽产业公司对 PAN 基碳纤维产生了兴趣,建立了小试装置。此前,由于未找到最佳的聚合物单体和理想的聚合工艺,制得的碳纤维远非高性能的。为解决这一问题,东丽公司采用当时刚发现的羟基丙烯腈聚合物作为前驱体研制碳纤维,取得了重要突破;新单体的共聚工艺显著改进了丙烯腈聚合物的力学性能,大大缩短了聚丙烯腈纤维的氧化工艺,加速了碳纤维的产业化进程。东丽公司把 PAN 基碳纤维列为当时最重要的产业建设项目,投入最优质的资源,保证了基础聚合物研究、碳纤维制备工艺技术开发和生产设施建设等各环节的有效推进。1970年6月,东丽公司获得了大阪工业技术试验所的专利授权,并收购了东海碳素公司和日本碳素公司的相关生产技术;同年,还与美国联合碳化物公司签署了聚丙烯腈前驱体纤维技术与碳化技术的互换协议。1971年2月,东丽公司月产1t级的PAN基碳纤维中试生产线开始运转;同年7月,Torayca®品牌的碳纤维上市销售[37]。

可见,东丽公司是日本高性能PAN基碳纤维技术的重要开拓者。因为,是东丽公司突破了单体、聚合和纺丝等一系列聚丙烯腈前驱体纤维产业化制造的技术难题,制备出了高性能PAN基碳纤维。

7. 一次商业机遇:受CFRP高尔夫球杆的启示,进军下游制品市场,引发需求猛增

因为成本高昂,早期的高性能碳纤维主要用于军用。企业要获利,就必须将碳纤维的应用拓展到民用领域去。最初几年,东丽公司专注于碳纤维制备工艺的改进优化,提高PAN基碳纤维的性能质量;同时,也探索了碳纤维在防弹衣、系泊绳、钓鱼线和防护手套等产品上的应用,但效果都不理想。

1972年10月,出现了一次重要商业机遇。那年,美国职业高尔夫球手盖伊·布鲁尔(Gay Brewer)获得了日本最著名的高尔夫球锦标赛——太平洋俱乐部大师赛冠军。媒体报道,布鲁尔用的是美国启动阿尔迪力公司生产的碳纤维球杆,并抱怨布鲁尔拿冠军靠的就是这种特殊球杆。受此启发,东丽公司1973年开始制造CFRP高尔夫球杆,由此进军下游制品市场。1973—1974年,PAN基碳纤维需求快速增长,东丽公司每月5t的产能全部开足才能满足订货需求。到1974年底,东丽公司每月可生产13t PAN基碳纤维,已应用于网球拍框和钓鱼杆等运动休闲产品[34]。

8. 一份国家标准:为高性能碳纤维的批量生产和应用建立了技术平台

技术标准化是新材料批产和应用的前提。1975年起,日本就启动了PAN基碳纤维技术的标准化研究与制定。1980年,日本颁布实施了碳纤维性能检测方法标准(JIS R 7601—1980)[38]。这一标准的颁布实施,既为PAN基高性能碳纤维批产和应用搭建立了技术平台,又控制了技术发展和市场竞争的主动权,极大地提升了日本企业的竞争力[25]。

4.3.2 沥青基碳纤维技术的代表性人物及其技术贡献

相较PAN基碳纤维,沥青基碳纤维的产业规模小得多。其中,用于高温炉炉衬、燃料电池电极,以及摩擦、填充与密封等用途的低模量沥青基碳纤维,占据了大部分市场,而具有高强高模、高导热和高导电等优异特性的中间相沥青基碳纤维,是制造航天器不可替代的关键材料,但需求非常小。

　　沥青基碳纤维技术研究,始于 20 世纪 60 年代,美国、日本几乎同时起步,同时获得技术成果,同时实现产业化。区别只是,日本较早产业化生产低模量沥青基碳纤维,而美国更早产业化生产中间相沥青基碳纤维。

　　日本科学家大谷杉夫(SugioOtani,1925—2010)发明了沥青基碳纤维制备技术,是该技术的奠基人之一。他 1947 年毕业于桐生市技术学院(Kiryu Technical College),1960 年获京都大学(Kyoto University)博士学位。1962—1991 年,任群马大学(Gunma University)教授。20 世纪 50 年代末到 80 年代中期的 20 多年里,他专注于各向同性沥青基和中间相沥青基碳纤维技术研究,研究了许多纯化合物、聚合物,以及沥青的碳化机理,提出沥青平均模型结构的有用性,开创了沥青材料研究的新方法[39]。

　　20 世纪 50 年代后期,吴羽化学工业公司(Kureha Chemical Ind. Co.)资助他开展 PVC 碳化技术研究。他发现:在氮气中 390 ~ 415℃碳化 PVC,形成了熔融热裂解产品;室温下 PVC 沥青是脆性棕黑色固体,高温下可熔融;PVC 沥青是多核芳烃类化合物的混合物,化合物分子中含 3 ~ 4 个芳环;空气中热处理,用碳/氢比率控制碳化,可降低氧元素含量。1963 年,他发现了可熔纺的碳质沥青,熔纺成纤维后,空气中 150 ~ 200℃热处理 1h,得到的碳纤维长丝强度为 0.4GPa;500 ~ 1000℃氮气中碳化,得到的碳纤维长丝模量和强度分别为 0.8 ~ 1.8GPa、0.2 ~ 0.5GPa[40]。

　　他致力于采用工业原料制备低成本、高质量碳纤维的研究。他发现:氮气中 260℃热处理吹制、煤基和 PVC 等沥青,都表现出了很好的可纺性;1000℃热处理 PVC 和吹制沥青,可制得性能尚可的碳纤维。他研发了以工业石油酸淤渣为原料的"氮气环境 - 热处理 - 熔纺 - 再热处理"碳纤维制备工艺技术[41]。他采用高分子量、含稠环芳烃、烷基基团含量低的石油基和煤基沥青做了很多实验,证明其可在空气中熔纺、氮气中碳化成碳含量为 91% ~ 96.5%的碳纤维[42]。同期,布鲁克和泰勒(Brooks and Taylor)发现,二苯并蒽酮热裂解为沥青时,有明显的液晶态双折射率现象。他实验验证了这一现象,但发现二苯并蒽酮沥青黏度太高,无法纺成纤维。他采用四苯并酚嗪制备的沥青,成功熔纺成了纤维,制得的碳纤维具有高水平的各向异性特性。这项技术 1978 年获得了专利。20 世纪 60 年代末,他探索了两种高取向沥青基碳纤维的制备方法:①张力下 1800℃以上高温热处理;②采用四苯并酚嗪等化合物聚合成高分子量盘状巨分子态沥青,其具有各向异性,可制成高性能碳纤维。1985 年,他的最后一项中间相沥青基碳纤维发明获得了专利[43]。

　　1970 年,吴羽化学工业公司利用大谷杉夫的研究成果商业化生产了世界上最早的沥青基碳纤维。目前,三菱化学工业公司和日本石墨纤维公司生产的中间相沥青基碳纤维,广泛用于机器人手臂和旋转轴等的制造。

因为所做出的贡献,他获得了 1972 年度日本化学会技术进步奖,1994 年及 2001 年度的石川馨碳材料科学奖;进入了美国阿克伦大学名人堂;日本政府 2006 年授予他 3 级瑞宝勋章。1983—1992 年,他担任日本碳材料学会主席[45]。

4.3.3 结论

日本高性能碳纤维产业的成功,以下事实值得关注:

前沿技术信息的获取和传播对启迪科学家的研究兴趣作用重大。2009 年,日本产业技术综合研究院专题研究了大阪工业技术试验所的碳纤维技术创新经验。期间,课题组采访进藤昭男,问他什么原因让他投入了碳纤维研究。进藤昭男回答:"是偶然看到报纸报道产生的想法。"就是说,1959 年 5 月 29 日《日刊工业新闻》刊登的那则简讯,启迪他走上了碳纤维研究之路。可见,前沿技术研究信息的及时获取和传播,重要性不言而喻[26]。

进藤昭男发明了 PAN 基碳纤维技术,是日本碳纤维产业的第一功臣,但他发明的还不是高性能 PAN 基碳纤维。罗格·贝肯 1986 年指出,早期的 PAN 基碳纤维不是高强高模的,因为那时聚丙烯腈纤维的共聚单体一致性差且含杂多,不可能碳化成高性能碳纤维;20 世纪 60 年代中期,英国皇家飞机研究中心的威廉姆·瓦特最早解决了聚丙烯腈前驱体纤维共聚单体的一致性、纺丝液除杂和洁净环境纺丝等关键技术问题,发明了真正意义上的高强高模 PAN 基碳纤维;瓦特曾向美、日转让了他的聚丙烯腈前驱体纤维技术,日本东丽公司籍此而快速胜出[45]。由于进藤昭男采用的前驱体是市售聚丙烯腈织物,其纤维根本不可能被碳化成高强高模碳纤维;而且他早期是把耐热和导电性能作为应用研究方向,直至 1965 年美国人威廉姆·珀斯特尔奈克提示后,才把研究方向调整到了提高碳纤维的力学性能上来。因此,肯定进藤昭男发明 PAN 基碳纤维技术贡献的同时,也必须指出,他发明的还不是高性能 PAN 基碳纤维。后来获得巨大成功的高性能 PAN 基碳纤维是日本东丽公司在进藤昭男和瓦特的研究基础上,经过持续的技术创新和工程实践探索才最终实现的。

科学家、科研机构、企业和政府的表现各自精彩。近 60 年前,进藤昭男和大谷杉夫凭借对碳纤维技术的独到兴趣、敏锐感觉和执着追寻,发现发明的 PAN 基和沥青基碳纤维技术为日本建设具有自主知识产权的新产业开辟了充满希望的处女地。大阪工业技术试验所引导科研人员依个人兴趣自主选择研究方向,大力支持有实用潜力的研究课题,重视保护知识产权,强化与企业合作建设新产业,使 PAN 基碳纤维研究快速产生成果并高效转化成了产业竞争力。从 1959 年底开始产业化技术研究到 1971 年高性能 PAN 基碳纤维投产的 12 年里,日本碳素公司、东海碳素公司和东丽公司等企业竞争合作,特别是东丽公司率先突破了制备聚丙烯腈前驱体纤维这一核心技术,研发掌握了高性能 PAN 基碳纤维的全套产业化技术,引领了日本高性能碳纤维的发展。抓住了美国深陷朝鲜和越南战争泥潭的机遇,日本政府积极营造和平、奋进的发展环境,实施"产学官"等创新政策,引导全社会为经济复苏做贡献。进藤昭男在 2016 年发表的文章中,高度赞扬日本政府在促进碳纤维技术进步和产业发展中发挥的作用。

中间相沥青基碳纤维是高性能碳纤维技术必不可少的组成部分。目前,全球中间相沥青基碳纤维总产能约为 1410t/年。只有日本石墨纤维公司、三菱化学公司和美国氰特工业公司三家企业生产,产能分别是 180t/年、1000t/年和 230t/年。高强连续长丝价格极其昂贵,在 100000 元/kg 以上。中间相沥青基碳纤维是卫星和飞船结构,以及精密罗拉等尖端装备制造不可替代的核心材料[46,47]。尽管需求量非常少,但没有这项技术,日本就不能算碳纤维技术的全球最强者。

综上,作者认为,发展国产高性能碳纤维产业应借鉴日本的成功经验:技术上,应强力提升 PAN 基碳纤维产业化技术的成熟度,尽快突破中间相沥青基碳纤维工程化技术;机制上,应力促国产高性能碳纤维应用,发挥"产学研用"合力,突破性价比瓶颈,培育全产业链盈利能力和市场竞争力。

4.4　对位芳纶技术发明史研究

对位芳纶是美国杜邦公司女科学家斯蒂芬妮·露易丝·克沃莱克(Stephanie Louis Kwolek,1923—2014)于 20 世纪 60 年代中期发明的。其后,杜邦公司投入巨资将其实现了产业化,并取得了巨大的商业成功。本节综述和分析了孕育这一发明的技术和管理因素。

4.4.1　尼龙与"新尼龙"计划

查尔斯·密尔顿·阿特兰德·斯泰因博士(Dr. Charles Milton Altland Stine,1882—1954)是杜邦公司基础科学研究的奠基者,他钟情于理论研究,在他执意请求下,1927 年开始公司每年拨款 30 万美元用于基础研究,从而发现了氯丁橡胶和尼龙。

尼龙,是第一种真正的合成纤维,源于杜邦公司于 20 世纪初期开始的高聚物研究。1930 年 4 月,朱利安·希尔博士(Julian Hill,1904—1996)使用酯类化合物做实验时,首次合成了一种分子量为 12000 的聚酯聚合物,打破了当时的聚合物分子量纪录。他还发现,熔融冷却后,可将聚合物冷拉伸成非常纤细、强度极高且质地柔软很像丝绸的纤维。但其熔点太低,不具商业应用价值。然而,聚酯冷拉伸技术的发明却具有划时代的意义,它为发现尼龙开辟了道路。四年后,华莱士·休姆·卡罗瑟斯博士(Dr. Wallace Hume Carothers,1896—1937)利用希尔的发现,通过调整实验过程、使用由合成氨制得的氨基化合物做实验,评价了 100 多种不同的聚酰胺性能后,终于在 1935 年发现了一种强度高且耐热和耐溶剂性能均好的聚酰胺,并冷拉伸成纤维,获得了尼龙这项伟大的发明。经过大量的后续研发,尼龙快速实现了商业化。1939 年下半年,杜邦公司开始批量生产尼龙纤维。1940 年 5 月,尼龙丝袜一上市就取得了巨大成功,女士们在百货商场门前排起长队购买这种珍稀的物品。第二次世界大战中,尼龙用来制造降落伞和 B - 29 轰炸机轮胎。此后,杜邦公司不断推进尼龙的应用,尼龙纤维和树脂在广阔的工业和生活市场上获得了空前成功。尽管当今竞争者众多,但杜邦公司仍是世界领先的尼龙化学中间体、聚合物和纤维制造商。

1948 年接任总裁的克劳福德·哈洛克·格林纳瓦尔特(Crawford Hallock Greenewalt,1902—1993)是杜邦家族的女婿,他秉持杜邦公司依靠科学技术寻求发展的核心价值观。格林纳瓦尔特深刻意识到,尼龙的巨大经济效益源于基础科学研究,因而推动开展了以产生一批尼龙那样的技术与商业成果为目标的"新尼龙"研发计划,他积极促成公司拨款 5000 万美元,建设了新研究设施和支持与大学开展合作研究。由此,杜邦公司的基础科学研究又向前大大地迈进了一步。到 20 世纪 60 年代初,奥纶、达可纶和莱卡等合成纤维成果陆续涌现了出来。正是在这期间,克沃莱克加入杜邦公司,并发明了对位芳纶。

4.4.2　克沃莱克简介

克沃莱克出生在美国宾夕法尼亚州新肯星顿市,其父亲是位科学家,她遗传了父亲的兴趣,曾花大量时间探索她家附近的树林和田野,收集了各种各样的树叶、野花、种子和草的标本并建立了剪贴簿,母亲擅长家务技能,她继承了母亲对织物和缝纫的爱好。她曾想成为时尚设计师,但母亲认为她是个杰出的完美主义者,不适合从事时尚创意职业,就劝说她放弃了这一念头。此后,克沃莱克对化学和医学产生了兴趣[48]。

1946 年,克沃莱克从玛格丽特莫里森卡内基学院获化学学士学位,原打算进医学院继续深造,但由于没钱付学费,便决定先工作攒学费。此时,她有一些工作机会的选择。杜邦公司面试她的是发明了赛洛芬防水技术的著名科学家威廉姆·赫尔·查驰(William Hale Charch,1898—1958),查驰原打算在两星期内告诉她是否录用的决定。但克沃莱克希望查驰能尽快告诉她结果,以便她决定是否选择其他工作机会。于是,查驰当着克沃莱克的面打电话给秘书,口述了一份录用她的决定。克沃莱克进入了杜邦公司的纺织纤维实验室,从事聚合物研究。她对此项研究特别感兴趣,于是放弃了再去学医的念头,把从事化学研究作为毕生职业。她对工作尽心尽意,表现出了很强的研究能力。1950 年,杜邦公司建立了前沿技术实验室,查驰担任实验室主任,他调克沃莱克去那里工作并给她有力的支持。克沃莱克一直觉得,可能是她当年的自信让查驰做出了即刻雇用她的决定,查驰是一位值得怀念的人。

在前沿技术实验室里,她负责研究能在极端环境下使用的新一代纤维,当时的目标是研究一种性能更好的可做轮胎帘子线的新型合成纤维。因此,她一直在做中间体制备、高分子量芳族聚酰胺合成、聚合物溶解、纺丝液制备和纺丝等研究。在研究低温聚合用中间体时,她制成了一种低浓度、并不显眼的不透明的芳族聚酰胺溶液。这种溶液与实验室以前制备的聚合物溶液完全不同,其流动性不像液体,外表呈浑浊的黄油状,搅拌时变成了乳白色。以往,这样的溶液会被随手扔掉。但她意外地发现,某种条件下,溶液中大量的棒状芳族聚酰胺分子会呈液晶态。于是,克沃莱克想用这种溶液去试着纺一下丝。而负责纺丝试验的技工担心这种浑浊液体中存在可能堵塞喷丝板的颗粒物,故不同意做试验。克沃莱克费尽周折说服他帮助自己做了纺丝试验,结果让她和其他科学家都感到非常惊奇,因为,这种聚合物溶液不仅纺丝非常顺利,而且纺出的丝不容易断裂。研究表明,这种聚合物是聚对苯二甲酰对苯二胺。纺丝中,其分子全部按取向排列,可直接纺织成具有高强高模特性的高取向性纤维。由此,克沃莱克发明了液晶溶液纺丝工艺技术和许多新型纤维。

鉴于她的科学研究贡献,克沃莱克 1994 年入选美国发明家名人堂,1996 年获得国家技术奖章,1997 年和 1999 年被美国化学工业学会及麻省理工学院分别授予铂金奖章与赖弥尔森终身成就奖,2003 年入选美国国家妇女名人堂[49]。

克沃莱克热心于为女性科学家提供工作指导和向儿童传播科学知识。20 世纪 50 年代,她发明了一种尼龙生产工艺的教学演示方法,直观地展示了从单体、聚合和纺丝到成为尼龙纤维的过程。1959 年 4 月的《化学教育杂志》,发表了她与保罗·温思罗普·摩根(Paul Winthrop Morgan)合作撰写的介绍这一演示方法的《尼龙绳的诀窍》一文,这是她被引用最多的一篇文章。这一演示方法现在仍是美国中学的化学实验课程。

4.4.3　克沃莱克的专利研究

4.4.3.1　发明芳族聚酰胺低温聚合技术和间位芳纶制备技术

1958 年 2 月 5 日,克沃莱克与保罗·温思罗普·摩根、韦恩·理查德·索伦森(Wayne Richard Sorenson)共同提交了芳族聚酰胺制备工艺的专利申请文件。1962 年 11 月 13 日,美国国家专利与商标局(United States Patent and Trademark Office,USPTO)批准了专利号为 U. S. Pat. No. 3063966 的《全芳族聚酰胺制备工艺》发明。

1. 技术要点

上述专利涵盖低温聚合制备高分子量聚酰胺技术。聚酰胺是应用广泛的重要聚合物,通常采用高温熔融聚合技术生产,但300℃高温会促进反应物缩聚生成深色的低分子量或交联的酰胺,因而无法得到预期的高分子量芳族聚酰胺。

低温反应(100℃以下)既符合经济性需要,又可促进线形聚酰胺的形成、减少副产物。但低温环境下,反应物必须易发生反应。而反应活性高的物质又会产生副反应和副产物问题。尤金·埃德伍德·马加特(Eugene Edward Magat)等1951年发明了界面缩聚技术,解决了脂肪族聚酰胺的低温聚合问题,但这项技术不适于以芳族二胺和芳族二甲酰氯为原料的高分子量聚酰胺。采用芳族中间体的低温聚酰胺化反应,面临着一些问题:芳族反应物的反应速度慢,副反应较严重;芳族聚酰胺溶解性和流动性差,需要较长低温聚合时间以得到高分子量聚合物;等等。

克沃莱克等的这项发明的技术要点是:芳族二胺和芳族卤化酰基在溶剂中反应,生成以 $—\overset{\underset{|}{H}}{N}—Ar_1—\overset{\underset{|}{H}}{N}—\overset{\underset{\|}{O}}{C}—Ar_2—\overset{\underset{\|}{O}}{C}—$ (A) 为重复单元结构的高分子量芳族聚酰胺;Ar_1 和 Ar_2 是未取代或取代的二价芳族基团,二者可相同也可不同,彼此间的酰胺键按间位或对位相连;芳核取代物是一个或多个低级烷基、低级烷氧基、卤素、磺酰基、硝基和低级烷氧羰基等基团,或是这些基团的混合物等。溶剂是分子式如 $\left[\begin{array}{c}R_1\\ \\N\\ \\R_2\end{array}\!\!-\!Z\!-\!\left[R_2\right]_b\right]_a$ (B)的酰胺型有机化合物;R_1、R_2 和 R_3 可以是低级烷基或亚烷基,可相同亦可不同,既可是单独的烷基基团,也可是任意两个此类基团组成的亚烷基基团,要保证三者中的碳原子总数不超过6;a 是 1 或 2,b 是 0或 1,Z 是分子式如 $C=O$ 和羰基和磷酰胺基等酸性基团(P 是磷);$a+b$ 的和满足 Z 基团的化合价;典型的溶剂是二甲基乙酰胺(Z 是—C =O)、N,N,N',N'-四甲基脲(Z 是—C =O)、N-乙酰基吡咯烷(Z 是—C =O)和 N-甲基$-\alpha$-吡咯烷酮(Z 是—C =O)、六甲基磷酰胺等。

制得的高分子量芳族聚酰胺中,每个重复酰胺基团的氮原子和羰基分别直接连接在相邻苯环的不同碳原子上。芳族基团都是二价的、间位或对位取代的,具有

结构。其中,R 是低级烷基、低级烷氧基或卤素基团,n 是

0~4的数字,X 是 $-\overset{\overset{O}{\|}}{\underset{\underset{O}{\|}}{S}}-$, $-\overset{Y}{\underset{Y}{C}}-$, $-\overset{O}{\overset{\|}{C}}-$, $-S-$ 或 $-O-$ 基团,Y 是氢或低级烷基基团。

高分子量聚酰胺采用芳族二甲酰卤化物和芳族二胺聚合而成。芳族二甲酰卤化物是含有 $Hal-\overset{O}{\overset{\|}{C}}-Ar_2-\overset{O}{\overset{\|}{C}}-Hal$(C) 分子结构的化合物,$Ar_2$ 是二价芳香基团,含有共振不饱和键;Hal 是氯、溴、氟等卤素原子,最好是二氯化物;芳族基团可有单环、多环或稠环。芳核上的一个或多个氢可被低级烷基、低级烷氧基、卤素、氮、磺酰基、低级烷等的非活性基团所取代。反应物二氯化物包括间苯二甲酰氯和低级烷基取代的间苯二甲酰氯,如带有甲基、乙基、丙基等的间苯二甲酰氯,另外还有许多其他选择。芳族二胺的分子式是 $H_2N-Ar_1-H_2N$,Ar_1 是二价芳族基团,NH_2 基团间进行对应的间位或对位取代;可含有单环或多环及稠环;芳核上的一个或多个氢可被低级烷基、低级烷氧基、卤素、硝基、磺酰基和低级烷氧羰基等非活性基团取代;典型二胺包括间苯二胺和低级烷基取代间苯二胺,如带有甲基、乙基、丙基等的间苯二胺,还可用对苯二胺化合物,以及多环或稠环芳族二胺(如 4,4′-氧-二苯基二胺、4,4′-磺酰基二苯基二胺、3,3′-氧-二苯基二胺和 3,3′-二苯基二胺等)。

依据本发明制得的高分子量线形聚酰胺具有与反应物二胺和二酰氯化物对应的重复单元结构。例如,对苯二胺与间苯二甲酰氯反应,生成具有

$-N-\langle\bigcirc\rangle-\overset{H}{\underset{}{N}}-\overset{O}{\overset{\|}{C}}-\langle\bigcirc\rangle-\overset{O}{\overset{\|}{C}}-$(D)重复单元结构且特性黏度大于 0.6 的聚酰

胺,其可溶于非反应性溶剂,可在膜和纤维中取向并结晶。此外,用量不超过 10% 的含有一个或不含芳核的聚合物组分,不会影响制得聚合物的物理化学性能。但最好使用全芳族二胺和二元酸。

2. 特性与应用

高熔点是芳族聚酰胺的突出特性。大多数聚酰胺在 270℃ 以下就熔融,但芳族聚酰胺的熔点多数情况下超过 350℃;制成的纤维在 300℃ 以上仍能保持良好的长丝形态和强度,且 700℃ 电弧曝露 20s 性能不下降;耐环境腐蚀性极好,且耐高能粒子和 γ 射线照射;溶解性非常好,可用常规技术将其加工成膜和纤维等;强度高,工作恢复性、高温下的韧性好。

在该项专利中,克沃莱克预测,芳族聚酰胺纤维和膜可在高温下长时间工

作,具有广泛的商业用途。纤维可用于高温电绝缘材料、防护服、窗帘、滤料、包装及衬垫材料、制动片和离合器面板、耐高温轮胎和传送带的增强体,以及降落伞、燃料电池、管道、软管和绝缘体等航空材料。其优异的耐辐射性和热稳定性,可用于核工业装备。制成的膜可用作汽车和飞机的室内顶板、装饰条,以及槽绝缘衬、干式变压器、电容器、缆线等的耐高温电绝缘体,高温或高辐射物品的包装,耐腐蚀管线、热水管、管道工程、热空气通风机、飞机机体蒙皮、飞机天线罩、压花辊套、容器和容器衬里、印制电路、热管包裹用胶带、膜与金属复合材料、300℃以下低熔点金属铸造模具或自承容器内衬。纤维与增塑聚氯三氟乙烯等聚合物复合制得的类似油灰的材料高温稳定性极好且非常柔软。聚合物纤维与棉纤维的阻燃性能比照见表4-4。

表4-4 阻燃性能比照

样品	点燃时间/s	总燃烧时间/s	轮廓尺寸图/英寸	燃烧类型	残留类型
聚合物纤维 (5个样品)	3.8	熄灭(5.4)	0.35×0.30	点燃缓慢,燃烧 可忽略不计	有硬皮,坚硬, 有羽毛
棉纤维 (5个样品)	2	13~430	1.5×6 (样品完全燃尽)	快速点燃,快速 燃烧,缓慢炭化 和熄灭	—
注:1英寸=2.54cm					

3. 制备间位芳纶

采用卤化烃和环状亚砜为反应媒介,将5.4份间苯二胺二盐酸盐放入带有高速搅拌器的反应器中;将12.1份三乙胺溶于200份二氯甲烷中,并将溶液快速加入反应器中,反应中在原位形成了三乙胺盐酸盐;搅拌混合物1min,使二胺盐溶解;将溶于200份氯甲烷中的6.1份间苯二甲酰氯溶液加入反应器;待聚合反应彻底完成,再加入与反应物等量的己烷,使聚间苯二甲酰间苯二胺沉淀出来。所得聚合物无色透明,特性黏度为1.71,熔融温度为375℃,产率为91%;将其以17%的浓度溶解到95份二甲基甲酰胺和5份氯化锂组成的混合物中,128℃下,经孔径0.10mm的5孔喷丝头纺丝,纺出的纤维进入225℃的纺丝筒,以92码/min(1码=0.9m)的卷绕速度收丝,纤维拉伸倍数4.75倍,水中煮沸、干燥;纤维强度4.9g/D,断裂伸长率30%(比例均以重量计)[50]。

4.4.3.2 发明芳族聚酰胺液晶聚合物原液技术

1969年5月23日,克沃莱克提交了采用低温工艺制备芳族聚酰胺液晶聚合物原液的专利申请文件。1972年6月20日,美国国家专利与商标局批准了专利号为U. S. Pat. No. 3671542的《光学各向异性芳族聚酰胺原液》发明。

1. 技术要点

制备这种液晶聚合物原液首选具有重复单元结构 $\begin{bmatrix} O & O & H & & H \\ \| & & \| & & \\ C-R-C-N-R'-N \end{bmatrix}$ (A)

的聚酰胺。其中,链增长(扩链)键同轴时,R 和 R′可选择 —⟨1,4-苯⟩— 和

—⟨4,4-联苯⟩——— 基团。链增长键平行时,R 和 R′可选择 ⟨1,5-萘⟩

或 —⟨2,6-萘⟩— 基团。R 和 R′可相同,也可不同,还可含有芳核上的取代

物。另一种是具有重复单元结构 $\begin{bmatrix} O & & H \\ \| & & | \\ C-R''-N \end{bmatrix}$ (B)的聚酰胺。其中,R″是

—⟨1,4-苯⟩— 和 —⟨4,4-联苯⟩——— 基团,R″可含有芳核上的取代物。

根据需要可添加以摩尔计不超过 10% 的其他反应物而不会影响聚合物性质。

带有取代或未取代芳核的均聚酰胺和共聚酰胺,一个或多个单一均聚物、单一共聚物,或均聚物和/或共聚物的混合物最适于制备液晶聚合物原液和纤维,无规共聚物是首选。无规共聚物可以是 AB 型(如对氨基苯甲酰氯盐酸盐)、AA 型(如对苯二胺或 2,6 - 二氯对苯二胺),或 BB 型(如对苯二甲酰氯或 4,4′ - 二苯甲酰氯)等型态或是其混合体,只要满足形成高聚物的化学计量要求就可以。适宜的芳族聚酰胺有聚对苯甲酰胺、聚对亚苯基 p, p' - 联苯二甲酰胺,以及如聚 p, p' - 二对苯二甲酰胺和如聚对苯甲酰胺间苯甲酰胺的有序或无序芳族共聚聚酰胺等。特性黏度大于 1.0 的液晶聚酰胺原液,适于制备纤维;特性黏度低的液晶聚酰胺原液,适宜制薄膜、短纤和涂层。

2. 原液制备

适于制备原液的溶剂包括酰胺或脲类的 N, N - 二甲基乙酰胺、浓硫酸或发烟硫酸、氢氟酸和甲磺酸等;不少于 2% 的氯化锂作添加剂,以助聚酰胺溶解;反应中需进行搅拌;原液中除了聚合物和溶剂,还存在惰性有机物、水和酸性副产品的残留;将其加工成制品前,可加入染料、填料、消光剂、紫外线稳定剂和抗氧化剂等;有些原液可在室温下制备和使用(如纺丝),有些则需要加热或冷却等;原液既可是完全各向异性的,也可是任意比例各向异性和各向同性溶液分散混合而成的乳液。

1)各向异性原液

将原料在特定浓度范围内混合时,获得的原液是光学各向异性的。伸展的刚性链芳族聚酰胺高分子在溶液中呈棒状聚集体(集束)。聚合物刚性链的构象由马克 – 霍温克(Mark – Houwink)关系式 $[\eta] = KM\alpha$ 中的 α 表示,η 为特性黏度,M 是分子量,K 和 α 对给定的聚合物/溶剂系统是一个常量。测得原液中聚对苯甲酰胺的 α 值为 1.6,特性黏度为 0.4 ~ 2,在硫酸溶液中测定分子量。低于特定聚酰胺浓度时,原液呈现各向同性;增加聚酰胺浓度,原液特性黏度增加;到达临界浓度点时,原液从各向同性变为部分的各向异性;继续增加聚酰胺浓度,原液各向异性增加,特性黏度下降(图 4 – 15)。

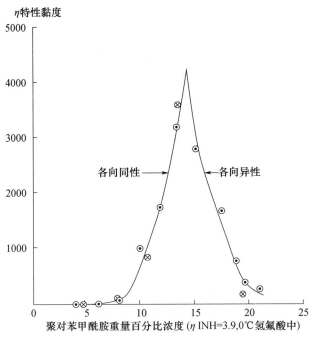

图 4 – 15　聚合物浓度与液晶溶液特性黏度的变化

一组纺丝液由特性黏度 0.7 ~ 3.5、6% ~ 15% 的聚对苯二甲酰对苯二胺,0.5% ~ 5% 氯化锂,以及体积分数大于 45% 的六甲基磷酰胺和 2 – N – 甲基吡咯烷酮组成。另一组纺丝原液由特性黏度 0.7 ~ 3、5% ~ 25% 的聚 2 – 氯 – 对苯二甲酰对苯二胺,0.5 ~ 8% 的氯化锂和 N,N – 二甲基乙酰胺等组成。原料的配比对原液液晶性质影响很大,因此,纺丝液需在 0 ~ 10℃ 低温下按严格配比制备。

2)纺丝应用

聚酰胺含量超过 5% 的原液可用于纺丝。低取向角和/或高声速特性证实制得的纤维具有独特的内部结构。取向角意味着,一个与纤维轴相关的角(取向角的 1/2），表示微晶排列的百分比。采用 X 射线方法测得结晶取向角，衍射图的强度迹线表明，制得的纤维中 50% 以上（一般在 77% 左右）的微晶围绕着纤维轴排布在这一角度内。声速测量全部分子的取向，是反映聚合物分子沿纤维轴取向的结构参数，可与结晶取向相对照。聚合物分子沿纤维轴取向程度越高，声速就越高。结构参数与纤维力学性能有重要的相关性：取向角变小（图 4－16（a））和/或声速增加（图 4－16（b））时，纤维的初始模量变大[51]。

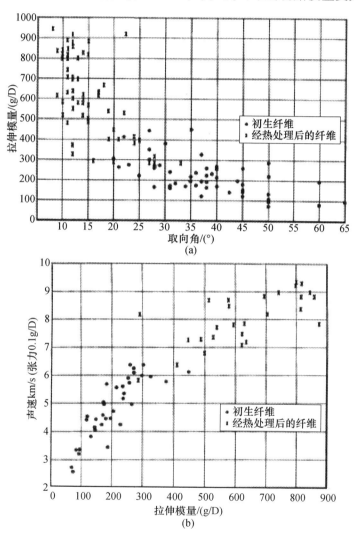

图 4－16　聚合物浓度与液晶溶液特性黏度的变化

4.4.3.3　发明对位芳纶

1971 年 9 月 7 日，克沃莱克提交了对位芳纶的专利申请文件。1974 年 6 月

25 日,美国国家专利与商标局批准了专利号为 U. S. Pat. No. 3819587 的《取向角小于 45°的全芳族聚酰胺纤维》发明。

这项发明以前一发明(U. S. Pat. No. 3671542)为基础,主要涵盖光学各向异性芳族聚酰胺纺丝液制备、纺丝和纤维性能评价等技术。制得纤维的取向角小于 45°,优选小于 35°,最好的小于 25° 和/或声速最小 4km/s,更好的大于 6km/s,最好的大于 7km/s;纤维具有优异的拉伸性能,初始模量最小约 200g/D,好些的 ≥300g/D,最好的 ≥400g/D,且强度 ≥5g/D,初生纤维的伸长率最低 5%[52]。

4.4.4 赫伯特·布雷兹的贡献

赫伯特·布雷兹(Herbert Blades)是杜邦公司的一位重量级科学家。他发明了液晶芳族聚酰胺干喷湿纺工艺,为对位芳纶技术从实验室走向产业化做出了重要贡献。1972 年 6 月 30 日,布雷兹提交了高强高模对位芳纶的专利申请文件。1975 年 3 月 4 日,美国国家专利与商标局批准了专利号为 US Pat. No. 3869430 的《高模高强聚对苯二甲酰对苯二胺纤维》发明。基于克沃莱克发明的液晶芳族聚酰胺技术,布雷兹花了整整一年时间研究液晶芳族聚酰胺纺丝技术,好奇心、知识、韧劲和勇气促使他实验尝试了许多种假设,从而做出了"戏剧性"的技术改进,研发出了密度 ≥1.4、特性黏度 ≥4.6 的聚对苯二甲酰对苯二胺的高模高强纤维。该纤维内部结构特性表现为,侧向双折射率 0.022,结晶区内微晶尺度 ≥58Å(1Å = 0.1nm),取向角 ≤13°,纱线初始模量 ≥900g/D,长丝强力 ≥22g/D。上述指标表明,对位芳纶已经全面达到了高性能的水平。布雷兹研发的工艺对聚合过程、纺速和溶剂成本没有限制,非常适于产业化生产[53]。1991 年,布雷兹获拉沃斯亚奖章(DuPont's Lavoisier Medal),该奖是杜邦公司设立的,专门颁发给那些对公司发展做出过卓越技术贡献、产生了重大商业效益和体现了持久科学价值的员工[54]。

4.4.5 结论

杜邦公司能够取得对位芳纶从实验室到产业的成功,如下四点值得关注。

(1)对位芳纶是"新尼龙"发展计划牵引的结果。尼龙在军民用领域的成功,激励着杜邦公司更加致力于高风险、无确定目标的基础研究。第二次世界大战后,杜邦公司就把未来能再挖得一桶金的宝押在了"新尼龙"发展计划上,试图通过基础研究再发现一些尼龙那样的技术和商业成功,并制定了相应的政策和投入了巨量资源加以推进[55]。对位芳纶正是被这一雄心勃勃、风险很高且又极为幸运的发展计划牵引而出的。

(2)对位芳纶的产生是深厚的有机合成化学技术基础支撑使然。杜邦公司 1902 年就建立了研究实验室基地,开启了企业基础科学研究的先河。1917 年又建立了杰克森实验室,开始合成染料化学研究,积淀了重要的有机化学知识,进入了有机合成化学领域。1927 年从哈佛大学引进了华莱士·休姆·卡罗瑟斯博士领导高分子聚合物基础研究,他在杜邦公司开展基础有机化学研究的最初10 年里,发挥了至关重要的领导作用。

(3)对位芳纶是科学探索精神和车间工匠传统完美结合的产物。到 20 世纪 50 年代,杜邦公司已有 150 多年的技术研发和 50 多年的基础科学研究经验,建立起了基础科学研究与车间技术紧密连接的创新机制。液晶芳族聚酰胺可纺性的发现,看似克沃莱克在穷尽一切努力之前的最后一次尝试,表面上看显得有些偶然,但实际上这正是科学素养和探索精神的驱力使然。还有,1958 年初克沃莱克芳纶专利申请文件中对芳纶应用领域的预测,今天读来,其体现出的技术想象力令作者吃惊。因为,几乎每一点在今天已经成为现实。克沃莱克在实验室里制得的对位芳纶初始模量仅为 200 ~ 400g/D、强度仅为 5g/D,而布雷兹研发成功的产业化技术使其分别提高到了初始模量≥900g/D,长丝强度≥22g/D。这充分说明,车间技术或产业化技术对科学发现和技术发明的放大与提升作用是多么重要。

(4)对位芳纶的商业成功是规模空前的产业化建设投入使然。克劳莱克发现对位芳纶后,产业化纺丝技术研究的复杂和昂贵几乎令人无法接受,但杜邦公司还是提供了良好的技术试验条件,供布雷兹进行产业化技术研发。杜邦公司1980 年投入 5 亿美元为凯芙拉(Kevlar®)对位芳纶生产设施扩能,是其史上最大规模的净现值投资之一①,曾被 *Fortune* 杂志称为"寻找一个市场的奇迹[56]"。

参考文献

[1] Edison T A. Manufacture of Filaments for Incandescent Electric Lamps[OL]. [1892 – 03 – 15]. http://pdf-piw. uspto. gov/. piw? Docid = 470925&idkey = NONE&homeurl = http% 3A% 252F% 252Fpatft. uspto. gov% 252Fnetahtml% 252FPTO% 252Fpatimg. htm.

[2] Joseph Wilson Swan. The Columbia Electronic Encyclopedia[DB/OL]. Columbia University Press, [6th ed. Copyright © 2012]. http://www. infoplease. com/encyclopedia/people/swan – sir – joseph – wilson. html.

[3] Roger Bacon, Moses Charles T. Moses, Carbon Fiber – From Light Bulb to Outer Space, High Performance Polymers: Their Origin and Development[C]. Proceedings of the Symposium on the History of High Performance Polymers at the American Chemical Society Meeting held in New York, April 15 – 18,1986, Springer Netherlands,1986:341.

[4] 李海洋. 化学纤维的起源与发展[J]. 纤维标准与检验,1988,3:28.

[5] Abbott W F. Method for Carbonizing Fibers[P/OL]. 1962 – 09 – 11. http://pdfpiw. uspto. gov/. piw? Docid

---

① Dupont. 1929 Spruance Plant [EB/OL]. [2017 – 12 – 01]. http://www. dupont. com/corporate – functions/our – company/dupont – history. html.

= 3053775&idkey = NONE&homeurl = http% 3A% 252F% 252Fpatft. uspto. gov% 252Fnetahtml% 252 FP-TO% 252Fpatimg. htm.

[6] Abbot W F. Method for Carbonizing Fibers:US P3,053,775[P]. 1962 – 09 – 11.

[7] CarbonWool Corporation[DB/OL]. https://www. bizapedia. com/ca/carbon – wool – corporation. html

[8] GrafTech International in Parma(Ohio). High Performance Carbon Fibers National Historic Chemical Land-mark[R/OL]. [2003 – 09 – 17]. https://www. acs. org/content/acs/en/education/whatischemistry/land-marks/carbonfibers. html#first – carbon – fibers.

[9] Wikipedia. Roger Bacon[DB/OL]. [2017 – 12 – 01]. https://en. wikipedia. org/wiki/Roger _ Bacon _ (physicist).

[10] T Franklim Institute. Roger Bacon[EB/OL]. [2004 – 04]. [2017 – 12 – 01]. https://www. fi. edu/laure-ates/roger – bacon.

[11] Steve Brachmann. Evolution of Tech:Roger Bacon's high – performance carbon fibers find widespread use for thermal,mechanical properties[N/OL]. [2016 – 10 – 24]. http://www. ipwatchdog. com/2016/10/24/roger – bacons – high – performance – carbon – fibers/id = 73857/.

[12] Ford Curry E. Fibrous Graphite [P/OL]. 1963 – 10 – 15. http://pdfpiw. uspto. gov/. piw? Docid = 3107152 &idkey = NONE&homeurl = http% 3A% 252F% 252Fpatft. uspto. gov% 252Fnetahtml% 252FPTO% 252Fpatimg. htm.

[13] Schalamon Wesley A. Process for Producing Carbon Fibers Having a High Young's Modulus of Elasticity[P/OL]. [1973 – 02 – 13]. http://pdfpiw. uspto. gov/. piw? Docid = 3716331&idkey = NONE&homeurl = ht-tp% 3A% 252F% 252Fpatft. uspto. gov% 252Fnetahtml% 252FPTO% 252Fpatimg. htm.

[14] Condolences Leonard S. Singer(1923 – 2015) [EB/OL]. [2015 – 10 – 21]. http://obits. cleveland. com/obituaries/cleveland/obituary. aspx? pid = 176177585.

[15] Singer Leonard S. Process for Producing High Mesophase Content Pitch Fibers[P/OL]. [1975 – 11 – 11]. http://pdfpiw. uspto. gov/. piw? Docid = 3919387&idkey = NONE&homeurl = http% 3A% 252F% 252Fpatft. uspto. gov% 252Fnetahtml% 252FPTO% 252Fpatimg. htm.

[16] Roger Bacon,Moses Charles T. Carbon Fibers,from Light Bulbs to Outer Space,High Performance Poly-mers:Their Origin and Development[C]//Proceedings of the Symposium on the History of High Perform-ance Polymers at the American Chemical Society Meeting held in New York,April 15 – 18,1986:345.

[17] Frank H G,Stadelhofer J W. Industrial Aromatic Chemistry – Raw Materials Processes Products[M]. Ber-lin:Springer – Verlag Berlin Heidelberg,1988:380 – 381.

[18] Mair W N,William Watt E H. 14 April 1912 – 11 August 1985,Mansfield,Biographical Memoirs[M/OL]. Biogr. Mems Fell. R. Soc. ,1987:642 – 667. http://rsbm. royalsocietypublishing. org/content/roybiogmem/33/642. full. pdf

[19] Watt W. Carbon work at the royal aircraft establishment,Carbon[J]. Pergamon Press. Printed in Great Brit-ain,1972,10:121 – 143.

[20] Wikipedia article,Rolls – Royce RB211:Map[EB/OL]. [2017 – 12 – 01]. http://maps. thefullwiki. org/Rolls – Royce_RB211.

[21] James Lee. Innovations in Composites at Rolls – Royce [R/OL]. 2016 Rolls – Royce plc:18,http://www. sampe. org. uk/assets/pdfs/25022016% 20 – % 20Annual% 20Seminar/Presentations/20160225_Lee. pdf.

[22] 杨克承,陈建军. 罗罗公司与其 RB211 –254H 发动机[J]. 民航经济与技术,1996,179:30 – 31.

[23] Adams Robert D. 50 Years in Carbon Fibre,60 Years in Composites,The Structural Integrity of Carbon Fiber

Composites – Fifty Years of Progress and Achievementof the Science, Development, andApplications[M]. Switzerland: Springer International Publishing, 2017:6.

[24] Osamu Nasamura, et al. Study on the PAN Carbon – fiber – innovation for modeling a successful R&D management[J]. Synthesiology, 2009, 2(12):157.

[25] Akio Shindo. Some Properties of PAN – based Carbon Fiber[J]. Yogyo – Kyokai – Shi, 1961, 69(6): C195 – C199.

[26] 進藤昭男, 竹中啓恭. PAN 系炭素纤维的发明[R/OL]. [2016 – 12 – 01]. https://sankoukai. org/secure/wp – content/uploads/untold_stories/akio – shindo%20&%20hiroyasu – takenaka_final. pdf.

[27] The Society of Fiber Science and Technology, Japan. High – Performance and Specialty Fibers – Concepts, Technology and Modern Applications of Man – Made Fibers for the Future[M]. Springer, 2016:334.

[28] Japan Techno – Economics Society. 第 4 回　技術経営・イノベーション賞　受賞者決定![EB/OL]. [2016 – 07 – 04]. http://www. jates. or. jp/management_study/management_of_technology_meeting/gikei_innovation_201607/4th_Kettei. html.

[29] The American Carbon Society. 6th Biennial Conference – Pittsburgh, PA[EB/OL]. 1963. http://www. americancarbonsociety. org/node/41.

[30] Akio Shindo. Some Properties of PAN – Based Carbon Fiber, Yogyo – Kyokai – Shi, Vol. 69, No. 6, C195 – C199[R/OL]. 1961. https://www. jstage. jst. go. jp/article/jcersj1988/108/1256/108_1256_S35/_pdf.

[31] AIST. History, About AIST, National Institute of Advanced Industrial Science & Technology[EB/OL]. [2017 – 12 – 01]. http://www. aist. go. jp/aist_e/about_aist/history/history. html.

[32] World Intellectual Property Organization. A Patent that Changed an Industry[R/OL]. http://www. wipo. int/ipadvantage/en/details. jsp? id = 2909.

[33] AIST. 炭素纤维:最先进的客运飞机身结构50% 采用碳纤维复合材料制成[EB/OL]. [2017 – 12 – 01]. http://www. aist. go. jp/aist_j/aistinfo/story/no2. html.

[34] Condolences. William Postelnek[EB/OL]. http://www. findagrave. com/cgi – bin/fg. cgi? page = gr&GRid = 49300251.

[35] Division of Engineering and Industrial Research – National Academy of Science – National Research Council. Department of Defense Program on Materials Research and Development – A Review by Materials Advisory Board (Volume II)[R]. 1957 – 03 – 09:102.

[36] William Postelnek, et al. Glass Fiber – Thickened Grease Compositions[P/OL]. 1959 – 08 – 18. http://pdffpiw. uspto. gov/. piw? Docid = 2900338&idkey = NONE&homeurl = http% 3A% 252F% 252Fpatft. uspto. gov% 252Fnetahtml% 252FPTO% 252Fpatimg. htm.

[37] WIPO. Case Study: A Patent that Changed an Industry[R/OL]. [2012 – 07 – 31]. http://www. wipo. int/ipadvantage/en/details. jsp? id = 2909.

[38] Whitcomb John D. Composite Material: Testing and Design(Eighth Conference)[R]. American Society for Testing and Materials, Baltimore MD, 1988:218.

[39] Asao Oya, Obituary. Carbon 48 (2010) 42:7 – 42:8. [OL]. https://www. deepdyve. com/lp/elsevier/sugio – otani – GUj7fvm9OJ? shortRental = true.

[40] Sugio Otani, et al. Method For Producing Carbon Structures From Molten Baked Substances[P/OL]. [1968 – 07 – 09]. http://pdfpiw. uspto. gov/. piw? Docid = 3392216&idkey = NONE&homeurl = http% 3A% 252F% 252Fpatft. uspto. gov% 252Fnetahtml% 252FPTO% 252Fpatimg. htm.

[41] Toshikatsu Ishikawa, et al. Method For The Manufacture of Carbon Fiber[P/OL]. [1971 – 01 – 05]. http://pdfpiw. uspto. gov. piw? Docid = 3552922&idkey = NONE&homeurl = http% 3A% 252F%

252Fpatft. uspto. gov% 252Fnetahtml% 252FPTO% 252Fpatimg. htm.

[42] Sugio Otani. Production of Carbon Filaments From Low – Priced Pitches[P/OL]. 1971 – 12 – 21. http://pdfpiw. uspto. gov/. piw? Docid = 3629379&idkey = NONE&homeurl = http% 3A% 252F% 252Fpatft. uspto. gov% 252Fnetahtml% 252FPTO% 252Fpatimg. htm.

[43] Sugio Otani(Kiryu, JP), et al. Carbonaceous pitch, process for the preparation thereof and use thereof to make carbon fibers[P/OL]. [1984 – 02 – 07]. http://patft. uspto. gov/netacgi/nph – Parser? Sect1 = PTO2&Sect2 = HITOFF&u = % 2Fnetahtml% 2FPTO% 2Fsearch – adv. htm&r = 12&f = G&l = 50&d = PTXT&p = 1&S1 = 4504455&OS = 4504455&RS = 4504455.

[44] White James L. Seventh of a Series:Pioneer of Carbonaceous Pitch Processing Sugio Otani[B/OL]. Polymer Processing XV(2000)4,?Hanser Publishers, Munich Intern. . http://www. hanser – elibrary. com/doi/pdf/10. 3139/217. 0004.

[45] Roger Bacon,Moses Charles T. Carbon Fibers,from Light Bulbs to Outer Space,High Performance Polymers:Their Origin and Development[C]//Proceedings of the Symposium on the History of High Performance Polymers at the American Chemical Society Meeting held in New York,April 15 – 18,1986:341 – 353.

[46] 高峰阁,迟卫东,等. 国内外 MPCF 发展概况与展望[J]. 高技术纤维与应用,2015,40(5):34 – 36.

[47] 韩磊. 煤基可纺沥青生产工艺[J]. 合成材料老化与应用,2016,45(3):124.

[48] American Chemical Society, Stephanie Kwolek(b. 1923)[EB/OL]. [2017 – 11 – 08]. https://www. acs. org/content/acs/en/education/whatischemistry/women – scientists/stephanie – kwolek. html.

[49] National Women's Hall of Fame, Stephanie L. Kwolek[EB/OL]. 2003, [2012 – 07 – 31]. https://www. womenofthehall. org/inductee/stephanie – l – kwolek/.

[50] Stephanie Louis Kwolek Process of Making Wholly Aromatic Polyamides[P/OL],P. 1 – 13,[2017 – 11 – 08]. http://pdfpiw. uspto. gov/. piw? Docid = 3063966&idkey = NONE&homeurl = http% 3A% 252F% 252Fpatft. uspto. gov% 252Fnetahtml% 252FPTO% 252Fpatimg. htm.

[51] Stephanie Louis Kwolek. Optically Anisotropic Aromatic Polyamide Dopes[P/OL]. P. 1 – 55,[2017 – 11 – 08]. http://pdfpiw. uspto. gov/. piw? Docid = 3671542&idkey = NONE&homeurl = http% 3A% 252F% 252Fpatft. uspto. gov% 252Fnetahtml% 252FPTO% 252Fpatimg. htm.

[52] Stephanie Louis Kwolek. Wholly Aromatic Carbocyclic Polycarbonamide Fiber Having Orientation Angle of Less Than About 45°[P/OL]. P. 1 – 71. [2017 – 11 – 08]. http://pdfpiw. uspto. gov/. piw? Docid = 3819587&idkey = NONE&homeurl = http% 3A% 252F% 252Fpatft. uspto. gov% 252Fnetahtml% 252FPTO% 252Fpatimg. htm.

[53] Herbert Blades. High Modulus, High Tenacity Poly(p – phenylene terephthalamide)Fiber[P/OL]. P. 1 – 10. [2017 – 11 – 08]. http://pdfpiw. uspto. gov/. piw? docid = 03869430&PageNum = 3&IDKey = 2CCD23449FBD&HomeUrl = http://patft. uspto. gov/netahtml/PTO/patimg. htm.

[54] Dupont. Kevlar ® Dare Bigger TM Moments:Herb Blades[OL] 2015, [2012 – 07 – 31]. http://www. dupont. com/products – and – services/fabrics – fibers – nonwovens/fibers/articles/herb – blades. html.

[55] Dupont USA. Innovation Starts Here:1900S Research[EB/OL]. [2017 – 11 – 08]. http://www. dupont. com/corporate – functions/our – company/dupont – history. html.

[56] Dupont USA. Innovation Starts Here:1965 Kevlar®[EB/OL]. [2017 – 11 – 08]. http://www. dupont. com/corporate – functions/our – company/dupont – history. html.

第 5 章

案例研究——日本东丽公司与 PAN 基高性能碳纤维

为什么日本东丽公司能将 PAN 基碳纤维产业做得如此成功？

与读者一样，作者自己也常思考这一问题。日本东丽公司 PAN 基碳纤维技术研发与产业发展成功的背后，必定存在着许多可供借鉴的经验，这些经验的价值与科学研究和技术研发的价值同等重要。然而，与研究碳纤维制造和应用工程技术问题不同，碳纤维产业发展的成功过程是无法用参数化的方法加以阐释和模拟的。好在，管理科学为我们提供了研究此类问题的思考方法和分析工具。

本章中，作者运用案例研究的方法，介绍了日本东丽公司的企业概况、历史沿革、科技成就、科研机构和核心技术等内容，让读者可较全面地了解日本东丽公司的概貌并形成各自的基本认识和判断。在此基础上，作者依据复杂产品系统创新理论，分析了其 PAN 基碳纤维产业建设的成功因素。

5.1 公司概况

东丽公司的全称是"东丽产业有限责任公司（Toray Industries Inc.）"，成立于 1926 年 1 月 12 日，现为日本东京证卷交易所上市公司，挂牌交易日期为 1949 年 5 月 16 日。其交易代码为 34020，国际证券辨识号码（ISIN Code）为 JP3621000003，产业分类为纺织服装（Textiles & Apparels）。

5.1.1 主要业务

东丽公司依托自身在有机合成化学、高分子化学、生物和纳米等四个领域所掌握的核心技术，以及聚合物、纳米合金、纳米设计与控制、高纯度碳纳米管（CNT）、碳纤维增强树脂和集成膜生物加工等专有技术，在纤维与织物、树脂与化学品、膜制品、碳纤维增强树脂、电子与信息材料、制药与医疗用品、水处理与环境等市场上具有非常强的竞争力(图 5 - 1)。

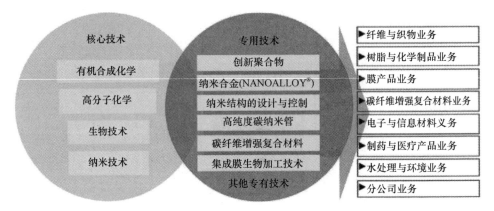

图 5 - 1　东丽公司的技术基础与业务领域

5.1.2　运营情况

2017 财年(2016 年 4 月—2017 年 3 月 31)，在全球经济保持复苏势头、美国和欧洲各国复苏速度迟缓、中国和多数新兴经济体形势持续向好的大背景下,日本经济稳步复苏。相较上一财年,尽管净销售额和营业利润分别下降 3.7% 和 4.9%,但净利润依然增加了 10.3%,达 8.86 亿美元(表 5 - 1)。

相较 2015 财年和 2016 财年,东丽公司碳纤维及其增强复合材料(CFRP)的销售和利润都有所下降,开始失去高速增长的势头(表 5 - 2)[1]。其主要原因应是:美国和欧洲飞机制造商的碳纤维用量走入正轨,正在消耗前两年的突击订货;中国国产碳纤维已在军用飞机上批量应用,并在军用领域形成了对非国产碳纤维的应用壁垒。

表 5 - 1　东丽公司 2017 财年经营数据

综合业务数据	2017 财年(2017 年 3 月 31 日)(单位:百万美元)		
	2017 年	2016 年	变化率/%
净销售总额	18061	18756	3.7
营业收入	1309	1377	4.9
一般收入	1281	1338	4.3
净收入	886	803	10.3
总资产	21362	20306	
净资产	9805	9135	

表 5 - 2　东丽公司各业务板块近 3 年经营数据一览表

日本东丽公司业务板块	2017 财年		2016 财年		2015 财年	
	净销售额	营业收入	净销售额	营业收入	净销售额	营业收入
	（单位：亿美元）					
纤维与织物	76.30	5.95	79.15	6.11	76.01	4.93
塑料与化学品	44.48	3.01	46.25	2.61	44.04	2.12
IT 相关产品	22.68	2.72	22.28	2.32	22.00	2.21
碳纤维复合材料	14.40	2.14	16.52	3.20	14.05	2.32
环境与工程	16.59	8.8	16.27	0.85	15.97	0.71
生命科学	4.83	1.9	4.95	0.27	5.06	0.36
其他（试验测试）	1.33	1.8	1.31	0.17	1.27	0.17
总计	180.61	150.72	186.73	13.71	178.41	10.95

5.1.3　主要产品

东丽公司生产纤维与织物、树脂与化学品、信息技术产品、碳纤维及其增强复合材料、环境与工程，以及生命科学及其他等六大类产品，品种数量繁多。表 5 - 3 ~ 表 5 - 6 中列出了其主要产品的品名、商标和制造商等信息。

表 5 - 3　东丽公司主要产品（一）

领域		产品	商标或制造商
纤维与织物	纤维	聚酰胺纤维	TORAY NYLON
		聚酯纤维	TORAY TETORON®
		聚丙烯腈纤维	TORAYLON®
		高吸湿尼龙长丝	TOREX® QUUP®
		氨纶纤维	LYCRA®（东丽欧匹龙织物有限公司（Toray Opelontex Co.,Ltd.））
		地毯用膨化变形尼龙长丝（BCF）	
		聚苯硫醚纤维	TORCON®
		聚乳酸（PLA）纤维	ECODEAR®
		氟纤维	TEFLON®
		对位芳纶纤维	Kevlar®
		可生物降解钓鱼线	FIELDMATE™
		钓鱼线	东丽国际有限公司（Toray International,Inc.）
		聚酯无纺布	AXTAR®

（续）

领域		产品	商标或制造商
纤维与织物	纤维	聚丙烯纺粘型织物	东丽先进材料（韩国）有限公司（Toray Advanced Materials Korea Inc.）
		纤维素纤维	FORESSE™
	织物	仿麂皮结构超细纤维织物	TOREX® ECSAINE®
		丝绸质感纤维	SILKIJOY®
		新型丝绸质感聚酯纤维	TOREX® SILLOOKDUET™
		防水透湿织物	TOREX® ENTRANT®
		防水透湿织物	TOREX® ENTRANT® DERMIZAX®
		新型吸汗快干织物	TOREX® FIELDSENSOR®
		吸湿快干驱寒织物	TOREX® TRINTEE SALAKALA™
		防湿织物	KALLIGHT™
		防透明泳衣材料	BODYSHELL™
		非福尔马林抗菌织物	TOREX® MAKSPEC®
		超高密度聚酯/尼龙复合织物	TOREX® ARTIROSA®
		超细高质聚酯织物	TOREX® UTS™
		凉爽吸湿聚酯长丝织物	CEOα™
		抗花粉过敏织物	ANTI – POLLEN™
		超细纤维清洁布	TORAYSEE®
		汽车安全胶囊增强织物	
	服装	制服	
		定制服装商店	TOREX®
		和服及相关产品	
		游泳衣	PRETTY PICA PICA™
		健康护理服装	JOIN™
		衬衣	KAZETORU™

表 5 - 4　东丽公司主要产品（二）

领域		产品	商标或制造商
树脂与化学制品	塑料	ABS 树脂	TOYOLAC®
		尼龙树脂	AMILAN®
		聚对苯二甲酸丁二醇酯（PBT）树脂	TORAYCON®
		液晶聚酯树脂	SIVERAS®
		聚苯硫醚（PPS）树脂	TORELINA®

（续）

领域		产品	商标或制造商
树脂与化学制品	塑料	聚烯烃泡沫	TORAYPEF®
		聚乳酸树脂	ECODEAR®
		超级工程塑料材料	
		聚酯弹性体	Hytrel®（杜邦东丽有限公司（Du Pont - Toray Co.，Ltd.））
	膜	聚酯膜	LUMIRROR®
		聚苯硫醚膜	TORELINA®
		对位芳纶膜	MICTRON®
		聚丙烯膜	TORAYFAN®（杜邦东丽有限公司）
		聚乳酸膜	ECODEAR®
		聚酰亚胺膜	Kapton®（杜邦东丽有限公司）
		尼龙 6 膜	RAYFAN™
		氟化物膜	TOYOFLON®
		自黏保护膜	TORETEC™
		双层柔性线路板基材	METALOYAL™
		加工膜制品（材料真空镀金属膜）	LUMIRROR®，TORAYFAN® 和 TORELINA®
		具有金属光泽的加工膜	PICASUS®
	化学制品	芳香族精细化学制品	
		多功能高效催化剂	
		包括橡胶添加剂、制药与农药原料和电子信息材料在内的特种化学品	
		酒石酸衍生物、D - 丙氨酸、掌性吡咯烷和哌嗪衍生物等掌性化合物	东丽精细化工有限公司（Toray Fine Chemicals Co.，Ltd.）
		转基因猫干扰素制剂	INTERCAT™
		转基因犬干扰素制剂	INTERDOG™
		丙烯酸树脂涂料	COATAX™
		聚酯和其他树脂制成的工业黏接剂	KEMIT™
		水溶性尼龙树脂	AQ Nylon™
		调味剂和芳香剂	Soda Aromatic Co.，Ltd.
		硅树脂	
		液态多硫聚合物	THIOKOL®（东丽精细化工有限公司）
		二甲基亚砜非质子极性溶剂（DMSO）	东丽精细化工有限公司
		熔喷无纺布	TORAYMICRON®
		纤维素海绵	

表 5 – 5　东丽公司主要产品(三)

	领域	产品	商标或制造商
信息技术相关产品	电子信息材料	电路材料(液晶屏驱动器(TAB)用胶黏带,用于柔性印制电路板的覆铜箔的聚酰亚胺膜)	
		半导体材料(给光敏材料感光产品;正性感光)	SEMICOFINE® PHOTONEECE® PHOTONEECE®
		聚酯膜(作为工业材料应用,如平板显示、液晶材料、加工释放片材,以及诸如计算机数据存储和 DVC 磁带用的磁材料)	LUMIRROR®
		对位芳纶膜	MICTRON®
		加工膜制品(用于电容器和平板显示部件等)	LUMIRROR® TORAYFAN® TORELINA®
		液晶聚合物树脂	SIVERAS®
		聚酰亚胺膜	Kapton®
		自黏保护膜	TORETEC™(东丽先进膜制品有限公司(Toray Advanced Film Co.,Ltd.))
		双层柔性电路板基材	METALOYAL™
		硅树脂	
		二甲基亚砜非质子极性溶剂(DMSO)	
		新型陶瓷	TORAYCERAM®
	光纤	塑料光纤	RAYTELA®
	显示材料	等离子电视显示板基板	
		液晶显示器颜色过滤板	TOPTICAL®
	印刷材料	光敏凸版	TORELIEF®
		无水版	
	设备	半导体和液晶设备	
		电子照排印刷机	
碳纤维及其增强复合材料		聚丙烯腈基碳纤维	TORAYCA®
		碳纤维织物和预浸料	
		叠层制品	
		CFRP	

表 5-6　东丽公司主要产品(四)

	领域	产品	商标或制造商
环境与工程业务	水处理膜	反渗透膜单元	ROMEMBRA®(东丽产业有限责任公司)
		超滤、微滤膜组件	TORAYFIL®(东丽产业有限责任公司)
		浸没型膜组件	MEMBRAY®(东丽产业有限责任公司)
	水处理系统	海水淡化系统	东丽产业有限责任公司
		废水回收系统	
	净水器	家用净水器	TORAYVINO®(东丽产业有限责任公司)
	家用产品	人造草皮	东丽产业有限责任公司(Toray Industries, Inc.)
		空调机用空气滤清器	TORAYCLEAN®(东丽产业有限责任公司)
		快渗保水地砖	Toray Amtecs Inc.
		轻型碳纤维增强水泥板	TORESUPERWALL™(东丽 ACE 有限责任公司)
		低层建筑用外墙陶瓷	KANPEKI™(东丽产业有限责任公司)
	家用产品	多单元住宅,大型公寓复合物	ZERO to WONDERFUL™(东丽建筑有限责任公司(Toray Construction Co., Ltd.))
	生产设备	半导体和液晶设备	东丽工程有限责任公司(Toray Engineering Co., Ltd.)
		电子照排印刷机	
		医用废弃物处理工厂工程	
		工业机器制造工程(膜加工设备,膜生产,高维箔加工,厚膜传送,图形和其他系统)	
		化纤工厂设备	
		精密加工产品	东丽精密有限责任公司
生命科学及其他	医疗设备	隐形眼镜	BREATH-O™
	生物工具	DNA 芯片(也称 DNA 微阵列)	3D-Gene™
	舒适性产品	超细纤维清洁布	TORAYSEE®
		护肤用超细纤维布系列	
		家用净水器	TORAYVINO®
	服务	三维注塑模具 CAE 系统	3D TIMON®(东丽工程有限责任公司)
		服装计算机解决方案服务	东丽先进计算机解决方案有限责任公司(Toray Advanced Computer Solution Inc.)
		咨询服务	东丽集团商业研究有限责任公司(Toray Corporate Business Research, Inc.)
		理化分析评价服务	东丽技术有限责任公司(Toray Techno Co., Ltd.)

(续)

生命科学及其他	领域	产品	商标或制造商
	服务	系统集成服务	东丽系统中心有限责任公司（Toray Systems Center Inc.）
		一体化保险服务和临时雇佣服务	东丽企业集团责任公司（Toray Enterprise Corp. Inc.）
		电子商务业务	纤维前沿有限责任公司（Fiber Frontier Co. ,Ltd.）

5.1.4　组织架构

截至到2014年6月1日,东丽公司的组织结构如图5-2所示。

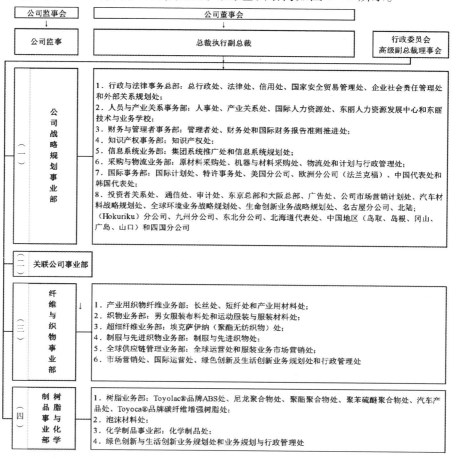

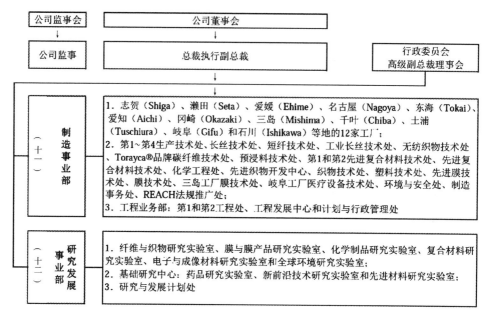

图 5-2　东丽公司组织架构图①

5.2　发展简史

东丽公司的发展史可分为四个主要阶段[2]。

5.2.1　为建设日本制造业而诞生(1926—1940)

东丽公司的前身是成立于 1926 年的东洋人造丝公司(Toyo Rayon Co., Ltd.)。东洋人造丝公司由三井有限公司(Mitsui & Co.)创建。第一次世界大战前,三井有限公司进口英国考陶尔斯公司的人造丝,销往日本市场。战后,日本政府大力倡导发展本国制造产业,三井有限公司响应号召创建了东洋人造丝公司。首任董事长安川义二(Yunosuke Yasukawa)当时就表示,东洋人造丝公司要为日本经济建设做重要贡献。1970 年,为适应业务发展需要,东洋人造丝公司更名为东丽产业有限公司。1926 年 4 月 26 日,东洋人造丝公司获准在志贺县建立第一家工厂,因此,这一天就被当作了东丽公司的成立纪念日。

为尽快实现人造丝的国产化,东洋人造丝公司一创立就雇用了 27 位来自德、英、意等国的专家。在意大利籍总工程师詹姆斯·斯达利(James Starley)领导下,1927 年 8 月 16 日,志贺工厂(Shiga Plant)的人造丝生产线建成投产,东洋人

① Toray. Organizaiton [EB/OL]. [2017 - 11 - 23]. http://www. toray. com/aboutus/organization. html.

造丝公司成为最先生产黏胶纤维的日本企业,实现了发展史上的第一个重大突破。

通过生产黏胶纤维,20 世纪 20 年代末和整个 30 年代,东洋人造丝公司都在一边大力扩张工厂的产能,一边积极研发自有技术,从而逐渐积累形成了自己的纤维制备技术基础,并建立了进入合成化学技术领域的自信。

5.2.2　在合成化学技术创新中成长(1941—1955)

20 世纪 30 年代末,公司迎来了又一次机遇——研发尼龙纤维。尼龙是美国杜邦公司科学家华莱士·休姆·卡罗瑟斯发明的,是人类首次应用合成化学技术创造的一种新材料。在获得杜邦公司尼龙 66 样品后,东洋人造丝公司于 1941 年 5 月研制成功了尼龙 6 纤维的熔纺技术,这一技术路线规避了杜邦公司的专利,1942 年即注册了 AMILAN™ 商标。1946 年,东洋人造丝公司使用完全不同于杜邦公司尼龙 66 技术的自有技术,开始在名古屋工厂(Nagoya Plant)生产单体和尼龙聚合物。1951 年 2 月在爱知工厂(Aichi Plant),开始生产尼龙 6 纤维。但由于存在一些周边专利方面的冲突,为减少不必要的困扰和未来能与杜邦公司形成密切的技术联系,1951 年 6 月,东洋人造丝公司与杜邦公司达成了尼龙技术授权协议。协议规定了销售额 3% 的专利费,预先支付 300 万美元,这笔钱相当于当时公司资产总值的 2 倍。协议签署后,东洋人造丝公司放弃了自己的技术路线并开始采用杜邦公司的技术生产尼龙纤维。

20 世纪 60 年代早期,东洋人造丝公司是日本盈利能力最好的企业。尼龙业务为东洋人造丝公司赚取了巨额利润,奠定了未来成长和发展的基础。1958 年和 1964 年,公司开始生产聚酯纤维和聚丙烯腈纤维,形成了基于三种主要合成纤维的业务格局,且 50% 左右的产品销往海外,利润主要源于出口。

5.2.3　走上自主创新发展之路(1956—1969)

20 世纪 60 年代中期,新竞争者进入了尼龙和聚酯市场,过热的生产导致日本合成纤维工业出现了结构性衰退。这种形势下,迫使东洋人造丝公司走上了开展自主创新的发展道路。

创立之初,东洋人造丝公司不仅建立了科学研究机构,而且在每个工厂内建立了生产技术研发部门,强调要围绕公司的发展目标开展独立的科学研究。第二次世界大战期间,公司的科研活动陷于停顿;战后,很快开始了尼龙 6 的研究,1952 年,开始研究第三代纤维——聚酯纤维的研究。作为成立 30 年的纪念,1956 年 4 月在志贺工厂西南端的松山高地(Sonoyama Plateau)上,东洋人造丝公司建立了自己的第一个中央实验室(图 5 – 3)①,将科研领域从纤维拓展到了塑

---

① 　Toray. History [EB/OL]. [2017 – 11 – 23]. http://www. toray. com/aboutus/history/index. html.

料和膜材料。正是在这里,通过研究第四代纤维——聚丙烯腈纤维、聚酯纤维和聚酯膜——等技术,埋下了公司未来业务扩张和多样化发展的种子。

图5-3 1956年4月建成的中央实验室①

1961年,公司成立35周年纪念时,管理层做出了两个决定:①退出公司最传统的人造丝生产业务;②建立基础研究实验室。1962年9月,实验室在镰仓市(Kamakura)建成,在实验室启用仪式上,董事长田代志贺(Shigeki Tashiro)强调,希望实验室聚焦伟大的研究课题,为未来20年人类面临的问题寻求答案。自成立后,位于镰仓市景观山上的实验室,开创了独立研究和鼓励科研人员依据自己的判断力开展自主研究的氛围。1999年,为将其提升到与公司部门同等的层级进行运行,该实验室重组成为基础研究中心,并建立了制药研究实验室和新前沿科学技术研究实验室。

5.2.4 实现多元化、全球化和可持续发展(1970—)

东洋人造丝公司1963年开始分阶段淘汰人造丝业务,公司名称渐与业务实际脱节。1970年,成立45周年之际,东洋人造丝公司更名为东丽产业有限公司。由此,公司进入了塑料(膜和树脂)、新材料(碳纤维)和生命科学等新业务领域,企业形成了多元化的业务格局,步入了可持续发展的轨道①。时任公司董事长广田诚一郎(Seiichiro Hirota)说,公司更名,为开拓充满希望的新业务领域、实现成为全球性企业的目标,创立了一个全新的形象。

东丽公司的海外生产运营活动始于1963年,标志是其泰国纤维制造厂的启

---

① Toray. 1970s, History [EB/OL]. [2017 - 11 - 23]. http://www.toray.com/aboutus/history/his_1970.html.

动。10 年后,东丽公司又在印度尼西亚和马来西亚建立了工厂。1971 年,尼克松"水门事件"导致日元升值;同期,日美签署纺织品贸易协定,致使对美纺织品出口下降;1973 年和 1979 年,发生了两次石油危机。这些不利形势,给公司经营带来了极大的困难。为应对接踵而来的危机,东丽公司迅速向东南亚国家和其他海外区域拓展业务,从而减轻了汇率波动对公司盈利水平的影响,并拓展了市场空间。由于采取了有效的成本控制和质量管理措施,东南亚工厂的产品达到了欧洲和美国的质量要求,因而取得了很好的效益,稳住了利润率。海外业务的成功不是简单的技术和管理机制转移的结果,它更有赖于前瞻性管理战略、培训本土雇员和形成共享价值观等方面的持续努力。东丽公司的全球运营战略和海外基础设施建设与运营,已实现了相辅相成、相得益彰的效果。图 5 - 4 所示为东丽公司的三次业务领域拓展及相关社会经济背景。

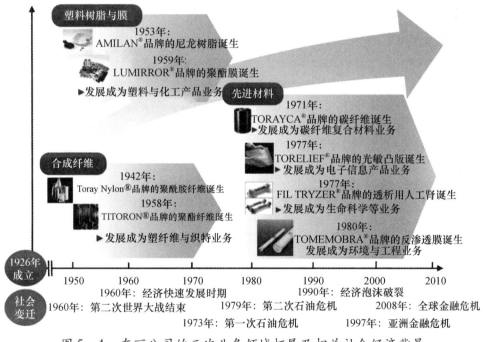

图 5 - 4　东丽公司的三次业务领域拓展及相关社会经济背景

5.3　主要科学技术成果

东丽公司历史上的每一项商业成功,都源于科学研究和技术研发的突破与驱动。表 5 - 7 列出了东丽公司自创立以来取得的具有里程碑意义的技术基础建设和科学研究成果。

表 5 - 7　东丽公司创立以来技术基础建设与科技成果

年度	主要成果
1927	志贺工厂建成并开始生产人造丝
1941	成为日本第一家研发成功独创的尼龙 6 合成与纺丝技术的企业
1951	与美国杜邦公司签署了尼龙生产的特许权协议
1956	在志贺市(Shiga)建立了中央研究实验室
1957	与英国帝国化学工业公共有限责任公司(Imperial Chemical Industries PL)签署了聚酯纤维特许权协议并共同生产
1958	三岛工厂(Mishima Plant)建成并开始生产 TETORON® 品牌聚酯纤维
1959	开始生产 LUMIRROR® 品牌聚酯膜
1962	在镰仓市建立了基础研究实验室
1963	开始生产 TORAYFAN® 品牌聚丙烯膜
1964	开始生产 TOYOLAC® 品牌 ABS 树脂、TORAYLON® 品牌聚丙烯腈纤维和 SILLOOK® 品牌绸感涤纶长丝
1966	开始生产 PROMILAN® 品牌尼龙 66 纤维
1968	开始生产 TORAYPEF® 品牌聚烯烃泡沫板
1970	开始生产 ECSAINE® 品牌人造小山羊皮
1971	开始生产 TORAYCA® 品牌碳纤维
1972	开始生产 SPUCKTURF® 品牌人工草皮
1975	开始生产聚对苯二甲酸丁二醇(PBT)树脂
1977	开始生产 TORELIEF® 品牌感光聚合物印刷版和 FILTRYZER® 品牌人工肾
1979	开始生产 TORAY WATERLESS PLATE® 品牌无水平面印制电路板
1981	开始生产 BREATHO® 品牌软性隐形眼镜和 ROMEMBRA® 品牌的反渗透膜
1982	开始生产膜承载带和覆铜箔聚酰亚胺膜
1983	开始生产 ANTHRON® 品牌抗凝血导尿管和 E - FILTER® 品牌视频显示终端(VDT)过滤器;建成了 TECHNORAMA® 品牌气候模拟实验室
1984	开始生产 TORAYCERAM® 品牌高性能氧化锆
1985	开始生产用于电子产品的聚酰亚胺涂料和 FERON® 品牌天然人类干扰素 β;在志贺市建立了技术中心
1987	开始生产 TORAYSEE® 品牌高性能多用途清洁布
1988	开始生产 TORELINA® 品牌聚苯硫醚膜、TORAYVINO® 品牌高技术家用净水器和治疗二尖瓣狭窄症的球囊扩张导管

（续）

年度	主要成果
1989	开始生产 RAYTELA® 品牌塑料光纤和 SILLOOK ROYALS® 品牌新合纤（shingosen）
1990	开始生产 TORAYROM® 品牌转鼓过滤净化装置
1991	科研事业部更名为研究发展事业部 在志贺市建立了全球环境研究实验室
1992	日本厚生省批准了治疗丙型肝炎的 Feron® 品牌药品；开始生产治疗神经末梢血管疾病的 DORNER® 品牌药品；开始生产商用飞机主承力结构用 TORAYCA® 品牌 T800H/3900 - 2 型碳纤维预浸料；研发成功了真空金属镀膜 LUMIRROR® 表面成型新技术（TOPPTL）
1993	开始生产 TOPTICAL® 品牌液晶显示器用彩色过滤器、电子照相印刷机，以及 INTERCAT® 品牌治疗猫感染 calcivirus 细菌口腔传染病的抗病毒药物配方干扰素
1994	开始生产 TORAYMYXIN® 品牌用于败血症测试的血液净化柱
1995	开始生产相变可擦写光盘、MICTRON® 品牌芳族聚酰胺膜和 TORAYSUROU® 品牌可渗水路面瓷砖
1996	开始生产 DVC 聚酯膜和具有优异电磁屏蔽性能的 CFRP 笔记本电脑外壳
1997	开始生产 SIVERAS® 品牌液晶聚酯树脂、QUUP® 品牌高吸湿尼龙长丝和大形屋顶构件用 CFRP 部件
1998	可隆东丽（韩）公司（KTP Industries Inc., Korea）开始生产聚缩醛树脂（polyacetal resin）
1999	研发成功无卤素、阻燃 V - 0 级聚对苯二甲酸丁二醇，以及具有追加效果的 DORNER® 品牌治疗肺动脉高血压症的药品；开始生产脱机直接制版无水印刷版（TORAY CTP WATER-LESS PLATE）
2000	研发成功具有撞击能量吸收性能的 CFRP 汽车材料，以及 PHOTONEECE® 品牌阳性感光、耐热聚酰亚胺涂层材料；开始生产等离子显示器背板
2001	开始生产 ECSAINE PRIMA® 品牌人造小山羊皮、移动电话液晶显示屏用彩色滤光镜和 LU-MIRROR® 品牌高性能膜
2002	建立了东丽纤维与织物研究实验室（中国）有限公司（Toray Fibers and Textiles Research Laboratories（China）Co., Ltd.）；开始试生产双组分纤维
2003	建立了新前沿科学技术研究实验室
2004	建立了东丽纤维与纺织品研究实验室（中国）有限公司上海分公司（Shanghai Branch of Toray Fibers and Textiles Research Laboratories（China）Co., Ltd.）
2005	开始生产超轻、高强 CFRP 笔记本电脑外壳、自组织纳米合金树脂；研发成功黏合高密度柔性集成电路的电路板和先进半导体加工用化学机械抛光研磨垫

（续）

年度	主要成果
2006	与美国波音公司签署了 2021 年前供应波音 787 飞机所需碳纤维预浸料的协议;研发成功了基于先进纳米合金技术的冲击吸收塑料,以及高灵敏度 DNA 芯片和纤维素纤维熔纺技术
2007	研发成功 PICASUS® 品牌金属光泽膜和 CFRP 汽车部件短流程树脂传递模塑(RTM)加工工艺技术;CareloadLA® 品牌治疗肺高压症的药物贝前列素(PAH)获批准在日本上市
2009	开始生产鸟井公司(TORII PHARMACEUTICAL CO. ,LTD)REMITCH® 品牌止痒口服药;在名古屋市(Nagoya)建立了汽车与飞机中心(Automotive & Aircraft Center,A&A Center)
2010	在志贺市建立了先进材料研究实验室(Advanced Materials Research Laboratories)
2011	在濑田市(Seta)建立了环境与能源中心(Environment & Energy Center,E&E Center)
2012	建立了东丽(中国)先进材料研究实验室有限责任公司(Toray Advanced Materials Research Laboratories(China)Co. ,Ltd. ,TARC)
2016	开始建设全球研发总部——面向未来研究发展创新中心(R&D Innovation Center for the Future),计划 2019 年 12 月建成投入使用

5.4 科学研究与技术研发机构

自东洋人造丝公司 1956 年建立中央实验室后,经持续建设和不断强化,到 1985 年东丽公司已基本建成了较完善的科学研究和技术研发系统。目前,其已拥有功能齐备、手段先进、实力强大的研究实验室体系,分别隶属于研究发展事业部、直属技术中心、工程事业部和海外基地等部门(图 5-5)。

5.4.1 研究发展事业部

研究发展事业部拥有纤维与织物研究实验室、膜与膜制品研究实验室、化学研究实验室、复合材料研究实验室、电子与成像材料研究实验室、全球环境研究实验室、药物研究实验室、新前沿科学技术研究实验室和先进材料研究实验室等九个实验室。

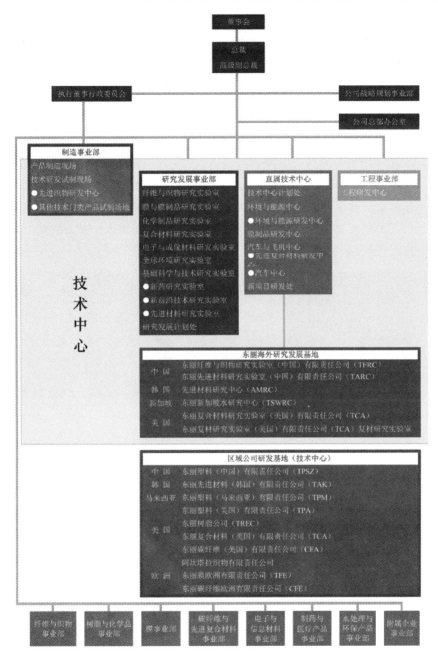

图 5-5 东丽公司研究实验室体系①

---

① Toray. Research & Development Organization［EB/OL］. http://www.toray.com/technology/organization/laboratories/index.html.

1. 纤维与织物研究实验室

纤维与织物研究实验室创建于 1969 年,积淀了丰富的聚合、纺丝、纤维结构控制和织物加工等技术知识与经验。主要研究成果有新合纤、轮胎帘子布用高性能纤维、小山羊皮质地的人造皮革、高技术擦拭布,以及其他具有技术突破的新型纺织服装材料。碳纤维、制造人工肾的中空纤维等多种开辟了新业务领域的原创性技术也是在这里发明的。该实验室目前的主攻方向是环境友好型和高功能性纤维。环境友好型纤维有以天然植物为原料的聚乳酸纤维、以生物质二醇为原料合成的聚环丙烷对苯二酸酯纤维,以及世界首创采用熔纺工艺制备的纤维素纤维。该实验室发明了可控横截面纳米纤维制备技术,正在研究探索纤维细度的极限。其另一些重要研究方向和成果包括改进工艺、控制分子取向和结晶结构以提高纤维强力、采用液晶聚合物或耐热聚合物(如聚苯硫醚)制备超级纤维,以及发明的聚酯导电纤维等[3](图 5-6 和表 5-8)。

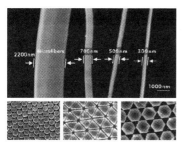

世界首创横截面可控的纳米纤维　　　FORESSE®　　　ECSAINE®　　　SILLOOK DUET®

图 5-6　部分高技术纤维

表 5-8　纤维与织物研究实验室研究成果[3]

1941	研发成功独创的尼龙 6 合成与纺丝技术
1951	与美国杜邦公司签署尼龙特许生产协议
1957	与英国帝国化学工艺工业公司签署聚酯纤维特许生产协议
1964	开始生产 SILLOOK® 品牌绸质聚酯纤维
1970	开始生产 ECSAINE® 品牌小山羊皮质地人造皮革
1987	开始生产 TORAYSEE® 品牌高性能多用途擦拭布
1996	开始生产 FIELDMATE® 品牌可生物降解钓鱼线
2002	开始生产采用聚环丙烷对苯二酸酯(3GT)聚合物制成的复合纤维
2005	发明了世界首创熔纺工艺制造的 FORESSE® 品牌纤维素纤维
2013	发明了超细纳米纤维(150nm)和截面形状(如 Y 形)可控的纳米纤维

2. 膜与膜制品研究实验室

膜与膜制品研究实验室创建于 1963 年,是世界领先的基础膜和膜制品研究机构。其发明的变形取向聚酯膜、聚丙烯膜、聚苯硫醚膜和芳族聚酰胺膜,都是革命性的膜技术和产品。

该实验室突破的关键膜技术:①世界上最薄的膜的生产工艺技术,这种膜可大大降低电容器的体积;②拖曳成型聚合物合金结合技术,生产具有大量精细孔洞的低密度、高白度液晶显示器用膜;③聚合物精细结构控制和聚酯膜模塑加工技术;④生产高耐热聚酯基高密度磁带基膜的纳米定序聚合物合金技术,以及独创的控制生成精细表面突出物膜的技术;⑤生产高透明性和黏结性显示器基片膜的特殊表面处理技术;⑥层叠多种纳米级厚度聚合物的纳米叠层膜技术,这种膜具有金属光泽;⑦以植物成分为原料制造柔软、环保的聚乳酸膜技术;⑧基于独创的分子设计技术制造无色、透明、耐高温芳族聚酰胺膜的技术;⑨采用独特的聚合物合金材料和加工方法制造分离膜的技术。

该实验室的这些最先进的膜技术和产品已广泛应用在信息通信、环境、资源和能源等领域中[4](图5-7、表5-9)。

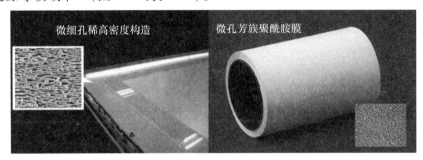

图 5 – 7 先进膜技术与产品示例

表 5 – 9 膜与膜制品研究实验室研究成果

1959	开始批量生产 LUMIRROR® 品牌聚酯膜
1963	开始批量生产 TORAYFAN® 品牌聚丙烯薄膜
1988	开始批量生产 TORELINA® 品牌聚苯硫醚膜
1992	LUMIRROR® 品牌新型表面定型技术(TOP,PTL)获得实际应用
1995	开始批量生产 MICTRON® 品牌芳族聚酰胺膜
2001	开始批量生产 LUMIRROR® 品牌可成型膜
2006	开始批量生产制造高密度磁带的耐高温聚酯膜和高透明反射聚酯膜
2007	开始批量生产聚乳酸膜
2008	开始批量生产具有金属光泽的聚脂膜

3. 化学研究实验室

化学研究实验室 1999 年由塑料研究实验室(Plastics Research Laboratory)和专业化学品研究实验室(Specialty Chemicals Research Laboratory)合并而成。其

任务是研究聚合物科学,以及合成化学、催化剂和纳米等技术,研发专用化学品和聚合物产品,以及用于信息通信、汽车、飞机等领域的先进材料,研究全球变暖和资源衰竭等问题的技术解决方案。

塑料研究实验室运用专有的集成分子设计、纳米聚合物结构控制与合成等技术,开展了高功能性聚合物及其生产工艺的前沿研究。近年来,研制成功的高功能性聚苯硫醚、液晶聚酯、高模塑流动性聚对苯二甲酸丁二酯树脂等技术和产品,都是具有标志性意义的重大技术进步。特别是,运用纳米合金技术,精确控制形成纳米级三维连续结构聚合物,研发成功世界首创的振动吸收塑料。正常状态下,这种塑料表现为高功能的塑料性状,但当遭到突然撞击时,它会像橡胶一样变形和吸收振动(图5-8)。此外,研发的采用纳米颗粒改进聚合物分子移动性的技术,解决了模塑成型时物料的流动性问题(图5-9)。采用独创的生物质聚合物技术处理富含聚乳酸的植物,研发成功的生物质塑料具有一流的阻燃性能并含有重量不少于25%的衍生成分植物,已大量用在多功能打印机的外部部件上[5]。

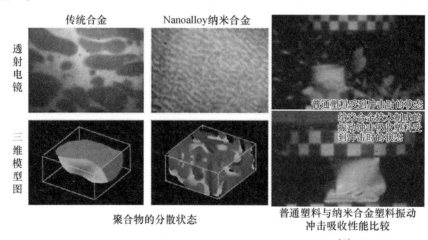

图5-8 具有抗冲击性能的纳米合金塑料[5]

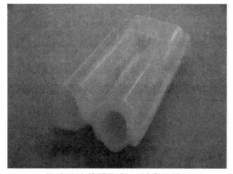
传统聚合物模塑加工制成品效果

纳米合金聚合物模塑加工制成品效果

图5-9 具有良好成型性的纳米改性聚合物[5]

专业化学品研究实验室担负着东丽公司聚合物中心（Toray's Polymer Center）的职责，从事有机合成、无机合成、催化剂和新聚合物相关的基础研究，以及碳纳米管、精细聚合物颗粒和单体合成等前沿技术研究。运用专有的催化技术，该实验室发明了高纯、高导电双壁碳纳米管制备技术（图5-10），以及用其制造透明导电膜等先进材料的商业化生产技术。该实验室开展的精细聚合物合成、改进聚合物工艺性的单体聚合、新化学品，以及化学品稳定供应解决方案等研究，有力地支撑着东丽公司的先进材料业务（表5-10）。

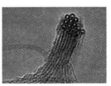

透射电镜

扫描电镜

图 5-10　纯度最高的双壁碳纳米管

表 5-10　化学研究实验室研究成果

1963	开始生产 TOYOLAC® 品牌 ABS 树脂
1975	开始生产聚对苯二甲酸丁二酯树脂
1997	开始生产 SIVERAS® 品牌液晶聚酯树脂
1999	开始生产无卤素、阻燃 V-0 级聚对苯二甲酸丁二酯
2001	发明了 NANOALLOY® 品牌纳米合金技术
2007	研发成功振动吸收塑料和 ECODEAR® 品牌生物质塑料
2009	研发成功了彻底改进聚对苯二甲酸丁二酯模塑加工流动性的技术
2012	开始生产碳纳米管透明导电膜（如电子纸）

4. 复合材料研究实验室

复合材料研究实验室于1990年由爱媛纤维与织物研究实验室（Ehime Research Laboratory of the Fibers and Textiles Research Laboratories）和聚合物研究实验室（Polymer Research Laboratories）的复合材料研究实验室整合而成。该实验室负责碳纤维及其复合材料技术研究，包括聚丙烯腈前驱体纤维、碳化工艺、基体树脂、预浸料、中间体材料，以及复合材料设计、加工工艺与性能分析等。通过研究纤维碳晶体结构设计与控制和纤维表面纳米尺度改性等多项技术，实现了TORAYCA® 品牌 T1000 型和 M70J 型碳纤维的商业化生产（图5-11）[6]。研制的高强中模 T800S 型碳纤维已成为 A380 客机的主承力结构材料。通过添加热塑性塑料颗粒使层间区域坚韧化以抑制裂纹扩展，该实验室研发成功了可提高复合材料抗冲击性能的基体树脂技术，并应用在了 TORAYCA® 品牌 T800H/

3900 – 2 型高韧性复合材料中。T800H/
3900 – 2 型高韧性复合材料是第一种通
过波音公司认证,可用于民用飞机主承
力结构的复合材料,已应用在了波音
777 飞机上。2004 年,东丽公司签订了
为波音 787 飞机供应 TORAYCA® 品牌
预浸料的排他性合同,CFRP 作为飞机主
承力结构材料的应用已有了 10 多年时
间。通过深入研究结构控制技术,该实
验室研发的 T1100 型碳纤维已实现商业
化生产,其拉伸强度和弹性模量在原有
基础上又提高了 10%。同时,更高性能
的碳纤维正在研制中。

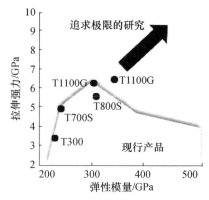

图 5 – 11　东丽公司碳纤维
研究趋势[6]

2003 年以来,通过承担防止全球变暖新技术计划(New Global Warming Pre-
vention Technology Program(2003—2007))和可持续超材料技术研发(Develop-
ment of Sustainable Hyper Composite Technology)等政府科技计划项目,该实验室
一直在研究 CFRP 汽车部件的大规模生产技术,已研究成功了不到 10min 即
可完成汽车底盘前地板生产的技术。该成果获 2009 年度日本经济新闻全球
环境技术奖(Nikkei Global Environmental Technology Award)(图 5 – 12、
表 5 – 11)[6]。

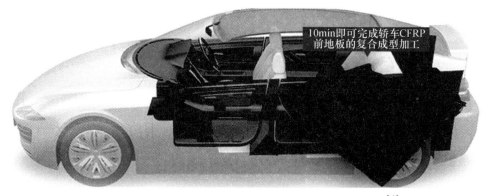

图 5 – 12　CFRP 快速成型技术制成的轿车前地板[6]

表 5 – 11　复合材料研究实验室科研成果[6]

1971	开始生产 TORAYCA® 品牌碳纤维
1990	建立复合材料研究实验室
1992	开始生产用于民用飞机主承力结构的 Torayca® 品牌 T800H/3900 – 2 型碳纤维预浸料

（续）

1996	开始生产具有超级电磁屏蔽性能的 CFRP 笔记本电脑外壳
2000	研发成功用于汽车部件的冲击能量吸收 CFRP 材料
2003	研发成功超轻高强笔记本电脑外壳
2008	研发成功汽车部件用快速模塑加工技术
2011	采用 Torayca® 品牌 CFRP 材料作为主成立结构的波音 787 飞机投入运营；Torayca® 品牌 CFRP 材料占该型飞机结构重量的 50%

5. 电子与成像材料研究实验室

电子与成像材料研究实验室成立于 1987 年,主要开展电泳涂装、大规模集成电路封装、显示和印制等先进材料的研究;负责管理信息通信与设备业务板块的核心材料研究设施,并为环境与能源业务提供解决方案。该实验室主要研究电泳涂装材料技术、大规模集成电路封装材料技术、显示材料技术、印刷材料与技术等。

（1）电泳涂装材料技术。基于聚酰亚胺等耐高温材料和感光设计技术,该实验室研究半导体器件、光学或电子设备的保护涂层及绝缘层材料,以及性能更优异的下一代新材料(图 5-13）。

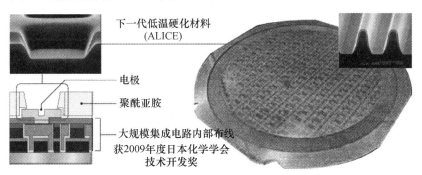

图 5-13　300mm 晶圆用高可靠性正性光敏聚酰亚胺膜成型技术[7]

（2）大规模集成电路封装材料技术。该实验室研究的半导体器件用黏合片等更细微的封装材料和 3 维封装材料,实现了半导体器件的窄隙封装,极大地减小了封装区域,简化了工艺。该实验室研究的高介电常数和高磁导率等电磁功能材料,已用作紧密电子器件的光敏功能材料(图 5-14）。

（3）显示材料技术。该实验室主要开展大屏幕电视和移动设备等产品的显示材料技术研究,其研发的中小尺寸移动电话液晶显示屏用彩色过滤器背板、等离子显示板(PDP)背板和有机电致发光(OLED)等材料技术居世界领先水平(图 5-15）。

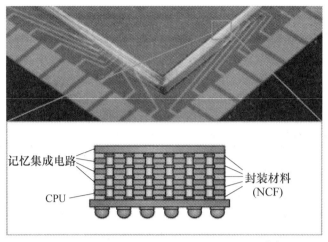

图 5 - 14　封装与电磁功能材料示例[7]

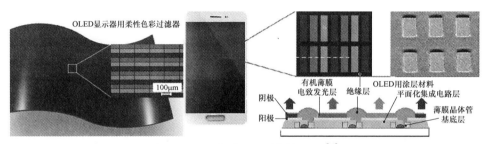

图 5 - 15　先进显示材料示例[7]

（4）印刷材料与技术。该实验室发明的脱机直接制版无水印刷技术不需要润版液也不产生废弃的显影液,具有优异的印刷和环保性能。产品获 2008 年度日本印刷科技学会技术奖、2010 年度日本国家发明奖和日本工商协会主席奖。

（5）新领域。面向未来的环境、能源和医疗发展需求,该实验室正在开展 X 射线成像材料、生物传感器、能量半导体、二次电池和 LED 等技术研究(图 5 - 16、表 5 - 12)[7]。

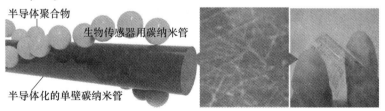

图 5 - 16　生物传感器用碳纳米管材料示例[7]

表 5 - 12　电子与成像材料研究实验室科技成果[7]

1977	开始生产 TORELIEF® 品牌感光聚合物印刷版
1985	开始生产电子产品用聚酰亚胺涂料
1993	开始生产 TOPTICAL® 品牌液晶显示器用彩色过滤器
1999	开始生产脱机直接制版(CTP)无水版
2000	研发成功 PHOTONEECE® 品牌阳性光敏、耐热聚酰亚胺涂料; 开始生产等离子显示器(PDP)背板
2001	开始生产手机液晶显示器彩色滤色片
2006	开始生产 OLED 显示器用红光发射材料和电子传输材料
2008	研发成功 RAYBRID® 品牌精密电子器件用感光功能材料

6. 全球环境研究实验室

全球环境研究实验室创建于 1991 年,2002 年重建。

采用有机合成、聚合物和纳米技术,该实验室研发了可满足不同水处理需求的聚合物分离膜,包括生产超纯水、海水淡化、废水处理与再利用的反渗透膜,以纳滤膜(NF)、超滤膜(UF)和微滤膜(MF),创造了东丽公司独有的水处理分离膜技术。此外,该实验室与新前沿科学技术研究实验室合作,利用膜技术与生物技术,研发了发酵、分离和精炼技术。

该实验室研发成功的高性能反渗透膜,用于世界最大的膜基海水淡化工厂。该实验室拥有独创的埃米级孔径和膜精细结构控制技术,高性能反渗透膜去除海水中硼的能力居世界领先水平,且海水淡化的生产效率非常高。硼残留量是饮用水中控制得最严格的一项指标,硼摄入动物体内,会导致生殖紊乱。反渗透膜长时间与海水保持接触的性能,对保证淡化水的水质非常重要(图 5 - 17)[8]。

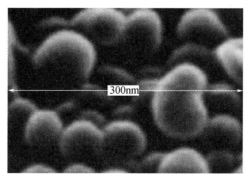

图 5 - 17　高性能除硼海水淡化
反渗透膜的表面状态[8]

该实验室研发的聚偏二氟乙烯(PVDF)中空纤维微滤膜和超滤膜,孔径几纳米到几十纳米,分离性能非常好,广泛用于饮用水和工业用水生产、海水淡化预处理、废水利用预处理等领域。而且,作为膜生物反应器(MBR)纯化污水废水的 PVDF 嵌入膜,膜表面微孔径约 80nm,尺寸远小于活性污泥颗粒的尺寸,可有效防止沉淀物造成堵塞,已用在全球近 300 座水处理工厂中。为满足高性能、低成本、多样性的水处理需求,该实验室研究了将反渗透膜、纳滤膜、超滤膜和微滤膜等多类型膜组合在一起的一体化膜系统(IMS)技术。东丽公司在日本北九州市(Kitakyushu City)和周南市(Shunan City)建立了节能、低成本、低能耗、环境友好的水广场(Water Plaza),宣传和推广将海水淡化和废水处理再利用整合为一体的技术。聚偏二氟乙烯中空纤维膜模块获得了 2007 年度日本化学工程师学会的技术大奖(图 5 – 18)[8]。

阿尔几利亚Hamma海水淡化工厂　　　　特立尼达和多巴哥Point Lisas海水淡化工厂

图 5 – 18　采用东丽公司反渗透膜组件的海水淡化工厂示例[8]

全球环境研究实验室科研成果见表 5 – 13。

表 5 – 13　全球环境研究实验室科研成果[8]

1981	开始生产 ROMEMBRA® 品牌反渗透膜
1990	开始生产 TORAYROM® 品牌滚筒式高性能过滤设备
1991	全球环境研究实验室在志贺市成立
1998	开始生产 TORAYFIL® 品牌 PAN 基中空纤维超滤膜
2005	研发成功 TORAYFIL® 品牌 PVDF 中空纤维微滤膜的生产技术 研发成功 MEMBRAY® 品牌膜生物反应器用 PVDF 嵌入型微滤膜生产技术
2007	完成了 TORAYFIL® 品牌的 PVDF 中空纤维超滤膜的生产技术开发

7. 药物研究实验室

药物研究实验室创建于 1962 年,是基础性实验室;拥有坚实的生物机体与生物技术(基因、蛋白质和细胞工程)基础,有一支以创新新药为目标的专业团队,与全球知名药物公司、大学和研究机构开展广泛的合作,将精细有机合成化学和药物化学发展成了一体化科学。同时,它还与新前沿科学技术研究实验室密切合作,研究用于药物发现和生物标记的生物工具。

基于创新新药的药品研发理念,该实验室研究成功的许多药品都获得了市场的赞誉,例如:FERON® 品牌世界首创治疗乙型与丙型肝炎和肿瘤的天然干扰素制剂;DORNER® 品牌世界首创治疗神经末梢血管疾病和肺动脉高血压症的稳定环前列腺素衍生物口服剂;REMITCH® 品牌世界首创抑制血液透析引起顽固性瘙痒症的选择性阿片受体激动剂;FERON® 品牌干扰素制剂获批与抗病毒药物病毒唑一起使用,辅助治疗 C 型肝硬化和慢性丙型肝炎;CARE-LOAD® 品牌创新配方的口服缓释药剂可延迟肾功能损伤患者开始人工透析的时间,已获准进行临床试验。这些世界领先的产品将东丽公司的业务拓展到了新的领域(图 5 – 19、表 5 – 14)。

针对提升生活质量问题和克服顽固性疾病,该实验室近年来将神经疾病(疼痛、瘙痒、尿频和退行性疾病)和免疫学疾病(肾病、消化器官和皮肤)作为优先领域,从合成药物和生物药物两个方向,开展药物发现研究。目前,治疗尿频与膀胱过度活动症、炎症性肠道疾病的合成药物,以及治疗肝炎和多发性硬化症的生物药物聚乙二醇干扰素(PEGylated interferon – β)已进入临床试验。该实验室在全球最先取得的发现性成果,可用于疫苗研究的丙型肝炎颗粒,已申请药物批号[9]。

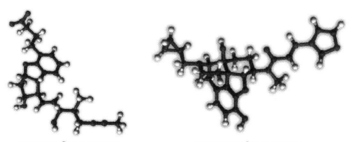

DORNER® 的分子结构　　　　REMITCH® 的分子结构

图 5 – 19　所发现的药物的分子结构示例[9]

表 5 – 14　药物研究实验室研究发展史上的里程碑[9]

1985	开始生产 FERON® 品牌天然人类干扰素 β
1992	FERON® 品牌药物获批用于丙型肝炎的治疗
	开始生产治疗神经末梢血管疾病的 DORNER® 品牌药物

（续）

1999	治疗肺动脉高压症的功能被增加进了 DORNER® 品牌的药物
2006	证明了 FERON® 治疗肺动脉高压症对于丙型失代偿期肝硬化治疗功能
2007	CARELOAD® 品牌药物作为肺动脉高压症的疗效药物获批并开始销售
2009	开始生产 REMITCH® 品牌口服缓解瘙痒药物和用于与病毒唑一起治疗慢性肝炎的 FER-ON® 品牌药物

8. 新前沿科学技术研究实验室

新前沿科学技术研究实验室成立于 2003 年 5 月,旨在为公司核心业务(纤维和化学制品)提供技术创新的萌芽。该实验室的研究领域包括纳米 – 生物集成技术的基础研究(DNA 芯片、疾病标识物探测芯片)、创新治疗方法(癌症免疫疗法,释药系统(DDS))、绿色生物加工(采用整合了生物方法的膜技术进行生物质转化加工),以及纳米材料功能化(高敏感探测技术)。已投入市场 3D – Gene® 品牌超高敏感度 DNA 芯片是该实验室的一项研究成果。

该实验室的理念是,开展领先的基础研究创造新价值,开展外部合作拓展研究领域(整合不同领域的研究成果,避免重复研究),自由表达思想促进研究。在政府领先科技创新研究发展基金支持下,该实验室一直与大阪大学产业科学研究所合作开展纳米技术改进生物工具敏感度的研究(图 5 – 20、表 5 – 15)。

表 5 – 15　新前沿科学技术研究实验室科技成果[11]

2003	启动了生物聚合物原料、癌症免疫疗法、释药系统、DNA 芯片和疾病标识探测芯片的研究
2004	启动了蛋白质分馏方法和蛋白质组分析研究
2005	启动了基于有机分离膜技术的生物加工工艺研究
	高敏感度 DNA 芯片研究,获第 19 届富士产经新闻(Fuji Sankei)先进技术奖一等奖
2006	3D – Gene® 品牌高敏感度 DNA 芯片投入商业销售
	高敏感度 DNA 芯片研究,获第 11 届日本化学学会技术开发奖
2007	蛋白质分馏装置和蛋白质组分析研究,获第 11 届日本化学学会技术开发奖
2009	启动了狗癌症标识物测试服务业务
	疾病标识物探测芯片研究,获第 14 届日本化学学会技术开发奖
2010	完成了利用膜技术进行发酵加工的基础技术研究
	基于酵母发酵的 D – 乳酸盐研究,获第 14 届日本生物科学、生物技术和农业化学学会 2010 年年会一等奖
2014	开始销售 RAY – FAST® 品牌疾病标识探测芯片

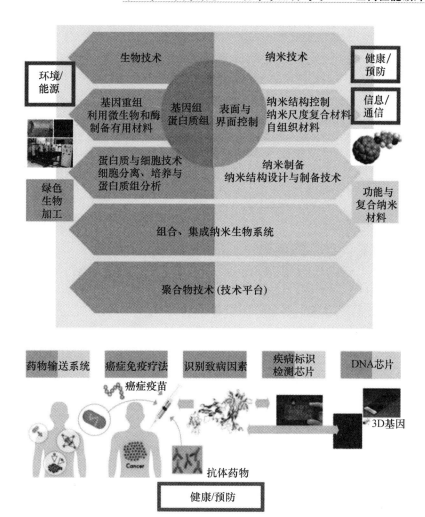

图 5-20　新前沿科学技术研究实验室研究领域示意图[10]

9. 先进材料研究实验室

先进材料研究实验室成立于 2010 年,整合了日本国内两个研究设施(志贺市和名古屋市)和两个海外研究设施(中国上海和韩国首尔)的部分研究功能,建立了新能源材料、生物质聚合物、先进医学材料和聚合物基础等四个研究方向,强化了先进材料的基础研究和持续创新能力。

该实验室极度重视聚合物化学这一核心技术领域的基础研究,开展的研究主要有电池材料、生物基聚合物和先进医用材料,以及聚合工艺、聚合物高取向性结构控制和计算化学等基础研究。该实验室还依托独有技术和产品,研究全球环境、资源与能源、低出生率和人口老龄化等制约经济社会发展的关键问题的解决方案(图 5-21)[11]。

5.4.2 直属技术中心

东丽公司设有三个直属技术中心,包括环境与能源中心、汽车与飞机中心和工程发展中心。

1. 环境与能源中心

环境与能源中心成立于 2011 年,旨在提升环境与能源领域的科学研究和技术研发能力,支撑绿色创新业务战略。该中心是一个技术协作平台,开展需要集全公司研发力量之力才能完成的环境与能源领域的技术或项目研究。通过与公司全球环境业务战略规划部合作,该中心实现了开放式创新,创建了活力型业务,创新了业务模型,取得了令人瞩目的成绩。

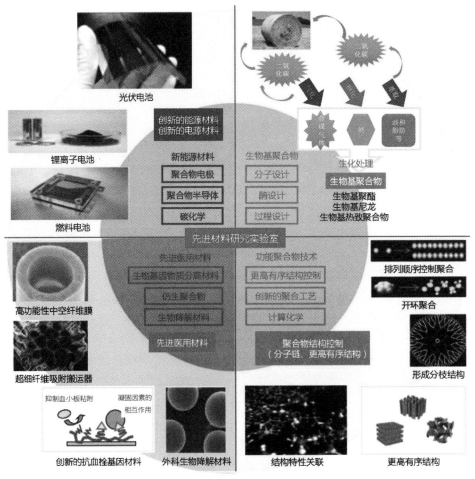

图 5-21　先进材料研究实验室研究领域示意图[11]

环境与能源发展中心是环境与能源中心的核心组织,位于志贺县大津市(Otsu City)的濑田工厂(Seta Plant)内。它的首要任务是新能源材料和新环境材料的技术创新和业务拓展。新能源材料主要涉及光伏、锂离子电池和燃料电池材料。新环境材料主要涉及生物质材料和节能材料。该中心的新能源实验室具备原型评估、光伏材料研发生产、样机测试,以及在真实发电机设备上进行经验评估的能力(图 5-22)[12]。

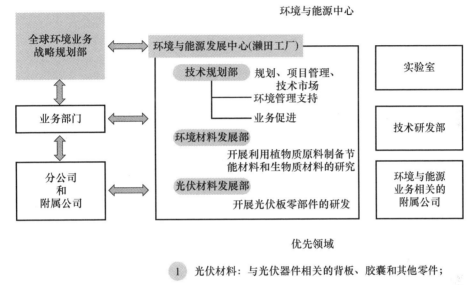

图 5-22　环境与能源中心(The E&E Center)概况图[12]

2. 汽车与飞机中心

汽车与飞机中心 2009 年 4 月建于名古屋工厂内,集中了公司的汽车和飞机用先进材料研发设施。此前,相关机构和设施分散在日本多地。该中心由先进复合材料研发中心(ACC,CFRP 产品技术研发中心)、汽车中心(AMC,汽车与零部件用先进复合材料研发中心)和塑料应用技术工程中心(PATCE,热塑性工程塑料技术研发中心)三部分组成(图 5-23),任务是将东丽公司的先进材料技术和产品集成为整体解决方案,满足不同的客户需求。名古屋工厂靠近许多重要的汽车和飞机制造企业,地缘优势强化了该中心与客户的合作,加快了研发进程。

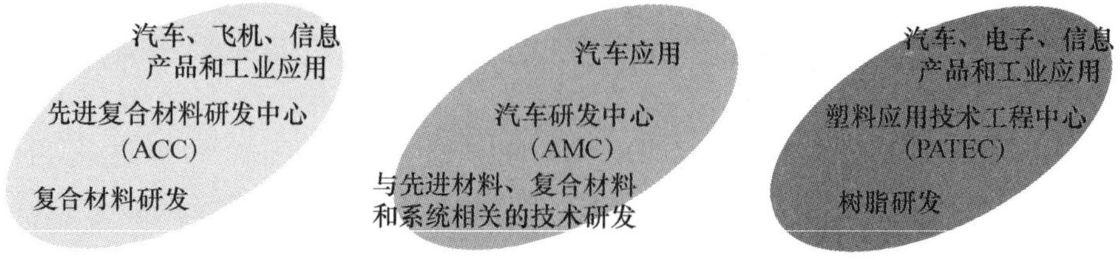

汽车、飞机、信息
产品和工业应用

先进复合材料研发中心
（ACC）

复合材料研发

汽车应用

汽车研发中心
（AMC）

与先进材料、复合材料
和系统相关的技术研发

汽车、电子、信息
产品和工业应用

塑料应用技术工程中心
（PATEC）

树脂研发

图 5 - 23　汽车与飞机中心组织结构[13]

先进复合材料研发中心成立于 2009 年 4 月，借助于自有多样化的原型研发系统和评价分析设备，与国内外领先合作伙伴协作，致力于基础技术、创新性基体树脂与模塑技术，以及客户解决方案的研究。汽车中心创建于 2008 年 6 月，集设计、材料、工艺、评价和分析技术于一体，主要开展 CFRP 车身和电动汽车动力传动部件等关键技术的总体解决方案研究。2011 年 7 月，东丽公司建立了中国汽车中心（AMCC），致力于拓展中国汽车市场业务。

汽车零部件技术研发包括底板成形、树脂填充过程计算机辅助工程仿真、自动预成型和树脂灌注与浸渍等高频树脂传递模塑（RTM）成形技术，织物织造（单项捆扎织物、短纤无纺织物、长丝织物）和冲压压力成形等热塑性 CFRP 的树脂基体技术，先进真空辅助树脂传递成形技术，以及引擎盖对驾乘人员头部保护性能的计算机辅助评价仿真技术。

飞机部件研发包括高性能基体树脂（与复合材料研究实验室合作研发）、高功能性碳纤维基材（与预浸料技术部合作研发）、创新成形工艺（与三菱重工公司合作研发），以及 CFRP 制造 MRJ 飞机（Mitsubishi Regional Jet）尾翼桁结构的原型技术[13]。

3. 工程发展中心

工程发展中心负责设计研制生产设备和开展相关核心工程技术研究，主要有：①研发公司内部生产线所需的独创性机器、设备和工艺技术，如研发合成纤维、膜、碳纤维、复合材料、液晶显示器彩色滤色片、等离子显示背板、医疗设备、水处理膜模组等所需的生产设备；②计算机辅助工程（CAE）技术的应用研究，如研发用于基体树脂和 CFRP 设计，以及工艺过程和生产设备的计算机辅助工程专用软件；③研发公司内部生产线所需仪器仪表、检测设备和控制技术，以及静电与表面工艺技术，如研发用于膜、碳纤维、液晶显示器滤色片等生产的监控与图像处理、仪器与控制，以及静电与表面处理等技术。图 5 - 24 为该中心研发的工业化生产超大尺寸玻璃基体液晶显示器面板的浆料涂层技术装备，该套设备涂层速度快，涂层非常均匀。

图 5 - 24　液晶显示器彩色滤色片涂层设备①

　　该中心有三个实验室,开展机械设计、高速旋转物体分析、机电一体化、塑料成型 3 维设计、热流体分析、结构分析、卷绕、湿法涂层、气相沉积、等离子体加工、微加工、仪器与控制、图像处理、表面处理,以及静电控制等技术的设计研发。近年来,该中心专注研发环境友好和节能技术装备,以实施绿色创新战略[14]。

5.4.3　制造事业部技术中心

　　东丽公司制造事业部下辖七个技术部门。

　　1. 纤维与织物技术部

图 5 - 25　可模拟全球气候环境、名为 TECHNORAMA 的气候模拟实验室[15]

　　纤维和织物是东丽公司的基础、核心业务。纤维与织物技术部由长丝、定长纤维、工业长丝、无纺布和织物等五个技术部及先进织物研发中心共六个部门组成。该技术部发挥从纺丝、捻线、机织、编织、印染、后处理、缝纫直到性能评价的纺织全过程技术优势,研发新技术和新产品。纤维方面,研发包括长丝、短纤、无纺布及服装和工业用纤维材料,并深化相关基础研究。织物方面,主要研发时尚织物和功能织物技术,并为环境、水与能源,信息、通信与电子,汽车与飞机和生命科学等四个增长性强的业务领域研发创新技术[15](图5-25)。

2. 膜技术部

膜技术部负责:①环境膜(Environmental Film),主要有光伏材料、包装阻隔膜、无卤阻燃膜和节能玻璃膜等;②显示膜(Display Film),主要有透明导电膜、防逆光用耐光防眩光膜、硬壳膜和电磁屏蔽膜等;③电子部件膜(Electronic Component Film),主要有电子标签等高质量、高功能性膜的应用技术和产品研发。与日本国内和海外基地合作,该技术部快速响应客户需求,提供性能卓越、高质量和高性价比的产品(图5-26)。

图5-26 光电转换膜[15]

该技术部负责四个部门的技术管理:

(1)先进膜技术部(Advanced Film Technical Dept.)。负责LUMIRROR®品牌聚酯膜和ECODEAR®品牌聚乳酸膜新产品和新工艺的技术研发,代表性产品是金属光泽膜。东丽公司膜工艺技术研发单位集中在志贺厂区,以发挥基础技术优势创造高附加值的新型膜产品。

(2)岐阜膜技术部(Film Technical Dept. Gifu)负责聚酯膜和全球独有的聚苯硫醚膜新产品和新工艺技术的研发。LUMIRROR®品牌聚酯膜应用非常广泛,包括平板显示用膜、接触面板的硬质涂层和热升华打印机的色带用膜等。TORELINA®品牌聚苯硫醚膜具有极佳的耐热和耐化学腐蚀性能,主要应用在电子器件和汽车领域。①

(3)三岛膜技术部(Film Technical Dept. Mishima)是LUMIRROR®品牌聚酯膜和MICTRON®品牌芳族聚酰胺膜原料聚合技术的核心研发机构,还负责研发高密度、大容量数据存储器及电容器用膜,以及制造液晶显示器偏光器必需的模塑成型脱模用膜。

(4)土浦工厂技术科(Tsuchiura Plant Technical Section)负责研发TORAYFAN®品牌双向拉伸聚丙烯膜在电容器和包装等工业应用领域的应用技术和产品,所研发的厚度小于或等于3μm的极薄型膜已用于制造混合动力电动汽车的电容器[16]。

3. 树脂与化学品技术部

树脂与化学品技术部(Resin & Chemical - Related Technical Departments)负

---

① Toray,Lumisolar PV - Back Sheet[EB/OL],[2017 - 11 - 29],http://www.toray.com/products/films/fil_0140.html.

责创新性加工技术和先进材料研发,它拥有强大的有机合成化学和聚合物化学核心技术优势,以及化学工程、纳米技术、计算机科学和聚合物加工等技术的集成能力(图 5 - 27)。

塑料技术部负责聚酰胺(PA)、聚对苯二甲酸丁二酯、聚苯硫醚、液晶聚合物(LCP)和聚乳酸等工程塑料,以及 CFRP 用热塑性树脂等的生产、应用和用户解决方案等的技术研发。

千叶厂区工程塑料技术科(Chiba Plant Toyolac Technical Section)负责 TOY-OLAC®品牌 ABS 树脂生产、应用及用户解决方案等的技术研发。

志贺厂区聚乙烯生产部技术科(Shiga Plant PEF Production Department Technical Section)负责 TORAYPEF®品牌电子束交联聚烯烃树脂泡沫生产、应用及用户解决方案等的技术研发。

化学工程部负责包括合成纤维、塑料原料、有机原料、沸石催化剂、精细聚合物颗粒、精细功能性颗粒、碳纳米管和生化药剂,以及聚酰胺、聚苯硫醚、聚对苯二甲酸丁二酯、液晶聚合物、聚酰胺 - 酰亚胺和异氰酸酯等化学品和树脂产品的生产、应用技术研发。该部门还在东丽公司范围内推广自己的树脂和化学品工艺生产技术[17]。

图 5 - 27   基于 CAE 树脂流动性分析结果设计的
汽车发动机树脂部件[17]

4. 复合材料技术部

复合材料技术部负责 CFRP 在航空航天、工业和体育运动休闲领域的应用技术研发及全球推广。CFRP 是支撑东丽公司实施绿色创新战略中增长潜力巨大的关键业务。该部门拥有自主创建的一体化 CFRP 技术研发系统和成本优势。

碳纤维技术部负责 TORAYCA®品牌碳纤维在航空航天、工业装备和体育运动休闲产品等领域的新产品研发及新应用探索。

预浸料技术部负责 TORAYCA®品牌碳纤维预浸料新产品的研发和新应用探索。

第一先进复合材料技术部负责研发定制化的新型碳纤维中间体材料(织物、压片)技术解决方案。

第二先进复合材料技术部负责研发工业领域 CFRP 新产品(如汽车零部件、信息设备部件)和新技术。

先进复合材料技术部是用户与公司内部相关技术部门间的界面,负责面向全球航空航天、工业和体育运动休闲产品用户的技术市场营销,以及新产品和新应用推广项目的计划与管理(图5-28)[18]。

图5-28 东丽公司设计的 CFRP 车身概念电动汽车和
波音787飞机的 CFRP 主翼[18]

5. 电子与信息技术部

电子与信息技术部由电子材料技术部、等离子技术部和液晶材料生产技术科三部分组成,负责为个人计算机、移动电话、平板电视、打印材料等领域的客户研发技术解决方案。

电子材料技术部负责电路材料的技术研发,包括:采用先进膜加工技术制造,用于封装超薄芯片、超精细和超高密度电子电路的液晶显示驱动器(TAB)用高性能胶黏带;柔性印制电路板用敷铜箔聚酰亚胺膜,半导体组件用黏接片,高热导率黏接片,PHOTONEECE®品牌光敏性聚酰亚胺涂料和 SEMICOFINE®品牌半导体器件用聚酰亚胺涂料等(图5-29)。

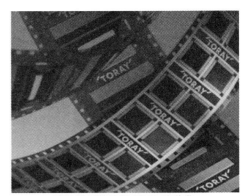

TOPTICAL®品牌液晶显示器面板用彩色滤色片　　　液晶显示驱动器(TAB)胶黏带

图5-29 有代表性电子产品用材料示例①

等离子技术部负责为松下等离子显示公司(Panasonic Plasma Display Co.,

---

① Toray. Electronic & Information – Related Technical Departments [EB/OL]. [2017 – 11 – 23]. http://www. toray. com/technology/organization/departments/dep_005. html.

Ltd.)新型等离子电视产品研发新材料和新工艺技术。松下等离子显示公司是东丽公司和松下公司(Panasonic Corporation)的合资公司。

液晶材料生产技术科负责研发中小尺寸彩色液晶显示器面板用彩色滤色片,包括:外部面板彩色滤色片涂料浆料、触板涂料、无色涂料和客户解决方案;TOPTICAL®品牌滤色片具有极高的色彩纯度、高分辨率和优异的耐热、耐用性能,主要用于智能手机。该部门还研发塑料光纤、光敏树脂释放印刷材料、无水平面印刷用印刷版等,以及配套产品和生产工艺。

6. 水处理与环境技术部

水处理与环境技术部于 2006 年 6 月由原水处理业务部和便利设施产品业务部合并而成。现该部门分为膜技术科、水处理工艺技术科和环境与便利产品技术科三部分。

膜技术科负责研发水处理膜产品,包括脱盐反渗透膜、水处理纯化超滤膜和微滤膜模块,以及废水处理用膜生物反应器膜(MBR)模块(图 5 - 30)。水处理工艺技术科负责研发基于膜或一体化膜系统(Integrated Membrane Syste,IMS)技术的定制化水处理系统,还负责新研制膜产品的测试、区域性试验装置的运行管理和系统验证等。环境与便利产品技术科负责研发家用水处理技术[19]。

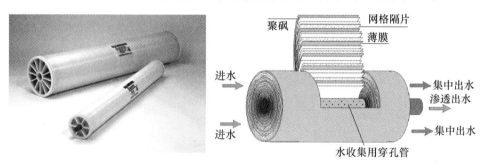

图 5 - 30 ROMEMBRA®品牌的反渗透膜组件[19]

7. 临床医疗技术部

临床医疗技术部由五个部门组成:药物临床研究部负责新药及已获批药物新应用和新剂型的临床应用研发;临床数据科学部负责采集与分析药物临床研究部的研发和试验数据;药物技术研发部负责依据世界卫生组织药品生产质量管理规范(Good Manufacturing Practice,GMP)有关药物和剂型的要求,研发可满足非临床试验用药、临床用药、临床试验用药和批产药物与剂型的制备和生产技术;医疗设备临床研究部负责先进材料研究实验室和新前沿科学技术研究实验室研制的医疗设备、人工器官和生物工具等的临床研究。医疗设备技术部是该技术部的核心部门,负责慢性肾功能衰竭透析器、血液净化治疗及重病特护用内毒素吸收柱和导尿管等产品的研发(图 5 - 31)[20]。

FERON®品牌天然人类干扰素β

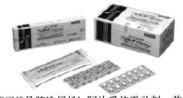
REMITCH®品牌选择性k-阿片受体激动剂，首次用于治疗防止现行血液透析疗法病人瘙痒症的口服治疗药

CARELOAD®品牌口服缓释环前列腺素衍生物

TORAYMYXIN®品牌体外血液灌洗用去内毒素筒

图 5 - 31 典型医药产品示例[20]

5.4.4 海外基地

1. 东丽纤维与织物研究实验室(中国)有限责任公司

东丽纤维与织物研究实验室(中国)有限责任公司(Toray Fibers & Textiles Research Laboratories(China)Co.,Ltd.,TFRC)2012 年 6 月成立,负责聚合物设计、聚合、纺丝、工艺、服装面料和产业用纺织品的技术研发。该实验室的主要部门包括:①聚合与纺丝研究实验室负责聚酯的聚合与纺丝、挑战纤维结构极限的超细纤维、植物质原料和低环境冲击加工工艺等技术研究;②织物研究实验室负责服装及相关纤维加工、改性、织造、染色等的基础研究和应用技术研发;③产业用纺织材料研究实验室致力于东丽公司纤维和纺织技术在环境、汽车、能源和化工等领域的应用研发和为拓展中国产业用纺织材料市场提供技术支持[21]。

2. 东丽先进材料研究实验室(中国)有限责任公司

2012 年 1 月,先进材料研究实验室从东丽纤维与织物研究实验室(中国)有限责任公司分离出来,成为独立实验室。它和纤维与织物研究实验室组成了双研发系统,在中国市场业务中形成互补效应。

先进材料实验室上海研究中心是东丽先进材料研究实验室的组成部分,负责包括新能源材料、生物质聚合物和聚合物基体等在内的材料技术基础研究。作为东丽先进材料研究实验室这一全球研究系统的一员,聚合物化学是该中心的核心技术。该中心还开展可能引发社会生活方式发生变革的下一代先进材料的基础聚合物研究。材料应用技术研发中心负责中国市场树脂、膜(基体膜和膜制品)、复合材料和电子信息材料业务的技术服务。水处理研究实验室负责

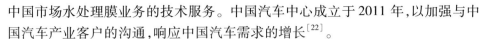

中国市场水处理膜业务的技术服务。中国汽车中心成立于 2011 年,以加强与中国汽车产业客户的沟通,响应中国汽车需求的增长[22]。

3. 东丽韩国先进材料有限责任公司

东丽韩国先进材料有限责任公司技术研发中心负责聚酯基体膜、膜制品、IT材料和纤维等技术与产品的解决方案研究,以及生产技术的改进优化研究[23]。

4. 东丽先进材料研究中心

东丽韩国先进材料有限公司先进材料研究中心始建于 2004 年 9 月。后东丽公司与东丽韩国先进材料有限公司共同将其重新组建,2008 年 7 月正式以先进材料研究中心(Advanced MaterialsResearch Center, AMRC)开始运行,旨在提升东丽集团公司在韩国的研究能力。其利用东丽公司的聚合技术和有机合成技术优势,开展光敏材料和胶体分散技术研究,以促进电子信息产品相关材料和膜产品的研发[24]。

5. 东丽新加坡水研究中心

东丽新加坡水研究中心(Toray Singapore Water Research Center, TSWRC)2009 年 8 月在新加坡南洋理工大学南洋环境与水研究所成立,负责膜基水处理技术研究。该中心是中国和日本水处理技术研究的辅助中心与枢纽[25]。

6. 东丽复合材料(美国)有限责任公司技术中心

东丽复合材料(美国)有限责任公司(Toray Composites(America), Inc.,TCA)主要生产供应美国波音公司的碳纤维增强环氧树脂预浸料。该公司技术中心建于 2007 年,负责基体树脂、预浸料和 CFRP 等的核心技术研发[26]。

7. 东丽塑料(美国)有限责任公司新产品开发组

东丽塑料(美国)有限责任公司(Toray Plastics(America), Inc.,TPA)的新产品开发组成立于 2000 年,负责 LUMIRROR® 品牌聚酯膜和 TORAYFAN® 品牌聚丙烯膜工业应用或高附加值产品应用技术研发,同时,还开展前瞻和创新性产品研发,拓展生物质膜和加工膜业务[27]。

8. 东丽塑料(马来西亚)公司

东丽塑料(马来西亚)公司(Toray Plastics(Malaysia)Sdn. Berhad)全面生产管理中心(TPM Technology Centre)2005 年成立,负责新品级 ABS 树脂及生产工艺技术研发,并为中国和东南亚用户研究定制解决方案[28]。

9. 东丽碳纤维欧洲公司

东丽碳纤维欧洲公司(Toray Carbon Fibers Europe S. A.,CFE)技术中心成立于 2013 年,主要开展碳纤维、预浸料、热塑带和复合材料的应用技术研发,并负责东丽欧洲碳纤维生产厂拓展碳纤维在飞机、汽车和工业领域业务的技术支持[29]。

10. 阿尔坎塔拉股份有限公司

阿尔坎塔拉股份有限公司(ALCANTARA S. p. A)阿尔坎塔拉织物研发中心

成立于1995年,围绕ALCANTARA®织物在汽车内饰、时尚内饰、其他内饰和电子设备领域的应用进行产品开发,对全球用户进行技术支持[30]。

5.4.5 科研协作机构

东丽研究中心有限公司(Toray Research Center, Inc., TRC)和镰仓科技有限公司(Kamakura Techno – Science, Inc.)是独立于东丽公司的科研协作机构。东丽研究中心有限公司拥有最先进的分析测试仪器设备和高素质的研究人员,为解决科学研究、技术研发和制造中的原因分析和问题探索,提供理化分析技术支持[31]。镰仓科技有限公司利用东丽公司的纳米、生物、药品和医疗设备技术成果,研发满足东丽公司内部和社会需求的技术解决方案[32]。

5.4.6 全球研发总部

2016年4月14日,东丽公司宣布,为纪念公司成立90周年,在公司诞生地——志贺工厂,建立面向未来研究发展创新中心(R&D Innovation Center for the Future)(图5-32)。"化学创造未来"是东丽公司的座右铭,化学是其创新的核心科学工具。该中心将作为东丽公司的全球研究总部,其使命是,秉持"化学创造未来"的企业信念,强化绿色创新和生命创新业务相关的技术及产品研发,运用以聚合物技术和仿真技术为基础构建的计算材料学,深化东丽公司独有的精细聚合物和纳米构造技术的基础,研制引领和满足市场需求的先进材料、分离系统和健康保健产品。该研究总部将依托材料科学技术优势,开展"故事性制造"研究,以抢占21世纪的技术领导地位。(注:相对于"产品制造"(Mono-zukuri)而言,日语Kotozukuri意为"故事性制造"。)

图5-32 面向未来研究发展
创新中心设计图[33]

该中心占地面积16800m²,分为集成研究区和实验研究区两部分,计划2019

年 12 月建成。集成研究区是核心区域,功能是思维创造,为一幢面积为 7600m² 的三层楼,设有可容纳 250 人的工作区,以及各种各样的开放式会议空间,功能是促进日常工作状态下聪明才智的产生[33]。实验研究区是对思维创造成果的工程技术研发、评价和原型演示,为一幢面积为 9200m² 的五层楼,设有国际会议厅、展览演示区、计算机实验室和开放实验室等设施。中心将具备创新互联功能,可籍此与学术界和多领域的重要伙伴进行互动和协作,开展战略研发创新,促进前沿技术与东丽公司核心技术的整合[33]。

5.5 核心技术示例——纳米技术研究

10 多年前,日本权威媒体曾就"哪家公司是研究纳米技术的最佳企业"这一话题开展过问卷调查。结果显示,东丽公司被认为是纳米技术的领导企业,其公众认可度远远超出丰田汽车、三菱化学、日立、佳能、昭和电工(Showa Denko K. K.)、信越化学(Shin‐Etsu Chemical Co. , Ltd.)、东芝、松下、旭化成(Asahi Kasei Corporation)和花王(Kao Corporation)等众多知名日本企业。

东丽公司的纳米技术研究:注重扎实开展纳米基础技术研究和将研究成果快速集成进现有核心技术,并运用于材料性能改进,使材料性能发挥到极致,以致能产生令人心动的效果;运用于基础材料和先进材料的创新,赋予材料新的功能;重点关注碳纳米管与先进材料的工艺创新。这些作法,使东丽公司在纳米技术领域涌现出了大量的新技术和新产品。

5.5.1 纳米合金技术[34]

纳米合金技术(NANOALLOY® Technology)是一种可驱动高分子聚合物形成高性能和特有功能的革命性的微观结构控制技术,是东丽公司纳米技术研究中最具代表性且已得到实际应用的成果,东丽公司拥有 100 多项该领域的基础、核心工艺和应用技术专利。纳米合金具有传统合金无法企及的高性能和独特功能。

1. 定义

纳米合金技术是可在纳米尺度上精密地配置多样化的聚合物并使其结合在一起,形成聚合物合金结构的微观结构控制技术。聚合物合金具有如下特点:①在纳米尺度上精密地配置多样化聚合物而得到的结构;②通过制止自组织效应,使聚合物精密地排列成连续三维结构;③包含由几十个纳米尺度的纳米胶束构成的纳米颗粒结构(纳米胶束具有各自材料的性质)。

2. 特性

传统聚合物合金一直存在的问题是,不能有效地体现各个聚合物成分的独特性质。而纳米合金技术能最大限度地保持每种聚合物成分的独特性质。例如,纳米合金技术可赋予合金独特的性质:常态下合金表现为强硬质塑料的性质,但遭受高速撞击和强烈振动时,它可以像橡胶一样改变自己的形状并吸收振动。这是对现行聚合物性能的认识挑战。

3. 聚合物分散体产品示例

示例1:电镜照片显示,聚对苯二甲酸丁二酯和聚碳酸酯两种树脂三维连续排列的纳米尺度相结构(图5-33)。

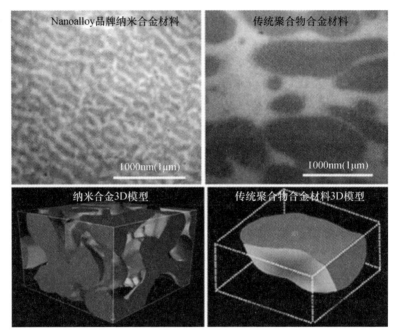

图5-33 三维连续排列的纳米尺度相结构①

示例2:电镜照片显示,纳米合金技术改性的尼龙树脂中,存在许多具有各自树脂性质的微小纳米胶束(尺度为几十纳米的颗粒),它们成功地排列成了相结构(图5-34)。

示例3:电镜照片显示,未加工和加工后的纳米合金技术改性树脂,加工过程中,成功地在纳米尺度上排列了相结构(图5-35)。

示例4:采用纳米合金技术,在纳米尺度上配置耐热聚酰亚胺,使聚对苯二甲酸乙二醇酯树脂改性成为一种性能独特的树脂。采用这种树脂,成功研发了具有高玻璃化温度的双取向拉伸膜(图5-36)。

① Toray. Polymer Dispension [EB/OL]. [2017-11-27]. http://nanoalloy. toray/en/about/abo_002. html.

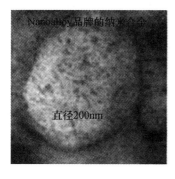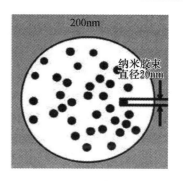

图 5 - 34　纳米胶束构成的纳米颗粒[①]

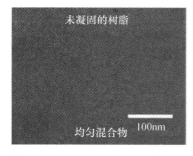

图 5 - 35　改性前后的树脂相结构比较[①]

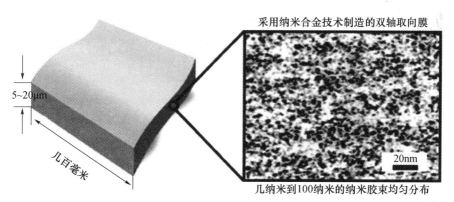

图 5 - 36　纳米合金技术改性树脂制得的高玻璃化温度双取向拉伸膜[①]

4. 抗高速撞击纳米合金 CFRP 制件示例

　　纳米合金 CFRP 样件,常态下呈高强硬质塑料状。受冲击时,该样件产生强烈、快速的振动,像橡胶一样改变自身形状而吸收振动。普通 CFRP 管件抗冲击性能不佳,高速冲击下,会断成两截;而纳米合金 CFRP 管件则具有很好的冲击吸收性能,高速冲击下,不会完全断裂(图 5 - 37)。

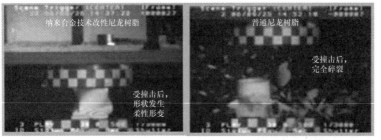
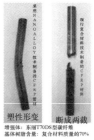

图 5-37　纳米合金 CFRP 制件的抗高速撞击性能示意①

5.5.2　纳米纤维[35]

纳米纤维技术一直在挑战纤维细度的极限。纳米纤维的细度可形象地加以描述：①世界上最早的尼龙纤维的细度是 44dtex，而 140 万根纳米纤维组成的纱线的细度也不过如此；②地球与月球相距约 38 万 km，连接两个星球，需要用约 450g 的超细纤维，而用纳米纤维则只需要约 0.15g。

东丽公司一直在研发单纤直径不超过 100nm 的纤维的生产技术。早期无序排列结构的纳米纤维应用非常受限。2011 年，东丽公司突破了取向纳米纤维（Aligned Nanofibers，ANFs）的生产技术，为纳米纤维在生物组织工程修复、传感器、增强材料及能源等领域中的应用开辟了广阔前景（图 5-38）。

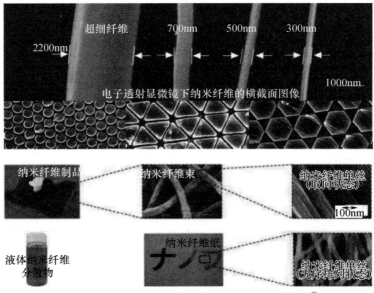

图 5-38　取向纳米纤维微观结构示意图②

---

①　Toray. Polymer Dispension［EB/OL］.［2017-11-27］. http：//nanoalloy. toray/en/about/abo_002. html.

②　Toray. Fibers & Textiles Research Laboratories［EB/OL］.［2017-11-28］. http：//www. toray. com/technology/organization/laboratories/lab_001. html.

（1）纤维直径 20～150nm；聚合物为尼龙、聚酯、聚苯硫醚等。

（2）采用熔纺工艺生产。

（3）具有优异的弹性、吸收性、水保持性、吸水性和保持率等性能。

（4）产品形式多样化，如机织物、编织物、无纺布、纸、液相分散元素等。

纳米纤维布吸水后形成的结构具有良好的黏附性，擦拭效果非常好，且质感轻薄、柔软、舒适，是很好的皮肤美容用品。

5.5.3　纳米叠层膜技术[36]

东丽公司在全球率先研究成功能在几纳米的厚度上高精度地铺叠几种不同聚合物的膜成形技术，2000 层膜的厚度只有 10μm，极大地提升了先进膜材料的水平（图 5-39）。

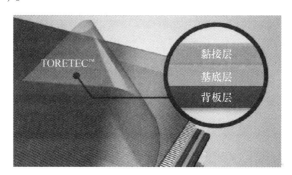

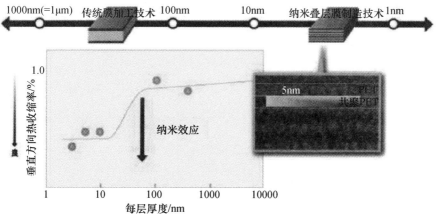

图 5-39　纳米叠层膜技术①

纳米叠层膜不仅具有同样的弹性模量、强力、耐热性、尺寸稳定性，而且被精巧地设计制造出了极佳的抗撕裂性能，其抗撕裂性能比传统技术制成的膜提高

---

① Toray. Optical Films［EB/OL］.［2017-11-29］. http://www.toray-taf.co.jp/en/product/app_003.html.

了40倍。此外,纳米叠层膜还有非常好的透明性,广泛应用在需要高透明和高安全性的玻璃胶黏剂覆盖物、建筑材料、平板显示器和电子材料等领域。纳米叠层膜技术还可形成极佳的聚合物设计与结合效果,制成的膜具有优异的光学、易成型和高精度等特性。运用纳米叠层膜技术,东丽公司成功研发了有金属光泽的膜,而未使用任何金属原料。传统金属光泽膜中的金属导致透波率非常低、可成型性不充分。新型金属光泽膜采用纳米叠层膜技术高精度地铺叠几百到几千层,金属光泽自然感很强,新聚合物层间黏合性很好且易于成型,具有高透波、耐热、耐化学腐蚀、可抵御较恶劣环境冲击,以及表面可打印等优良性能。

5.6 高性能碳纤维技术创新成功因素研究

在全球高性能碳纤维技术的激烈竞争中,东丽公司能最终胜出,其背后一定存在着系统性的成功因素。依据可获得的有限资料,作者运用复杂产品系统创新理论,对东丽公司高性能碳纤维产业技术创新的成功因素做初步分析。

5.6.1 复杂产品系统创新管理理论概述

依技术与结构复杂程度,复杂产品系统划分为复杂产品和复杂系统[37]。英国苏塞克斯大学(The University of Sussex)与布莱顿大学(The University of Brighton)联合建立的复杂产品系统创新中心(The CoPS Innovation Centre)认为,复杂产品系统是构筑一切现代经济活动基础的生产资料,是一个国家强弱胜衰的命脉所系[38](表5-16)。

表5-16 复杂产品系统的特征

特性	复杂产品系统	大规模制造产品
产品结构	零部件界面复杂	零部件界面简单
	功能多	功能简单
	单位成本高	单位成本低
	产品生命周期长	产品生命周期短
	涉及多种知识和技能	所需知识和技能较少
	软件内嵌	硬件为主
	非线性特征	线性特征
	涉及多种客户定制零部件	标准零部件
	多为上游生产资料	多为下游产品
	产品架构具有层级性/系统性	产品架构简单

（续）

特性	复杂产品系统	大规模制造产品
生产过程	一次性或小批量项目	大批量生产
	系统集成	面向制造的设计、关注产品和工艺界面
	非规模化生产	渐进过程、成本控制是生产控制核心
	不具规模经济	具规模经济效益
创新模式	用户 – 生产商驱动	供应商驱动
	高度柔性的融合	格式化、程式化
	创新路径由用户和供应商事先商定	创新与扩散过程分开进行
	主要涉及以人为载体的知识	创新路径由市场选择
	职能活动过程:获得订单 – 生产 – 生产中改进	职能活动过程:产品研发 – 生产 – 营销
竞争与合作战略	关注产品设计与研发	关注规模经济/成本最小化
	通过组织学习提高项目能力,实现循环重复经济性	通过组织学习提高战略能力和职能能力,实现规模经济性和范围经济性
	有机组织	机械式组织
	强调系统集成能力	强调批量生产能力
	跨企业项目团队的管理	企业内部项目团队的管理
产业发展	精密网络	大企业
	多层级、复杂组织结构	供应链管理
	基于项目的多个企业联合	单个企业进行规模化生产
	为完成创新和生产,企业间开展暂时联合	为了研发和资产置换,企业进行联合
	产业结构在整体水平上处于长期稳定状态	主导设计确定后,出现产业振荡现象
市场结构	双头垄断特征	市场中有许多买者和卖者
	交易数量少,标的大	交易数量大
	B2B 交易模式	B2C 交易模式
	受到高度规制的市场	一般市场机制,最小限度的规则
	政府高度调控	政府很少调控
	谈判价格	市场价格
	部分竞争	高度竞争

复杂产品系统创新的过程、能力和特性简述如下:

复杂产品系统创新过程包括概念生成、需求论证、工程立项、总体设计、分系统研制、整机装配与联调联试、改进优化、试验定型、制造生产、运行及维护保养、升级换代等环节[39]。

复杂产品系统创新的概念生成必是杰出科学家或工程师的想象力成果。技术发展史表明,技术是依靠天才发明家创造的一个个重大发明向前跳跃式发展的,技术幻想、梦想和游戏等活动对创新具有重要影响。汽车的发明是最典型例证之一,汽车发明后的 10 年间(1895—1905)人们并没有用它来解决生活问题[40]。需求论证是新概念的细分和量化。管理层与研发团队通过多轮次的研讨、估算和预实验,将复杂产品系统划分出清晰的分系统乃至零部件构成,并形成功能描述和量化指标。工程立项是决策者对需求论证成果的形式认可和批准,其中,最主要的是明确了技术指标、经费规模和时间节点。总体设计的任务是依据子系统间的接口和界面关系,开展全系统的机械和电气结构设计,通过模拟仿真校验系统设计能否实现系统功能和效能。分系统研制以模块研发为基础,基于模块、分系统和系统三个层次的研发团队以及用户间的有效沟通,保证实现整机系统的物理装配。整机装配与联调联试是系统集成的开始,系统集成既是各零部件间的物理连接组合,更是所有技术在整机中的融合。改进优化是解决整机样机联调联试中发现的问题的过程,通过改进设计、优化过程的迭代,实现整机功能性能。试验定型是将整机正样机交付第三方独立机构进行试验,一逸全部指标达到立项要求后,即固化技术状态,全套技术文件经评审后归档备查。制造生产是依照规范进行批量加工或依据合同要求进行定制加工。运行及维护保养是按操作规范长时间地运用整机系统进行生产作业并现场解决使用中发生的小故障,以及定期对整机系统进行检修。升级换代是经过长期使用后,为提高所制造产品的质量和性能,对整机系统软硬件性能的全面技术提升。

复杂产品系统创新能力是战略、结构和技术等组织要素的系统集成[41]。

战略能力是比竞争对手更迅速地进入一个增长市场、更快捷地退出一个衰退市场的能力,是创新成功与否的出发点,是有效领导的艺术。组织成功更多地取决于其领导人的管理能力而非技术能力[42-45]。趋势识别力和领导力是战略能力的核心乃至全部。因为趋势发现是否及时、前景预测是否准确、方向选择是否合理、决策形成是否坚决、项目推进是否有序、组织结构是否应变、资源支撑是否持续、不利风险能否化解等战略要素的获取和配置,无不取决于发现与预测趋势的识别力,以及决策与解决问题的领导力。趋势识别力,系指对原创性技术的潜力发现与前景预测,以及对在跟踪性技术上与竞争对手差距大小的判断,其水平由科学家或工程师的天分、直觉、想象力和认知力所决定。复杂产品系统创新的领导力,首先是对科学家或工程师趋势识别结果的选择与认可,其次是立项决策,然后是项目管理。其中,立项决策是前提基础,项目管理是核心关键。因此,领导力为复杂产品系统创新描绘发展愿景,提供自信与热情,激发群体感和团队精神,担当风险推进实施,并持之以恒地关注和解决问题。

结构能力是组织结构跟随战略的应变能力。结构必须跟随战略,是管理学的一项公理。项目能力是支撑复杂产品系统创新最根本的能力[46]。组织结构如何促进复杂产品系统项目的创新过程顺畅、高效,是值得高度重视的项目管理问题。一体化项目团队,是可以较好地保证组织结构与项目结构相适应的组织形式。

技术能力系指基于信息系统和人脑中的技术和组织知识基础,以及对其的获取、存储、处理和使用。技术知识基础包括科学理论、技术原则、概念模式、数据和算法等。组织知识基础包括项目管理、组织结构、资源配置、激励机制等。复杂产品系统创新的技术能力,就是企业或科研机构发现发明、储存积累、购买融合和使用应用技术知识的效率和效力[47]。

复杂产品系统创新的三个特点:①系统集成能力与项目管理能力集于一体。系统集成能力主要是通过项目的技术过程实现的,经过设计、研制、装配、调试、改进优化等活动,使各组成零部件精密地连接配合在一起并协调运转,形成系统的预期功能和性能;项目的管理过程中,团队、资金、系统工程过程、试验等活动的组织与实施关系着技术过程的效率和质量。②职能过程与项目过程相互交融。职能过程是组织中的重复性工作,而项目过程则是独特性工作,复杂产品系统创新活动与两类过程始终密切交织。③项目团队的学习与组织知识基础互为支撑。跨组织项目团队或一体化项目团队的内外部联系构成了一个复杂的网络。项目成功与否取决于网络成员间以及网络系统间知识能否实现共享。

5.6.2　高性能 PAN 基碳纤维产业成功因素分析

综合考量研发成本、知识门类、技术集成度、工艺设备精密程度以及研发生产管理难度等因素,PAN 基碳纤维产业化技术和成套工艺技术装备都是经研发而最终建造成功的独有的尖端技术基础设施,它毫无疑义是典型的复杂产品系统创新。东丽公司高性能 PAN 基碳纤维产业的成功,无疑是复杂产品系统创新的经典范例。作者对其成功因素分析如下。

5.6.2.1　战略能力:透视力、领导力与企业家

1. 透视力

20 世纪 60 年代以来,全球开展过高性能 PAN 基碳纤维技术基础设施创新的企业不计其数,但唯有日本东丽公司取得了独占鳌头的成功,究其原因,与众不同的战略能力是其取得非凡成功的首要原因。

东丽公司现任高级副总裁安倍光一(Koichi Abe)说:"一种材料的研发和产业化是要耗费时间的。东丽公司的碳纤维研究始于 1961 年,而产业化生产则始于 10 年后的 1971 年,……。期间,尽管许多外国企业都终止了碳纤维的研究或消减了攻关力度,但东丽公司始终看中其作为一种材料的潜在价值并坚持不懈地努力,通过将其用于钓鱼杆和高尔夫球杆来创建商业业务,且看中其经较长期研发可能在飞机上的应用。这种透视材料价值的能力和持之以恒不懈努力的坚

强意志,是东丽公司研究发展活动的力量所在和促进真实创新的环境依托。同时,东丽公司不受经济形势好坏的影响,保持了研发经费的持续投入,且多年来研发支出占销售费用的比例未发生大的变化。这些保证了东丽公司研究发展活动的长期连续性"[48]。

安倍光一这番话中,有两点值得特别注意:①"透视材料价值的能力",这正是趋势识别力的具体化;②"持之以恒不懈努力的坚强意志"和"保持研发经费的持续投入且力度不变",这是战略领导力的具体表现。这两点,充分显示了PAN 基高性能碳纤维产业创新中,东丽公司战略能力的与众不同之处。东丽公司"透视材料价值的能力"包含两个方面:①对新发现发明或初创技术的及时关注;②在不断试错的过程中,持续地观察和发现些微征兆,据此,做出对技术发展和产业建设的趋势判断。及时关注新发现发明或初创技术并不难,绝大多数企业都能做到。难的是,绝大多数企业都做不到第二个方面:通过不断地试错,去透视出技术的潜在价值。将新发现发明或初创技术转化为产业,需要很长时间的试错过程。期间,需要大量的资源投入且存在很大的不确定性,还需要承担或接受一切努力皆告失败的风险或事实。指望短时间内一蹴而就、没有持续的资源保障去试错、不愿承担不确定性的风险或无法接受失败事实,都无法透视出新发现发明或初创技术是否具有潜在价值,以及潜在价值的大小。而东丽公司恰恰是将这两个方面做到了极致。

2. 领导力

战略领导力方面,对于"干或不干、这样干或那样干、坚持干或不再干"等这样的重大决策问题,东丽公司的选择是:尽早干、科学干和坚持干。

尽快干:1959 年底大阪工业技术试验所近藤昭男发明 PAN 基碳纤维一年多后,1961 年东丽公司就建立了 PAN 基碳纤维小试装置。

科学干:由于未解决丙烯腈单体、聚合和聚丙烯腈前驱体纤维纺丝等问题,制得的碳纤维远达不到高性能的标准。为解决这一问题,东丽公司把 PAN 基碳纤维列为当时最重要的产业建设项目,投入最优质的资源,确保从单体到聚合、纺丝、碳化的基础研究与工艺探索,到工艺技术装备的研制,到生产线和配套设施建设等各环节的有效推进。由于采用刚发现的羟基丙烯腈聚合物作为前驱体研制碳纤维,取得了重要突破,新单体的共聚工艺显著改进了丙烯腈聚合物的力学性能,大大缩短了聚丙烯腈纤维的氧化工艺。1970 年,东丽公司获得了大阪工业技术试验所的专利授权,收购了东海碳素公司和日本碳素公司的相关生产技术,还与美国联合碳化物公司签署了聚丙烯腈前驱体纤维技术与碳化技术的互换协议。正是突破了单体、聚合、纺丝、预氧化、碳化、后处理和初步应用等一系列基础研究与工艺技术难题,才大大加速了高性能 PAN 基碳纤维技术的产业化进程。1971 年 2 月,东丽公司月产 1t 级的 PAN 基碳纤维中试生产线开始运转;同年 7 月,Torayca®品牌碳纤维上市销售^[49]。

坚持干:坚定不移地搞基础研究绝不动摇,这是东丽公司研发管理的首要准则,是其得以始终保持战略定力的意志基础。技术突破之初的几年里,东丽公司专注于改进优化制造工艺,提高 PAN 基碳纤维的质量。突破碳纤维制备技术后,应用市场长期不明确,大批竞争对手坚持不住而退出。虽然东丽公司也在早期探索了碳纤维在防弹衣、系泊绳、钓鱼线和防护手套等产品上的应用,但效果都不理想。早期的高性能碳纤维成本高昂,主要用于军用,企业难以获利;为实现盈利,就必须将碳纤维的应用拓展到民用领域去。受美国启动阿尔迪力公司生产碳纤维高尔夫球杆的启发,东丽公司 1973 年开始制造 CFRP 高尔夫球杆,由此进军下游制品市场。1973—1974 年,PAN 基碳纤维需求快速增长,东丽公司每月 5t 的产能全部开足才能满足订货需求。到 1974 年底,东丽公司每月可生产 13tPAN 基碳纤维。1972 年从钓鱼杆和高尔夫球杆等简单产品的应用起步,东丽公司逐渐找准了高性能 PAN 基碳纤维的航空器等的高端应用方向,并经不懈努力,终于在 1992 年把 T800H/2900 – 2 型碳纤维预浸料用于了波音飞机主承力结构的制造,东丽公司的碳纤维产业取得了决定性成功。

3. 企业家

奥地利经济学家熊彼特(Joseph Alois Schumpeter,1883—1950)是创新与企业家理论的创立者。今天,我们时常挂在嘴边的"创新"的纯学术含义是,"企业家是创新者、经济变革和发展的行动者""为数不多的有天赋的企业家率先开拓新技术、新产品和新市场,从事创新,不久之后许多模仿者加入这个行列,他们在经济生活观察到的长、短周期中处于中心位置^①"。

战略领导力是企业家与生俱来的才能,这是经济学和管理学的一项公理。尽管企业家们在战略领导力方面的能力和水平有所差异,但诸如透视到碳纤维的前景这样的想象力、预见力、决策力、执行力和忍耐力,非杰出企业家莫属。没有这样的杰出企业家,技术再好、资源再多,也建不成成功的产业。

5.6.2.2　结构能力:集权与集成,支撑与反哺

结构跟随战略是管理学的一条经典定理。东丽公司的研发力量结构,具有极强的刚柔并济特征。刚,体现在通过集成机制持续强化组织知识技术基础的完善、扩充和升级;柔,体现在组织知识技术基础与一体化项目团队间的支撑与反哺。

1. 组织结构刚性之一:集权

东丽公司研发管理的突出特点是,所有专家都被团结在一个高度集权的机

---

① 伊特维尔·约翰,等. 新帕尔格雷夫经济学大辞典:第四卷 Q – Z[M]. 北京:经济科学出版社,1996:264.

构——技术中心之中,该中心负责研究制定公司的科技发展战略,并提出关键项目。技术中心采用伞形管理系统进行运营。这个伞形系统把制造、研发和工程技术三个事业部、每个业务事业部的技术研发部门,以及其他相关机构紧密地联结在了一起。在高度集权的研发机构中,能更好地融合众多领域专家的知识和多种技术资源去创新,既能运用多领域的技术和知识去解决单一业务领域内的问题,又能快速将技术成果推广到其他领域中去。

2. 组织结构刚性之二:集成

采用基础技术联络会议、绿色创新、开放创新和全球网络创新等四项知识技术集成机制,持续强化核心技术基础。

1)三类 14 个基础技术联络会议

基础技术联络会议机制是一项跨组织的技术交流活动,来自各个研究实验室和技术研发部门的科研人员定期聚在一起,面对面研讨交流,力求将不同技术领域的最新知识传输和存储到所有参会专家的大脑中,供他们去进一步处理和使用。这样做可以催生异花受精(Cross – fertilization)效应,促进基础技术领域的融合研究,不断丰富和加固关乎企业战略竞争力的核心技术基础。图 5 – 40 列出了基础技术联络会议的目标与活动方式。

通过多年实践,东丽公司已形成了如下三类 14 个基础技术联络会议。

(1)核心技术类:①聚酯聚合;②尼龙聚合;③功能聚合物;④结构材料;⑤纺丝;⑥膜加工;⑦织物应用加工;⑧功能膜。

(2)共享技术类:⑨加工技术;⑩有机合成;⑪计算科学。

(3)新基础技术类:⑫纳米技术;⑬生物技术;⑭转换。

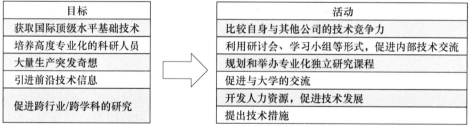

目标	活动
获取国际顶级水平基础技术	比较自身与其他公司的技术竞争力
培养高度专业化的科研人员	利用研讨会、学习小组等形式,促进内部技术交流
大量生产突发奇想	规划和举办专业化独立研究课程
引进前沿技术信息	促进与大学的交流
促进跨行业/跨学科的研究	开发人力资源,促进技术发展
	提出技术措施

图 5 – 40 基础技术会议目标与活动方式①

2)绿色创新机制

为应对全球变暖、水资源短缺和资源枯竭等挑战,东丽公司较早地开展了节能加工、轻量化材料和非石油基材料等领域的基础研究,依托多技术集成优势,已在新能源材料、生物质材料和高性能膜制品等三个技术领域取得了实际成效。

---

① Toray. Toray's Core Technology [EB/OL]. [2017 – 11 – 27]. http://www.toray.com/technology/toray/core/index.html.

研究推广基于 CFRP 技术的新能源材料,实现能源的高效利用。运用集成化水处理分离膜技术,可显著提高发酵效率、降低精炼过程能耗,实现生物质衍生聚合物(非石油基聚合物)的高效生产。基于独有的有机合成化学、聚合物化学和纳米等技术,研发了多类型、多功能的高性能膜产品和水处理膜系统,可有针对性地解决饮水短缺和水质污染问题。

3)开放创新机制

结成了连接企业、政府和研究机构的开放创新纽带。与制造商紧密合作,总是能将最新发明的先进材料率先应用于机电和汽车市场;大量承担政府研究发展计划项目,提升了公司的科研水平;建立环境与能源中心和汽车与飞机中心等专门技术研发基地,集中全部优势力量,与消费者一起共同研发新产品,加快研发进程和新业务拓展速度。

4)全球网络创新机制

东丽公司非常关注各国顶尖学者的创新思想,与国内外大学、研究机构、利益相关方和消费者合作,在全球布局科学研究与技术研发网络,融合不同领域的技术和文化,支撑业务领域和区域市场的拓展。

3. 组织结构柔性:支撑与反哺

PAN 基碳纤维产业化生产技术和成套工艺技术装备的研发与建设,是涉及科研、财务、系统工程过程、质量、合同、数据、软硬件、制造、试验、定型、技术状态和合作等 10 多项技术和业务工作的复杂产品系统创新过程,需要人、财、物等资源的有效动态配置和持续充足保障,以及组织内部各部门及诸多外部组织的协同配合。为此,组织结构必须具有相当的柔性,方能与项目结构形成交融互动,协力推进创新目标的实现。

上述四项集成机制是东丽公司的日常重复性知识技术集成过程,而 PAN 基碳纤维产业化工艺技术装备的研发项目过程则是一次性和独特性的知识技术生产过程。集成过程既为项目过程提供知识技术基础设施支撑,又接受项目过程产生的新知识技术的反哺,丰富完善组织知识技术基础。一体化项目团队(Integrated Program Teams,IPTs)是克服组织边界困扰、有效联结组织知识技术集成过程和项目知识技术创新过程的纽带,使组织结构具有了适宜的柔性。

新项目发展部就是东丽公司复杂产品系统研发过程中的一体化项目团队的组织者。为加快科研成果的产业化进程,新项目发展部负责对产业化项目进行立项,并负责技术研发、工程建设、生产装备研制、试制试验和应用技术支持等的系统工程过程管理。新项目发展部成立于 1991 年,旨在突破组织边界,形成技术和业务合力,拓展新业务领域。与研究发展事业部主要开展基础研究不同,新项目发展部专注于快速解决新产品研发和新业务拓展方面所遇到的产业化技术问题。液晶显示材料、水处理器和工业印刷机等技术和产品的产业化,都是在新项目发展部的机制下实现的,从而成功孵化了这些新业务。

新项目发展部近年来牵头开展的 DNA 芯片和化学机械抛光垫技术产业化也非常有教案意义。3D – Gene® 品牌 DNA 芯片(DNA Chips),融合了生物、纳米和树脂加工等专利技术制成,采用黑色树脂基体和柱状探针结构,大大降低了噪声。采用纳米尺度表面覆盖度,使高密度低聚糖 DNA 探针得以固定化。采用微珠搅拌,加速了动态杂化反应。这些技术提高了其灵敏度和精度,使其成为个性化治疗的关键工具。抛光片是决定化学机械抛光垫(CMP Polishing Pads)性能的关键部件。抛光片由采用有机化学泡沫专利技术制备的精细闭孔泡沫结构的纳米聚合物制成,其硬度被控制到了极精细的程度,可最大限度减少划痕。抛光垫可与研磨液非常好地结合,大大降低了研磨液用量;为获得更好的面内均匀性(从晶片边缘起 2mm 的范围内保证平面化),抛光片与非泡沫垫子被层叠在一起,以降低用户的全寿命成本;化学机械抛光垫的主要性能评价包含晶片抛光、镜片冲洗、抛光率一致性和缺陷等指标;化学机械抛光团队已形成了从叠层垫原型设计、原型化、小规模生产、质量监控和性能评价的系统化能力,可快速响应客户需求。

5.6.2.3 技术能力:信仰与基因

1. 信仰:化学与材料

对东丽公司而言,化学和材料科学,不仅仅是技术和工具,更是信仰。

东丽公司认为,材料是一切工业产品的基础。尽管材料是被埋没在终端产品之中,公众对此并没有直观的感觉,但从专业角度看,先进材料可以创造新一代的产业,是促进产业升级换代和深刻改变社会的重要力量。有机合成聚合物的发明使合成纤维和塑料产业兴起,半导体材料的发明导致了晶体管、大规模集成电路和现代信息产业的出现,碳纤维增强复合材料技术的发明使航空航天产业正步入升级换代的新时代等历史事实,无不印证了材料科学技术对帮助人类应对不断出现的社会和经济挑战所发挥的重要作用。

自创立以来,东丽公司始终不渝地开展先进材料的科学研究,形成了有机合成化学、高分子化学、生物和纳米等四项核心技术,开拓并引领着纤维、织物、膜、精细化工、塑料树脂、电子信息产品、碳纤维及先进复合材料、制药与医疗产品,以及水处理系统等产业的发展,成为全球有代表性的先进材料企业。东丽公司利用其核心技术、基础技术和业务平台等资源,优先发展可提供长久竞争力的研究项目。通过强化核心产品与技术,积极研究新领域技术,创新制造工艺技术,建立面向未来的核心技术(图 5 – 41)。

2. 基因:越深入,越新奇

"越深入,越新奇"(The Deeper, the Newer),是日本诗人高滨虚子(Kyoshi Takahama,1874—1959)的名句。东丽公司赋予了它独特的含义:在一件事物或事务上,只要不断地去深入发掘,其结果可能就会是新的发现或发明。东丽公司将这一诗句作为理念,激励科研人员不断深化自己领域内的研究,持续开展领先于竞争对手的技术创新,研发尖端新材料技术并快速实现产业化。据此,为社会贡献具有创造性价值的思想、技术和产品。

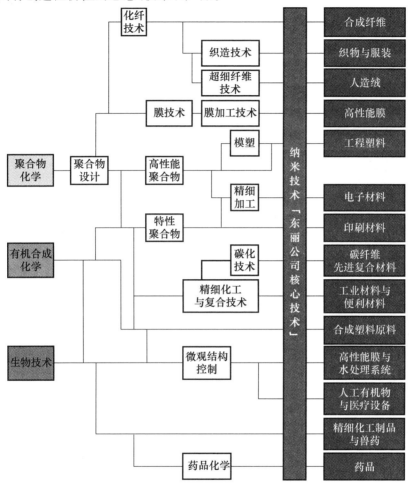

图 5-41　东丽公司技术体系①

历久弥新,这一理念已成为企业的遗传基因。它驱动着东丽公司一代又一代的科学家和工程师们将科学技术的力量应用到了极致。

3. 深度研究示例:同步加速器与兆吨级水处理系统

东丽公司的科研深入到了什么样的程度,以下两个示例可说明一二。

---

①　Toray. Toray's Core Technology [EB/OL]. [2017-11-27]. http://www. toray. com/technology/toray/core/index. html.

1）运用先进同步加速器,分析研究物质结构

SPring-8 是日本同步辐射研究机构（Japan Synchrotron Radiation Research Institute,JASRI）管理的输出功率 8GeV 的大型同步辐射源,它与美国阿贡国家实验室的先进光子源（Advanced Photon SourceAPS,Argone）和法国格勒诺布尔的欧洲同步辐射源 ESRF（Europe Synchrotron Radiation Facility,ESRF,Grenoble）,称为世界三大高能（电子束能量超过 5GeV）同步辐射设施。至 2010 年,SPring-8 已建成 55 条光束线站,为日本和全球用户提供服务（图 5-42）。

图 5-42   SPring-8 装置

前沿软物质射线研究联盟（Frontier Soft Matter Beamline Consortium）是由 19 家化学公司和大学组成的合作研究团体。作为其成员,东丽公司的科学家们使用 SPring-8 开展了与新材料相关的高精度结构研究。已开展的工作主要包括:先进材料的原子和电子结构,以及极端条件下的特性等研究;蛋白质结构和生命机制解析,药品设计与改进;利用相位衬度成像方法对生物样品进行高分辨率成像的生命科学和医学现象研究;催化作用下的动力学、原子和分子光谱、超微量元素及其性质等化学机制研究;环境催化剂分析、环境污染生物样品中的痕量元素分析等环境科学研究;地壳深层物质、陨石和宇宙层的结构与特性等地球和宇宙科学研究;运用光子能研究夸克结构与规律等的核物理研究。

2）兆吨级水处理系统

兆吨级水处理项目是日本政府"世界前沿科技创新研究发展资助计划"（Funding Program for World-LeadingInnovative R&D on Science and Technology,FIRST Program)"支持的 30 个项目之一。2010 年,日本政府拨款 34 亿日元资助东丽公司科学家栗元胜（Dr. Masaru Kurihara）开展该项目研究。该项目的目标是:研发下一代模块化水处理膜系统和动力水处理渗透膜;降低海水淡化的能耗,减轻水处理过程对环境的冲击;建设一座无须使用化学添加剂的海水淡化系统、日产 100 万 m^3 饮用水的大型海水淡化工厂。目前,该项目已建成了中试装置,突破了低成本、低排放、高淡化效率等关键技术,海水淡化率达 65% 以上,比

传统技术提高了20%[50]（图 5 - 43）。

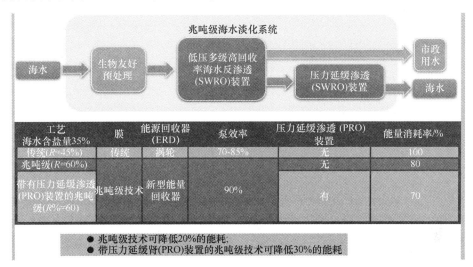

工艺 海水含盐量35%	膜	能源回收器 (ERD)	泵效率	压力延缓渗透 (PRO) 装置	能量消耗率/%
传统(R≈45%)	传统	涡轮	70-85%	无	100
兆吨级(R≈60%)				无	80
带有压力延缓渗透(PRO)装置的兆吨级(R%=60)	兆吨级技术	新型能量回收器	90%	有	70

● 兆吨级技术可降低20%的能耗;
● 带压力延缓肾(PRO)装置的兆吨级技术可降低30%的能耗

图 5 - 43　兆吨级水处理系统中试装置①

参考文献

[1] Toray Industrial Inc. [Summary]. Consolidated Results for the Fiscal Year Ended March 31, 2017 [EB/ OL]. May[2017 - 11 - 20]. http://www2. tse. or. jp/disc/34020/140120170509463458. pdf.

---

①　Masaru Kuriharal, Takao Sasaki. The Pursuits of Ultimate Membrane Technologyincluding Low Pressure Seawater Reverse Osmosis Membranedevelopedby"Mega - tonWaterSystem"Project[J]. Journal of Membrane Science & Research,2017,3(157 - 173):171.

［2］Toray. Before 1959s – 2010s, History［EB/OL］.［2017 – 11 – 23］. http：//www. toray. com/aboutus/history/index. html.

［3］Toray. Fibers & Textiles Research Laboratories［EB/OL］.［2017 – 11 – 23］. http：//www. toray. com/technology/organization/laboratories/lab_001. html.

［4］Toray. Films and Film Products Research Laboratories［EB/OL］.［2017 – 11 – 23］. http：//www. toray. com/technology/organization/laboratories/lab_002. html.

［5］Toray. Chemicals Research Laboratories［EB/OL］.［2017 – 11 – 23］. http：//www. toray. com/technology/organization/laboratories/lab_003. html.

［6］Toray. Composite Materials Research Laboratories［EB/OL］.［2017 – 11 – 23］. http：//www. toray. com/technology/organization/laboratories/lab_004. html.

［7］Toray. Electronic & Imaging Materials Research Laboratories［EB/OL］.［2017 – 11 – 23］. http：//www. toray. com/technology/organization/laboratories/lab_005. html.

［8］Toray. Global Environment Research Laboratories［EB/OL］.［2017 – 11 – 23］. http：//www. toray. com/technology/organization/laboratories/lab_006. html.

［9］Toray. Pharmaceutical Research Laboratories［EB/OL］.［2017 – 11 – 23］. http：//www. toray. com/technology/organization/laboratories/lab_007. html.

［10］Toray. New Frontiers Research Laboratories［EB/OL］.［2017 – 11 – 23］. http：//www. toray. com/technology/organization/laboratories/lab_008. html.

［11］Toray. Advanced Materials Research Laboratories［EB/LO］.［2017 – 11 – 23］. http：//www. toray. com/technology/organization/laboratories/lab_009. html.

［12］Toray. Environment & Energy Center［EB/OL］.［2017 – 11 – 23］. http：//www. toray. com/technology/organization/laboratories/lab_010. html.

［13］Toray. Automotive & Aircraft Center［EB/OL］.［2017 – 11 – 23］. http：//www. toray. com/technology/organization/laboratories/lab_011. html.

［14］Toray. Engineering Development Center［EB/OL］.［2017 – 11 – 23］. http：//www. toray. com/technology/organization/laboratories/lab_012. html.

［15］Toray. Fiber& Textiles – Related Technical Departments［EB/OL］.［2017 – 11 – 23］. http：//www. toray. com/technology/organization/departments/dep_001. html.

［16］Toray. Film – Related Technical Departments［EB/OL］.［2017 – 11 – 23］. http：//www. toray. com/technology/organization/departments/dep_002. html.

［17］Toray. Resin & Chemical – Related Technical Departments［EB/OL］.［2017 – 11 – 23］. http：//www. toray. com/technology/organization/departments/dep_003. html.

［18］Toray. CompositeMaterial – RelatedTechnical Departments［EB/OL］.［2017 – 11 – 23］. http：//www. toray. com/technology/organization/departments/dep_004. html.

［19］Toray. Water Treatment & Environment – Related Technical Departments［EB/OL］.［2017 – 11 – 23］. http：//www. toray. com/technology/organization/departments/dep_006. html.

［20］Toray. Clinical – Related Technical Departments［EB/OL］.［2017 – 11 – 23］. http：//www. toray. com/technology/organization/departments/dep_007. html.

［21］Toray. Toray Fibers & Textiles Research Laboratories（China）［EB/OL］.［2017 – 11 – 26］. http：//www. toray. com/technology/organization/global/glo_001. html.

［22］Toray. Toray Advanced Materials Research Laboratories（China）Co. ,Ltd.（TARC）［EB/OL］.［2017 – 11 – 23］. http：//www. toray. com/technology/organization/global/glo_002. html.

［23］Toray. Toray Advanced Materials Korea Inc.（TAK）［EB/OL］.［2017 – 11 – 23］. http：//www. toray. com/

technology/organization/global/glo_003. html.

[24] Toray. Advanced MaterialsResearch Center (AMRC) [EB/OL]. [2017 – 11 – 23]. http://www. toray. com/technology/organization/global/glo_004. html.

[25] Toray. Toray Singapore Water Research Center (TSWRC), [EB/OL]. [2017 – 11 – 23]. http://www. toray. com/technology/organization/global/glo_005. html.

[26] Toray. Toray Composites (America), Inc. (TCA) [EB/OL]. [2017 – 11 – 23]. http://www. toray. com/technology/organization/global/glo_006. html.

[27] Toray. Toray Plastics (America), Inc. (TPA) [EB/OL]. [2017 – 11 – 23]. http://www. toray. com/technology/organization/global/glo_007. html.

[28] Toray. Toray Plastics ? Malaysia? Sdn. Berhad [EB/OL]. [2017 – 11 – 23]. http://www. toray. com/technology/organization/global/glo_008. html.

[29] Toray. Toray Carbon Fibers Europe S. A. (CFE) [EB/OL]. [2017 – 11 – 23]. http://www. toray. com/technology/organization/global/glo_009. html.

[30] Toray. ALCANTARA S. p. A [EB/OL]. [2017 – 11 – 23]. http://www. toray. com/technology/organization/global/glo_010. html.

[31] Toray. Toray Research Center, Inc. (TRC) [EB/OL]. [2017 – 11 – 23]. http://www. toray. com/technology/organization/collaborating/col_001. html.

[32] Toray. Kamakura Techno – Science, Inc. [EB/OL]. [2017 – 11 – 23]. http://www. toray. com/technology/organization/collaborating/col_002. html.

[33] Toray Industries, Inc. Toray to Establish R&D Innovation Center for the Futureto Take the Lead in the 21st Century – To strengthen R&D that makes people's life betterby Kotozukuri with advanced materials [EB/OL]. 2016 – 04 – 14. [2017 – 11 – 22]. http://cs2. toray. co. jp/news/toray/en/newsrrs02. nsf/0/ED38EF15B64669F749257FAF000E9116.

[34] Toray. Chemicals Research Laboratories [EB/OL]. [2017 – 11 – 27]. http://www. toray. com/technology/organization/laboratories/lab_003. html.

[35] Toray. Chemicals Research Laboratories [EB/OL]. [2017 – 11 – 27]. http://www. toray. com/technology/organization/laboratories/lab_003. html.

[36] Toray. Electronic & Imaging MaterialsResearch Laboratories [EB/OL]. [2017 – 11 – 27]. http://www. toray. com/technology/organization/laboratories/lab_005. html.

[37] 陈劲,童亮. 集知创新 – 企业复杂产品系统创新之路 [M]. 北京:知识产权出版社,2004.

[38] The Complex Product Systems Innovation Centre (CoPS) [OL]. http://www. cops. ac. uk.

[39] 周宏. 防务采办知识管理策略研究 [M]. 北京:解放军出版社,2007.

[40] 巴萨拉乔治. 技术发展简史 [M]. 周光发,译. 上海:复旦大学出版社,2001.

[41] 刘延松,张宏涛. 复杂产品系统创新能力的构成和管理策略 [J]. 科学学与科学技术管理,2009,10:90 – 94.

[42] Vanya K, Alan S, Nell K. Strategic capabilities whichlead to management consulting success in Australia [J]. ManagementDecision,2000,1(38):24 – 35.

[43] 雷恩·丹尼尔 A. 管理思想的演变 [M]. 孙耀君,译. 北京:中国社会科学出版社,2000.

[44] Amidon Debra M, Doug Macnamara. The 7C's of Knowledge Leadership:Innovating Our Future, Handbook on Knowledge Management 1 (Knowledge Matters) [M]. Berlin;2004.

[45] 杨文世. 管理学原理 [M]. 2 版. 北京:中国人民大学出版社,2004.

[46] 弗雷德 R 戴维. 战略管理 [M]. 8 版. 北京:经济科学出版社,2001.

[47] Prencipe A. Breadth and Depth of Technological CapabilitiesAircraft Engine Control System [J]. Research

Policy,2000,29 (7-8):895-911.

[48] Toray. R&D Philosophy,Research and Development[EB/OL]. http://www. toray. com/technology/policy/index. html.

[49] WIPO. Case Study:A Patent that Changed an Industry[R/OL]. http://www. wipo. int/ipadvantage/en/details. jsp? id = 2909.

[50] Masaru Kurihara (Fellow,Toray Industries,Inc.). The Mega - ton Water System - Seawater reverse osmosis may provide drinking water for the world[J]. Science Technology,2013,12:23 - 25.

第6章

案例研究——美国杜邦公司与对位芳纶

为什么是美国杜邦公司(下称:杜邦公司)发明了对位芳纶并将其建设发展成了成功的产业?

与第5章所用研究方法相同,本章中,作者综述了杜邦公司的基本运营、发展历史、科技成就、卓越科学家、杰出管理者、主要科研生产设施和所经历的重大事件等内容,并依据管理学的分析方法,对本章开篇的设问做了粗浅的规范性研究。

6.1 公司概况

6.1.1 现状

美国杜邦公司是纽约证卷交易所上市的科技公司,主要为农业、营养、电子通信、安全防护、家庭与建筑,以及运输等领域提供产品和技术服务。其总部位于美国特拉华州威明顿市,290多处主要的制造、营销、研发、采购和分销等设施遍布全球。截至 2015 年 12 月 31 日,在全球 90 个国家开展业务运营,拥有约 52000 名员工。净销售总额的 60% 源于美国以外的市场(表 6 - 1)[1]。

表 6 - 1　基本经营情况[1]

年份	2015	2014	2013
经营销售总额/百万美元	25130	28406	28998

6.1.2 研发与知识产权

杜邦公司利用独具的领先科技能力,以及对市场和价值链的深刻理解,开展科学研究和技术研发,以驱动收入和利润增长,为股东提供可持续的回报。其每项业务目标都是在研发活动的支撑下实现的。其研发活动的最突出特点是,科学密集的新增长机遇与现行业务的有机融合。研发管理由主管业务和研发的高级副总裁负责,以确保研发方向与业务战略保持一致,以及研发经费的保障。杜邦公司在包括农业、生物、化学、工程和材料科学等多个领域开展研发(R&D)活动,以支撑其优先发展农业与营养、生物基工业产品和先进材料的发展战略;同时,通过与商业伙伴(消费者和价值链伙伴)、政府、媒体和社区广泛合作,加速产品进入市场和提高影响力。近年来,杜邦公司的研发投入侧重强化在高附加值、科学驱动、差别化的农业、食品和先进材料等业务中的领导地位,旨在将企业转型成为新型的生物基工业企业(表6-2)。

表6-2 研发费用情况[1]

年份	2015	2014	2013
研究发展支出/百万美元	1898	1958	2037
占经销售总额的百分比	8%	7%	7%

截止到2015年12月31日,杜邦公司拥有超过21300专利,其中,既有自有专利也有授权使用专利。此外,还拥有超过12400项专利应用。

6.1.3 业务板块

杜邦公司把业务划分为六个板块:农业、电子与通信、工业生物科学、营养与健康、功能材料,以及安全与防护。

1. 农业板块

农业板块由杜邦先锋良种公司(DuPont Pioneer)和杜邦作物保护公司(Crop Protection)构成,提供包括先锋(Pioneer®)品牌种子、杀虫剂、杀真菌剂和除草剂等在内的产品与服务解决方案。

全球农用土地严重不足,应对粮食产量、质量和安全性等诸多挑战,只能靠改进作物产量和生产效率。该领域的研发需要资源长期投入、监管及业务伙伴间的广泛协作。2015年,杜邦公司研发经费总额的约55%用于农业技术研究,旨在发现发明可提高农业生产效率的技术,促进生产型农业产业发展。杜邦先锋良种公司研发独具特色、有特定区域应用针对性的天然及生物技术性状高产种质的整合型产品。在高生产率、高接受性杂交玉米、黄豆油菜籽、葵花、高粱、小麦和大米等品种的研发、生产和销售上,居全球领导地位。抗旱、氮高效利用和防虫害的玉米和大豆种子是其最成功的技术。公司的种子生产设施遍布全球。2015年该业务占杜邦公司年度销售收入的27%。

杜邦作物保护公司提供小麦、玉米、大豆、稻米,以及水果、核果、藤本植物和蔬菜等特种作物所需的作物保护产品,主要有用于叶面喷施或种子处理的除杂草、防病和防虫产品。

2. 电子与通信板块

电子与通信板块为光伏(PV)、电路和半导体构建与封装、显示、包装图像与喷墨印刷等行业提供性能优异、成本适宜的差别化材料和系统。该板块是全球光伏产业用材料的领先供应商,为光伏设备制造商提供金属化浆糊和背板材料,这些产品可提高太阳能模块的效率和寿命。适应智能便携终端设备的快速增长,该板块为电子元件和设备制造商提供半导体构建与封装材料组合,以及创新性集成电路材料。该板块是包装图像领域柔版印刷系统的领先供应商,主要供应 Cyrel® 品牌的感光树脂版和制版系统,以及数字印刷用本色墨水。该板块研发了显示材料解决方案过程技术,提供制造主动矩阵有机电致发光二极管(Active Matrix Organic Light Emitting Diode,AMOLED)电视显示屏所需的材料。

3. 工业生物科学板块

工业生物科学板块在生物基产品技术领域居世界领先地位,为动物营养品、清洁剂、食品、乙醇等行业提供可降低生产成本、提高加工效益、改进产品性能、实现环保效果的酶制品。DuPontTM Sorona® 品牌的聚对苯二甲酸丙二醇酯(PTT),源于可再生来源,用于生产可再生纤维。该板块中的杜邦泰利乐生物制品有限责任公司(DuPont Tate & Lyle Bio Products Company,LLC),采用独有的发酵与分离纯化工艺,生产 BioPDOTM 品牌 1,3 - 丙二醇。1,3 - 丙二醇是 DuPontTM Sorona® 品牌 PTT 的关键构造嵌段。

4. 营养与健康板块

营养与健康板块为特种食品原料,以及食品营养、健康和安全行业提供可持续、生物基原料和先进的分子诊断解决方案,其中包括 DuPont™ Danisco® 品牌的食品原料,如培养菌和益生菌,Howaru® 品牌乳化剂、组织构造剂,Xivia® 品牌天然甜味剂,以及 Supro® 品牌大豆基食品原料。该板块的研究、生产、分销机构遍布全球,为包括奶制品、烘培制品、肉制品和饮料等各式各样的终端食品市场服务。

5. 功能材料板块

功能材料板块包括功能聚合物(DuPont Performance Polymers)和包装与工业聚合物(DuPont Packaging & Industrial Polymers)两块业务,为汽车与交通运输、食品与饮料包装、电力电子部件、物料搬运、医疗保健、建筑、半导体与航天等领域的客户提供解决方案,以改进用户产品的独特性、功能性和盈利性。产品组合包括机械、化学和电气系统部件制造用弹性体、热塑性塑料和热固性工程聚合物,如 Zytel® 品牌长链聚合物和高性能聚酰胺(HTN)尼龙树脂、Crastin® 品牌玻璃纤维增强聚对苯二甲酸乙二醇酯、Rynite® 品牌电器封装用聚酯树脂、Delrin® 品牌均聚聚甲醛树脂、Hytrel® 品牌聚酯热塑性弹性体树脂、Vespel® 品牌定制零件和型材、Vamac® 品牌耐热和耐化学腐蚀乙烯丙烯酸弹性体,以及 Kalrez® 品牌全氟醚橡胶(Perfluoroelastomer,FFKM)。还有包装与工业聚合物应用、密封件与黏合剂以及体育运动产品等领域所需树脂和膜材料,如 Surlyn® 品牌制造高尔夫球表皮的离子聚合物树脂、Bynel® 品牌复合挤压黏合剂树脂、Elvax® 品牌乙烯 - 乙酸乙烯共聚物(EVA)树脂、Nucrel® 和 Elvaloy® 品牌聚合物改性剂、Elvaloy® 品牌共聚物树脂。该板块产品组合还包含了杜邦帝人膜材公司(DuPont Teijin Films)生产的 Mylar® 和 Melinex® 品牌的聚酯膜。

6. 安全与防护板块

安全与防护板块包括防护技术(DuPont Protection Technologies)、建筑创新(DuPont Building Innovations)和可持续解决方案(DuPont Sustainable Solutions)三块业务,旨在为包括建筑、交通运输、通信、工业化学品、石油天然气、电力公用事业、汽车、制造、国防、国土安全和工业安全咨询等领域的客户提供解决方案,满足其对安全、健康和可靠生活的需求。

防护技术业务为包括航天、生命防护、汽车、能源、个人防护、医疗、包装等市场,提供保护人与环境的 Kevlar® 品牌高强材料、Nomex® 品牌耐热材料和 Tyvek® 品牌防护材料等高技术产品。建筑创新业务提供 Corian® 和 Montelli® 品牌耐用和多样化的建筑表面装饰材料,Tyvek® 品牌建筑防护和节能技术解决方案。可持续解决方案业务,提供工业安全咨询和销售个人防护产品,以降低作业场所的伤害和死亡,还销售可降低硫化物和其他排放物、形成清洁燃料或处理液体废物的产品,以帮助精细化工和石化企业的生产能符合环保标准。此外,还提供硫酸工厂的过程技术、专有特种装备和技术服务[2]。

6.1.4 重大重组

2015 年 12 月 11 日,杜邦公司和道化学公司(The Dow Chemical Company,Dow)宣布达成合并协议,两家公司将以全股票平等地位合并的方式重组。合并已于 2017 年 8 月完成。合并后的公司,命名为道杜邦(DowDuPont)。通过业务分拆,新公司主要开展农业、材料科学和安全产品等三个板块的业务[3]。

6.2 二百多年历史中的六个主要发展阶段

美国杜邦公司创立于 19 世纪初,迄今已历经 215 年,开创了企业长寿史的先河。两个多世纪以来,坚持科技创新和自我变革,是杜邦公司成为全球最长寿的工业企业的根本原因。其发展史大致分为六个阶段:

(1)创立与成长的 100 年(1802—1899)。汲取父亲从政不顺的教训,凭借自身的技术专业、听从长辈的指点、预测到了市场的前景。父亲政途多劫、子有技术专长、高人明智点拨等诸因素的汇聚,促使厄留梯尔·伊雷内·杜邦(Éleuthère Irénée du Pont)1802 年创立了杜邦公司的前身——特拉华州威明顿市白兰地酒溪河边的火药作坊。此后 100 年里,频发的战乱为火药作坊提供了庞大的市场需求,使它生存下来并成长了起来。到了第一个百年的末期,成长的烦恼开始出现,挑战巨大,机遇却也空前诱人。

（2）重组与转型（1900—1926）。这期间,作为百年老店的火药作坊,经受着成长烦恼的巨大挑战;循规蹈矩必然衰败。唯有自我变革才能继续生存发展。应对时势变迁,杜邦子孙中的杰出人物领导企业进行了一次重生式的重组与转型,通过开展基础科学研究、加速新技术的产业化,收购兼并关联技术企业和实施科学管理,使公司成功转型成了一个多元化的化学公司。

（3）发现时期（1927—1940）。由于先期开展了大规模的基础科学研究,并取得了合成橡胶和合成纤维等重大技术成果,重组后的杜邦公司籍此渡过了大萧条时期生存了下来。

（4）变革时代（1941—1964）。杜邦公司为第二次世界大战中盟军的获胜做出了重要贡献,并在战后的市场拓展与竞争中,与反垄断诉讼以及更大的社会与经济紧张进行博弈。

（5）寻求方向（1970—1989）。杜邦公司进入了能源领域并扩展了电子和医药领域的市场空间,但一直在与 20 世纪 70 年代的能源和环境危机周旋。

（6）可持续发展之路（1990—现在）。进入第三个一百年,杜邦公司完成了一项影响广泛的重组,放弃了能源业务,大力发展生物技术,实现了新版本的可持续增长[4]。

6.3 创始人及主要家族后辈管理者

6.3.1 创立动机

皮埃尔·萨穆尔·杜邦（Pierre Samuel du Pontde Nemours,1739—1817,下称:老杜邦）,是杜邦公司创始人厄留梯尔·伊雷内·杜邦（Éleuthère Irénée（E. I.）du Pont,1771—1834,下称:杜邦）的父亲。他是他那个时代最有名望的法国人之一。老杜邦的父亲——萨穆尔·杜邦（Samuel du Pont）是巴黎的一位钟表匠。老杜邦从父亲那里学习了钟表匠手艺,并在母亲坚持下,进入学校学习人文知识。老杜邦相当有人文理论天赋,18 世纪 60 年代就发表了关于国家经济的论文,引起了法国作家、历史学家和哲学家伏尔泰（François – Marie Arouet,1694—1778,笔名:Voltaire）和著名经济学家、政治家杜哥特（Anne Robert Jacques Turgot,1727—1781）等的注意。他的著作《重农主义》倡导低税率和自由贸易政策,深刻地影响了古典经济学杰作《国富论》的作者亚当·斯密（Adam Smith,1723—1790）[5]。

但路易十五世国王非常不认同老杜邦的著作和思想。1773 年,老杜邦离开祖国,去了波兰,在那里给皇太子当导师。此后,他回到法国担任了杜哥特政府的财政大臣,为路易十六世国王服务。由于经常批评法国王后玛丽·安托瓦内特(Marie Antoinette)的挥霍习惯,两人双双被解职。老杜邦用在波兰挣到的钱购买了房地产,过起了赋闲生活。尽管如此,他仍对达成结束了美国独立战争(American Revolution)的《巴黎协定》做出了重要贡献,美国总统托马斯·杰弗逊(Thomas Jefferson)非常感谢老杜邦,法国国王为此授予了他贵族身份。

法国大革命期间,老杜邦卷入了政治漩涡。1790 年,巴士底狱(Bastille)沦陷一年后,他被选为法国国家议会主席。但 1797 年他关于改革应走温和路线的倡议,招至了很多激进分子的敌意,两次被投入监狱,险些被处死。1799 年,老杜邦从几个投资人处筹集到了资助,离开法国前往美国炒地皮。他的朋友托马斯·杰弗逊总统告诫老杜邦,要远离风险。由此,老杜邦接受了儿子厄留梯尔·伊雷内·杜邦的建议,投身进入了火药制造行业。

1802 年,老杜邦回到拿破仑统治的法国继续从政。他戮力促成了美国露易斯安那购买案(Louisiana Purchase)的谈判。1814 年,他参与领导了把拿破仑废黜到厄尔巴岛(Elba)的运动。当拿破仑 1815 年短暂回归时,老杜邦再次逃到美国,并把家安顿在了特拉华州威明顿市白兰地酒溪河畔。1817 年 8 月 7 日,老杜邦去世[5]。

6.3.2　创始人

厄留梯尔·伊雷内·杜邦(图 6-1)是著名法裔美籍化学家和实业家。1802 年,他创建的一家火药作坊就是杜邦公司的发祥地。杜邦对科学有浓厚的兴趣,他倡导的科学精神成为杜邦公司的核心价值观。因对质量、公平公正和员工安全的追求,杜邦获得了很高的社会赞誉。

1771 年 6 月 24 日,杜邦出生在法国巴黎。青年时代,在老杜邦帮助下,杜邦在法国中央火药局(France's Central Powder Agency)谋到了一个职位。在那里,他师从现代化学之父、著名化学家安

图 6-1　杜邦画像[6]

东尼·拉沃斯亚(Antoine Lavoisier, 1743—1794),学习先进爆炸物生产技术。1791 年法国大革命期间,他放弃公职,帮助老杜邦经营印刷作坊。大革命中,老杜邦的温和政治观点给他惹了麻烦,印刷作坊被暴徒洗劫,老杜邦被投入了监狱。1799 年末,杜邦离开法国,远赴美国[6]。

1800 年 1 月,杜邦抵达美国。1801 年,杜邦回法国筹钱购置了最新的火药

生产设备,其后,花 6740 美元从商人雅各·布鲁姆(Jacob Broom)手中购买了白兰地酒溪河边的一块土地。1802 年 7 月 19 日,他在这块地上破土动工建设名为自由工场(Eleutherian Mills)的火药作坊。此后,他耗其一生守护这个作坊,使其安然渡过了爆炸、洪水、财务困难、股东压力和劳资关系等一次次磨难。经营企业的同时,杜邦经常参加济贫活动,帮助盲人和提供免费教育。1834 年 10 月 30 日,正在费城出差的杜邦猝死于心脏病。死后,他被安葬在白兰地酒溪河畔的家族墓地中。

杜邦带来美国的远不止火药制造专长和法国投资者的资本,他更带来了老杜邦关于科学进步和建设资本与劳动和谐关系的理念。其中,关注员工生命的安全生产和职业健康理念成为杜邦公司核心价值观的重要组成部分。从火药作坊创业开始,杜邦就把安全生产放在了他所关心的问题中最重要的位置上。他坚持火药作坊要有足够的空间,保持与火焰和冲击波传播的安全距离。作坊被设计成可把意外事故造成的爆炸引向河流上游河面的方向。这些安全理念和设计有助于减少事故造成的人员伤亡及减轻财产损失。同时,这也保护了经验丰富和具有安全意识的职工,这样的职工能更好地识别危险迹象并防患灾难于未然。19 世纪里,火药作坊一直努力通过制度规定和人员间的师徒关系来确保工作场所的安全。1811 年,安全规定被书写成文字并广泛传播。1818 年发生了一次爆炸后,杜邦家族所有逃离事故现场的家庭成员达成一致,夫妻必须有一人留在作坊外的空场地里,只保留尽可能少的管理人员留在作坊内。饮酒一直是发生灾难的重要原因,因此,公司规定禁酒。技术进步也是追求安全的一个重要方面,公司始终要求盯着能够改进安全的技术出现[6]。

6.3.3　儿孙辈继承人

1. 阿尔弗莱德·维克特·费拉德菲·杜邦

阿尔弗莱德·维克特·费拉德菲·杜邦(Alfred Victor Philadelphe du Pont de Nemours,1798—1856)是杜邦的大儿子,生于法国,是第一个执掌火药作坊的杜邦后代。阿尔弗莱德·杜邦刚到美国时只有一岁半,是在火药作坊里长大的。19 岁时,他离家前往宾夕法尼亚州的迪金森学院(Dickinson College)学习化学。仅一年后,1818 年他就弃学回家了。因为,不久前发生了一次爆炸,33 人死亡,包括他母亲在内的多人受伤。重建作坊的过程中,阿尔弗莱德·杜邦开始了与火药作坊休戚与共的职业生涯。杜邦去世三年后的 1837 年,阿尔弗莱德·杜邦正式继承和接掌火药作坊的管理。但他的主要兴趣是技术,在作坊的实验室里,他研究了多种爆炸物的特性,为海军测试了已在步兵得到应用的火棉。他设计了一台转动效率更高的全自动木桶板机(Automatic Barrel Stave Maker),取代了作坊的水轮。他在家族住地附近建设了公司的第一栋办公楼。在克里斯蒂娜河

(Christina River)边修建了火药库和码头。由于阿尔弗莱德·杜邦不善经营管理,他的兄弟姐妹们对此颇为不满。1850 年 1 月,他终于无法承受合伙人的压力而辞职了。此后,他回到实验室从事自己所热衷的技术研发,直至 1856 年 10 月 4 日去世[7]。

阿尔弗莱德·杜邦的最大贡献,是把自己的热情遗传给了儿子拉穆特·杜邦(Lammot du Pont)(图 6 - 2)。

2. 亨利·杜邦

亨利·杜邦(Henry du Pont,1812—1889)是杜邦的二儿子,生于美国,1861 年毕业于西点军校(West Point)。国内战争期间,他作为轻炮兵指挥官服役,后晋升中校军衔。1875 年,他退役回到火药作坊工作,负责运输事务。1889 年去世后,尤金·杜邦(Eugene du Pont)接替他继续掌管火药作坊[8]。

3. 拉穆特·杜邦

拉穆特·杜邦(Lammot du Pont,1831—1884)是杜邦的长孙、阿尔弗莱德·维克特·费拉德菲·杜邦的儿子,是杜邦孙辈中的杰出人物[9]。他通过改进黑火药技术带领火药作坊进入了烈性爆炸物新市场,为 19 世纪中期古板的火药工场点燃了创新火花。

获宾夕法尼亚大学化学学位后的 1849 年,拉穆特·杜邦开始在火药作坊工作,负责硝石和硫磺的精制。1857 年,他采用价格低廉的秘鲁和智利硝酸钠为原料,成功替代了印度产硝酸钾,改变了黑火药的传统配方,发明了黑色爆破炸药(Blasting Powder)制造方法。这种炸药爆炸威力远高于黑火药且成本大大降低,实现了工业用炸药技术的一次重要突破,

图 6 - 2 拉穆特·杜邦[9]

把美国火药制造商从英国人控制的印度硝酸钾供应中解放了出来,大大提升了火药作坊在炸药产业中的地位。凭借出色的业绩,拉穆特·杜邦 1857 年成为火药工场的合伙人。

1858 年,他去欧洲做了一次调研,受到欧洲企业扩张发展的启发。拉穆特·杜邦花 35000 美元收购了位于瓦普沃欧潘溪谷(Wapwallopen Creek)帕里什(Parrish)名为银币公司(Silver & Company)的火药作坊。这间作坊建于 1855 年,1859 年因意外爆炸和洪水而倒闭。拉穆特·杜邦预见到了对它进行重建和扩张的前景,做出了一次极好的投资。19 世纪 60 年代,煤炭需求剧增,煤炭行业是工业爆炸物的最大消费者。瓦普沃欧潘火药作坊离宾夕法尼亚洲威尔克斯巴里市(Wilkes - Barre,Pennsylvania)的煤矿非常近。1860 年,这间作坊恢复生

产并一直运行到 1911 年,保证了国内战争和重建时期军民用炸药需求的供给。这次收购是杜邦公司有史以来的第一次扩张,它由此走出了白兰地酒溪河边的火药作坊时代。

1866 年,阿尔弗莱德·诺贝尔发明了甘油炸药,其爆炸威力是黑火药的 3 倍多。1870 年,甘油炸药进入市场,黑火药受到巨大冲击。拉穆特·杜邦对这项新技术表现出了敏锐的兴趣,他认定,甘油炸药将会取代传统炸药。他促成购买了甘油炸药大生产商——加利福尼亚火药工场(California Powder Works)的控股权,登上了烈性炸药行业的早班车。拉穆特·杜邦 1872 年当选为美国火药贸易协会(Gunpowder Trade Association)总裁。

当时掌管火药工场的亨利·杜邦是拉穆特·杜邦的叔父,他头脑保守,不愿开展甘油炸药新业务。劝说亨利·杜邦失败后,1880 年,拉穆特·杜邦与拉夫林 – 兰德公司(Laflin & Rand Company)合资创办了莱珀诺化学公司(Repauno Chemical Company),生产销售甘油炸药。拉穆特·杜邦辞去了在火药作坊担任的所有职务,倾注全部心力经营莱珀诺化学公司。莱珀诺化学公司非常成功,两年后,就把业务拓展到了克利夫兰(Cleveland),就近为蓬勃发展的西部甘油炸药市场供货。不过,亨利·杜邦对新化合物爆炸物危险性的担心还是应验了,1884 年,拉穆特·杜邦和几名工人在一次意外爆炸中不幸丧生。

拉穆特·杜邦留下了价值不菲的创新遗产,使杜邦公司得以在 20 世纪里凸显不凡并长期居于化学工业的前沿地位[9]。

4. 杜邦公司的创制者:尤金·杜邦

尤金·杜邦(Eugene du Pont,1840—1902)是杜邦的孙子(图 6 – 3),他的父亲是杜邦最小的儿子 – 阿莱克斯·伊雷内·杜邦(Alexis I. du Pont,1816—1857)。① 宾夕法尼亚大学毕业后,他 1861 年加入了家族业务,最初在火药作坊的实验室里给拉穆特·杜邦作助手,很快就获得了黑火药专家的声誉。1886 年,他申请了两项专利,一项是黑色火药压床(gunpowder press),另一项是名为棕色棱镜(brown prismatic)的

图 6 – 3　尤金·杜邦[10]

新品种火药。1864 年,他成为了家族企业初级合伙人。但由于高级合伙人是独断的亨利·杜邦,因此,他并没有什么权利。亨利·杜邦 1889 年去世后,尤金接

---

① Dupont,1889 Eugene du Pont[EB/OL],[2017 – 12 – 01],http://www. dupont. com/corporate – functions/our – company/dupont – history. html

替了他的职位。拉穆特·杜邦死后,火药工场接管了他在莱珀诺化学公司的控股权。1895 年,尤金决定与拉夫林－兰德公司合资创办东部甘油炸药公司(Eastern Dynamite Company),以扩展和强化莱珀诺化学公司的业务。1899 年,尤金主导了从家族合伙人制工场向现代公司制企业的早期转型,创立了杜邦公司(E. I. du Pont de Nemours and Company),构筑了其发展为现代企业的制度基础。尤金喜爱新鲜事物,他在威明顿市投资兴建了公司办公大楼并率先装备了新发明的电话。

5. 弗朗西斯·葛尼·杜邦:最后的保守型孙辈管理者

弗朗西斯·葛尼·杜邦(Francis Gurney du Pont,1850—1904)是尤金·杜邦的亲兄弟,1873 年就是火药工场的合伙人,1899 年杜邦公司成立后,他是三位副总裁之一。1888 年,他曾带领火药工场向西部扩展业务,1890 年建成了摩尔作坊(Mooar Mill)和基奥卡克工场(Keokuk plant),这两间工场的产品正好满足了中西部软煤开采业对火药的需求。他还负责管理火药作坊中的上下哈格雷院落(Upper and Lower Hagley Yards)。弗朗西斯·葛尼·杜邦潜心研究了诺贝尔制造无烟火药的化学工艺,1893 年研发出了用于猎枪的无烟火药。

1902 年,尤金·杜邦去世。弗朗西斯·葛尼·杜邦虽是法律意义上的继位者,但由于健康不佳,他无法履职,而其他顺位继承人也都不想接手管理公司。于是,他建议将公司卖给竞争对手拉芙琳－兰德公司。但阿尔弗莱德(Alfred du Pont)、科尔曼(Coleman du Pont)和皮埃尔(Pierre du Pont)三个杜邦家族的年轻成员反对出售家族企业,并提出购买公司继续经营。而弗朗西斯·葛尼·杜邦反对家族的年轻人购买公司,因为,他不相信现代商业,担心年轻一代会在公司实行那些他所不相信的东西。最终,在同辈中最有权势的美国参议员亨利·阿尔杰农·杜邦(Henry Algernon du Pont,1938—1926)支持下,还是把公司卖给了三个年轻人。由此,杜邦公司步入了更大的变革时期[11]。

6.3.4 重孙辈继承人

到 1902 年,杜邦公司已运营了 100 年。在受到广泛尊敬的同时,它也背负着沉重的传统包袱。此年,杜邦家族三个年轻人——阿尔弗莱德·杜邦、托马斯·杜邦和皮埃尔·杜邦,从父辈手中购买了杜邦公司,并开启了将它从单纯的火炸药制造商转型成依赖科技创新的多元化学公司的征程。这三人,使公司管理逐渐走向现代化,建立了研究实验室基地(DuPont Experimental Station),并开拓了多项非爆炸物技术和产品业务。

1. 阿尔弗莱德·伊雷内·杜邦:购买家族公司的倡议者

阿尔弗莱德·伊雷内·杜邦(Alfred Irénée du Pont,1864—1935)是杜邦的大儿子阿尔弗莱德·杜邦(Alfred Victor Philadelphe du Pont de Nemours)的孙

子,他的父亲是厄留梯尔·伊雷内·杜邦二世(E. I. du Pont II)。1884 年,只在麻省理工学院(MIT)上了两年学的阿尔弗莱德·伊雷内·杜邦,辍学进入了火药作坊工作。[12] 5 年后,他成为杜邦公司的合伙人。期间,他曾被美国陆军军火总管派去欧洲购买无烟火药的专利权。19 世纪 90 年代早期,阿尔弗莱德是哈格雷场区和下院场区两个场区的总管助理。1899 年杜邦公司成立后,阿尔弗莱德任事业部负责人。

1902 年尤金·杜邦去世后,高级合伙人们考虑把公司卖给竞争对手拉夫林-兰德公司。阿尔弗莱德反对出售,并与托马斯·科尔曼·杜邦和皮埃尔·萨穆尔·杜邦结成合伙人争取购买公司。高级合伙人们被他们的真诚所打动,把公司卖给了这三个年轻的家族成员。阿尔弗莱德任新公司的副总裁,负责黑火药生产并参与制定科研计划。作为经验丰富的火药工厂管理者,阿尔弗莱德比极富创业精神的同族兄弟皮埃尔·萨穆尔·杜邦因循守旧得多。20 世纪的头 10 年里,阿尔弗莱德和皮埃尔经常矛盾重重,观念越来越相左。1911 年,在一次有关使火药工场现代化的争论中,阿尔弗莱德被剥夺了黑火药生产的管理权。1915 年,科尔曼放弃了总裁职位,皮埃尔通过新组建的杜邦证卷公司(DuPont Securities Company)购买了科尔曼的股份。阿尔弗莱德被此激怒,诉讼失败后离开了杜邦公司,但他为杜邦公司能存活到下一个世纪做出了重要贡献[12]。

2. 托马斯·科尔曼·杜邦:转型战略的谋划者

托马斯·科尔曼·杜邦(Thomas Coleman du Pont,1863—1930)1885 年麻省理工学院毕业后,在火药作坊拥有股份的约翰逊钢铁公司开始了商业生涯。科尔曼训练有素、精力充沛,受到了公司经理亚瑟·詹姆斯·莫克斯汉姆(Arthur James Moxham)的提拔,当了这家钢铁公司的经理。初获成功后,科尔曼买下了约翰斯顿市的城市电车业务并成功进入了全国的城市电车业务市场。1902 年,阿尔弗莱德告诉他家族生意要被卖给竞争对手时,他决定放弃当时的职业,与阿尔弗莱德和皮埃尔一起购买自己的家族企业。后来的管理业绩表明,他当时担任杜邦公司总裁是明智的选择[13]。

科尔曼采用三步走战略,对杜邦公司进行了重组:通过并购强化爆炸物业务;开展基础研究和技术创新;拓展爆炸物业务之外的多元化业务。到 1905 年,杜邦公司成功占据了 3/4 的爆炸物市场。为适应业务的快速膨胀,科尔曼将公司组织结构调整成了多事业部制。当时的合伙人们也意识到公司的产能膨胀得太厉害,所以,必须发现新的应用市场,才能消化掉这些产能。科尔曼批准建立了研究实验室基地,这个基地实际上就是研发非爆炸物类技术和产品的综合研究院。1905 年,科尔曼收购了生产销售硝基清漆的国际无烟火药与化学品公司(International Smokeless Powder & Chemical Company),把杜邦公司带入了第一个非爆炸物化学品市场。1909 年,皮埃尔接替科尔曼任执行总裁。1921—1928

年,科尔曼任美国国会参议员[13]。

3. 皮埃尔·萨穆特·杜邦:重组转型战略的实施者

皮埃尔·萨穆特·杜邦(Pierre Samuel du Pont,1870—1954)是杜邦的曾孙、拉穆特·杜邦的儿子[14]。他1890年毕业于麻省理工学院,获化学学位。毕业后,即任火药作坊的助理主管。两年后,在新泽西州卡尼角工场,他与堂兄弗朗西斯·葛尼·杜邦合作研发出了美国最早的无烟火药并获专利。19世纪90年代,皮埃尔把大部分精力放在了约翰逊钢铁公司的管理上。该公司总裁亚瑟·詹姆斯·莫克斯汉姆给予了皮埃尔非常好的成本和财务管理训练。

1915—1919年,皮埃尔任杜邦公司总裁,第一次世界大战中通过让联军预付弹药采购合同账款,他带领公司走过了危险的极度扩张期。他主导了杜邦公司旨在建立现代企业制度的重组,建立了集中化的层级管理结构,强化了基础研究与技术创新,推进了多元化转型战略,实施了投资回报管理技术。1920年通用汽车公司(GM)濒临倒闭时,皮埃尔投资获得了该公司37%的股权并接管了这家汽车制造商。他在通用汽车公司建立了去中心化的管理结构,处理了品种繁多的产品和市场,并使其成为世界最大的汽车制造商。皮埃尔在通用汽车公司行之有效的管理方法,后来又在杜邦公司得到了实施。1940年退休后,皮埃尔关注公共福利事业[14]。

4. 伊雷内·杜邦:纤维素硝酸酯基非爆炸物业务的开拓者

伊雷内·杜邦(Irénée du Pont,1876—1963)的父亲是拉穆特·杜邦(Lammot du Pont)。伊雷内随哥哥皮埃尔在麻省理工学院求学,1897年获得了硕士学位。1902年皮埃尔三兄弟买下杜邦公司后,伊雷内加入杜邦公司,负责对收购兼并业务进行评估。1908年,他任发展事业部负责人,预感到火棉的军用需求必然下降,必须探索纤维素硝酸酯的其他用途。1910年,他领导了对生产硝基人造革的法布瑞寇德公司(Fabrikoid Company)的收购。1919年任公司总裁后,他对杜邦公司进行了一次重大重组,将日常管理委派给了各个事业部[15]。

6.4 卓越科学家和工程师

坚持不懈开展科学研究特别是基础科学研究、工程技术研发和产业建设,是杜邦公司取得成功并实现长寿的第一要因。众多卓越科学家和工程师的科学发现和技术发明,铸就了杜邦公司的商业成功。

6.4.1 重组与转型时期

1. 查尔斯·李·里斯:东部实验室首任主任

查尔斯·李·里斯(Charles Lee Reese,1862—1940)是杜邦公司建立的第一个正规实验室——东部实验室(Repauno's Eastern Laboratory)的首任主任,对杜邦公司最早期科学研究活动的方向选择、方法确立和科学管理打下了非常好的基础[16]。

19世纪末甘油炸药出现时,杜邦家族的管理者认识到了建立爆炸物技术研究机构的必要性。1902年7月,杜邦公司在莱珀诺化学公司甘油炸药工厂(Repauno Dynamite Plant)建立了东部实验室。1902年,里斯被选中担任该实验室的首任主任。里斯1884年获弗吉尼亚大学(University of Virginia)化学学士学位,两年后获德国海德堡大学(University of Heidelberg)博士学位。回美国后,里斯当了13年大学化学系讲师。任东部实验室主任后,里斯建立了一流的研究实验室组织管理模式。1907年研制成功的低凝固点甘油炸药(Low‐Freezing Dynamites)和采矿作业用炸药,技术水平遥遥领先。第一次世界大战期间,该实验室最早开展了染料技术研究。1918年,染料研究交给了新泽西州深水角厂区(Deepwater,New Jersey)新成立的杰克逊实验室(Jackson Laboratory),东部实验室则专注于军用爆炸物研究。第一次世界大战后,在爆炸物研究之外,东部实验室开展了四乙铅(Tetraethyl Lead)汽油添加剂等诸多化学品制造工艺技术的多元化研究[16]。

2. 威利斯·弗莱明·哈灵顿:开创染料研究先河

威利斯·弗莱明·哈灵顿(Willis Fleming Harrington,1882—1960)1902年毕业于特拉华大学(University of Delaware),1905年获麻省理工学院化学学位。此后,加入杜邦公司,在威斯康星州的巴克斯代尔爆炸物工场(Barksdale Explosives Plant)任职。第一次世界大战期间,哈灵顿参与了染料研究生产的决策,1924年任染料事业部总经理。染料事业部后来发展成了有机化学事业部。1925—1926年,他负责四乙铅的生产,并帮助公司进入了二氧化钛颜料市场。1927年后,他任公司董事会成员,一直协助开展与大学间的学术研究[17]。

3. 亚瑟·道格拉斯·钱伯斯:染料产业化的奠基者

亚瑟·道格拉斯·钱伯斯(Arthur Douglas Chambers,1872—1961)1896年获约翰霍普金斯大学(Johns Hopkins University)化学博士学位后,加入杜邦公司,先后任密苏里州派克县阿什博恩(Ashburn Village,Pike County,Missouri)和克罗拉多州卢维尔斯(Louviers Dynamite Plant)两个厂区甘油火药工场的任职。之后,他在发展事业部工作,参与了关于染料业务的重要决策。第一次世界大战爆发时。德国已经获得了非常复杂的染料化学知识,占有强大的竞争优势,德国以外,几乎没人了解染料化学。1915年,钱伯斯建议开展染料研究。1916年4月,他被派往英国曼彻斯特市郊的莱温斯特染料工场考察,该工场仿制了一些德国的染料技术。次年,他负责领导在新泽西州深水角厂区新建染料工场,该工场成为杜邦公司染料产业的发展基础。为纪念他,1944年该厂区被命名为钱伯斯厂区(Chambers Works)[18]。

4. 芬恩·斯帕尔:纤维素硝酸酯基化学品技术多元化发展的规划者

芬恩·斯帕尔(Fin Sparre,1879—1944)生于挪威卑尔根(Bergen),获奥斯陆技术学院(Technical College of Oslo)化学与工程学士学位,完成在德国德累斯顿技术学院(Technical College of Dresden)的研究生学业后,在挪威政府的火药和枪弹工厂工作。他1903年移民美国,加入了刚建立的杜邦公司研究实验室基地(DuPont Experimental Station)任化学家。作为该基地的创始成员,斯帕尔很快就展现出了杰出科学家的素养和出色管理人员的能力。20世纪早期杜邦公司发展化学品、染料和合成材料的愿景,激发了斯帕尔的兴趣。1909年,游历欧洲返回美国后,他确信,实现纤维素硝酸酯基化学产品和技术的多元化是杜邦公司未来发展的关键。1910年,他任首席化学家,次年又升任基地主任。1919年,他任发展事业部负责人,成为杜邦公司的首席多元化战略规划师。他注重选择性地收购特定公司和技术,以最大程度地促进杜邦公司发展成为基础深厚的化学公司[19]。

5. 埃尔默·凯撒·博尔顿:强调基础研究与市场业务紧密结合的科学家

埃尔默·凯撒·博尔顿(Elmer Keiser Bolton,1886—1968)获哈佛大学博士学位后,在德国凯撒维尔海姆研究所(Kaiser Wilhelm Institute)做博士后研究[20]。他1915年加入杜邦公司,负责合成染料研究。1921年,他任染料部化学组(Chemical Section of the Dyestuffs Department)负责人,主持染料和染料中间体、橡胶硫化促进剂、橡胶抗氧化剂、四乙铅和种子灭菌剂等有机化合物的研究。1930年他任化学事业部主任,主持了前沿基础研究和领先的应用研究,在丁腈橡胶和尼龙研究中发挥了非常重要的作用。1941年和1945年,他被美国化学工业学会分别授予化学工业奖章(Chemical Industry Medal)和铂金奖章。1946年当选美国科学院(National Academy of Sciences)院士[20]。

6. 查尔斯·密尔顿·阿特兰德·斯泰因博士:硕果累累的基础研究开拓者

查尔斯·密尔顿·阿特兰德·斯泰因博士获约翰霍普金斯大学化学博士学位后,1907年加入东部实验室,从事TNT炸药生产工艺改进研究。① 1916年,他建立并负责化学事业部有机化学部。斯泰因钟情于理论方法而非简单经验,他说服时任总裁的拉穆特·杜邦二世(Lammuot du Pont II,1880—1952,1926—1940年,任杜邦公司总裁)投资支持一项纯粹的研究计划,旨在提升公司的科学威望和获得有市场前景的科学发现。1927年杜邦公司接受了他的建议,每年拨款30万美元用于基础研究。研究实验室基地建设了一个称为纯洁大厅(Purity

---

① Dupont. 1923 Charles M. A. Stine[EB/OL]. [2017 - 12 - 01]. http://www.dupont.com/corporate - functions/our - company/dupont - history.html.

Hall)的新实验室。斯泰因邀请哈佛大学讲师华莱士·卡罗瑟斯博士主持有机化学专业组的研究,并支持他开展所感兴趣的聚合机理和技术研究,这导致了氯丁橡胶和尼龙的发现。1939 年,美国化学工业学会授予他铂金奖章。

7. 威廉姆·赫尔·查驰:发明赛珞玢防潮技术,还是一名杰出的伯乐

威廉姆·赫尔·查驰 1925 年获俄亥俄州立大学化学博士学位后加入杜邦公司,最初研究赛珞玢(Cellophane)的防潮方法,以使其能够用于食品包装。查驰很快发明了赛洛芬的防潮技术,由此,使食品包装行业发生了变革。1929 年他任人造丝化学部主任助理,1935 年任人造丝前沿研究部主任。1947 年,查驰在研究实验室基地建立了织物纤维部前沿研究实验室。此后,他负责指导特氟龙(Teflon®)、奥纶、达可纶(Dacron®)和莱卡(Lycra®)的研发[21]。

查驰还有一项重大贡献,就是发现并超常规地快速录用了刚刚大学毕业的斯蒂芬妮·露易丝·克沃莱克,且在后续的工作中为她的研究提供了强有力的支持,从而导致了间位芳纶(Nomex®)和对位芳纶(Kevlar®)的发明和成功产业化。克沃莱克认为查驰是个令她非常怀念的人[21,22]。

8. 托马斯·汉密尔顿·奇尔顿与阿兰·菲利普··科本:类比方法的创立者

托马斯·汉密尔顿·奇尔顿(Thomas Hamilton Chilton,1899—1972)1922 年哥伦比亚大学(Columbia University)毕业获化学工程学位,1925 年加入杜邦公司。其时,化学工程刚刚作为一个独立学科建立起来。1929 年 6 月,杜邦公司科学研究总管斯泰因发现了奇尔顿的研究才能,并让他领导化学工程研究。其后的 34 年中,奇尔顿一直领导公司的化学工程研究。奇尔顿和阿兰·P.·科本(Allan P. Colburn,1904—1955)创造了著名的奇尔顿 – 科本类比(Chilton – Colburn Analogy)研究方法,即通过与一个更容易测量的工艺流程进行类比,去更好地理解一些难于测量的工艺流程。类比成为化学工程的一个基本原理。20 世纪 50 年代,奇尔顿团队超越单元操作的方法,运用计算机数学模型,更深入地解析和阐释了热和动量等基本化学现象。1951 年,奇尔顿当选美国化学工程师学会(American Institute of Chemical Engineers)主席。为表彰他对单元操作概念原理研究所做的贡献,哥伦比亚大学授予他钱德勒奖章(Columbia University's Chandler Medal);杜邦公司授予了他拉沃斯亚奖章。

阿兰·菲利普·科本 1929 年获威斯康星大学(University of Wisconsin)化学工程博士学位。斯泰因发现了他的基础研究能力。因其在热传递与能量循环研究中的突出贡献,他获得了美国化学工程学会(American Institute of Chemical Engineering,AIChE)首届沃克奖(Walker Award)。科本在建设化学工程研究部和与学术界建立紧密联系等方面贡献卓著。他是特拉华大学化学工程研究生课程奠基人之一,20 世纪 30 年代里一直负责该课程。1950—1955 年,他一直担任特拉华大学负责科研的副校长和教务长,期间,帮助杜邦公司与特拉华大学建立

了紧密的合作关系。为纪念他,杜邦公司赞助美国化学工程学会设立了阿兰·菲利普·科本奖(Allan P. Colburn Award),以资助青年会员出版优秀著作;特拉华大学设立了科本实验室(Colburn Laboratory)[23]。

6.4.2 科学发现时期

1. 华莱士·休姆·卡罗瑟斯:发明丁腈橡胶和尼龙的首席功臣

华莱士·休姆·卡罗瑟斯(Dr. WallaceHume Carothers, 1896—1937)是1927年从哈佛大学引进的专家[24]。当时给他的承诺是,支持他开展具有重复单元结构的长分子链聚合物的基础研究。杜邦公司开展基础有机化学研究的最初10年里,卡罗瑟斯博士发挥了至关重要的领导作用。他发现了丁腈橡胶并合成了尼龙的前驱体,申请了超过50项专利[24]。

2. 朱利安·希尔:发明尼龙关键生产工艺的科学家

朱利安·希尔1928年获麻省理工学院化学博士学位后,加入杜邦公司研究实验室基地,与卡罗瑟斯博士合作研究分子量5000以上的高聚物和复杂有机聚合物合成中的技术问题[25]。1930年4月的一次实验中,希尔博士使用一种特殊分子蒸馏器,首次合成了一种分子量为12000的聚酯聚合物,打破了聚合物分子量的纪录。他还意外地发现,熔融冷却后,聚合物可被延展或冷拉伸成非常纤细、强度极高且质地柔软很像丝绸的纤维。但这种新纤维的熔点太低,导致其不具备商业应用价值。然而,超绸质(Super-silk)聚酯纤维的冷拉伸生产工艺技术是一项划时代的发明,为尼龙的发现开辟了道路。四年后,卡瑟罗斯博士利用希尔的发现,实现了尼龙的冷拉伸。尼龙出现前不久,希尔博士离开了卡瑟罗斯博士的研究团队,去研究人造丝和其他有机合成物质了。1932—1951年,他一直担任化学事业部指导委员会负责人。直到1964年退休前,他一直是杜邦教育资助委员会主席,在美国为公司招募青年化学家并资助相关学术研究[25]。

3. 罗伊·普朗科特:发现聚四氟乙烯的科学家

罗伊·普朗科特(Roy J. Plunkett, 1910—1994)1936年获俄亥俄州立大学(Ohio State University)有机化学博士学位后,加入杜邦公司;因发现聚四氟乙烯,闻名于世[26]。1938年4月他使用氟利昂制冷剂混合气体做实验时,一夜之间,一个气体样品冻成了白色蜡状的固体。于是,他发现了这种不寻常的物质。这显然是一个实验错误造成的结果。但普朗科特并没有把这块固体扔掉,而是与助手一起测试了这块新发现的聚合物,发现了它有一些不寻常的特性:极为光滑,对包括腐蚀酸在内的几乎所有化学品表现出惰性。这种新聚合物就是聚四氟乙烯(polytetrafluoroethylene)。1945年,杜邦公司为聚四氟乙烯注册了特氟龙(Teflon®)商标。它最先用于炮弹无线电近炸引信的鼻锥;第二次世界大战期间,它还为研制原子弹发挥了重要作用,因为它的耐腐蚀性能可满足生产(^{235}U)

的恶劣环境要求。第二次世界大战后,杜邦公司发现聚四氟乙烯在电线绝缘层、纺织品污物污渍去除剂,以及不粘锅具涂层等领域有着广泛应用。

1939年,普朗克特离开了他发现聚四氟乙烯的杰克森实验室,任钱伯斯厂区乙四铅项目首席化学家。此后,他一直在有机化学制品事业部工作。普朗科特获得了许多荣誉:1973年进入塑料行业名人堂(Plastics Hall of Fame);1985年进入国家发明家名人堂。杜邦公司以他的名字设立了普朗科特奖(Plunkett Award),奖励那些使用特氟龙设计制造重要新产品的人,1988年首次颁奖以纪念他发现特氟龙50周年[26]。

4. 乔治·H.·格尔曼:开创职业健康科学的毒物学家

乔治·H.·格尔曼医学博士(George H. Gehrmann, M. D. ,1890—1959)领导了杜邦公司最初的职业安全健康研究,对建立化学工业的预防药物新标准做出了重要贡献。1929年,格尔曼被任命为医疗主任。20世纪30年代早期,杜邦公司发现染料工人中患膀胱瘤的比例很高。格尔曼前往欧洲寻求解决方案。德国染料工厂清洁、文明的作业环境和行为,以及开展的毒物学研究给了他极为深刻的印象。格尔曼决心把同样高的标准引入到美国。回到美国后,他建议开展医学筛检,定期为工人体检,实施严格的个人和工厂卫生标准,建立监控化学品毒理效应的实验室。杜邦公司采纳了他的建议,1935年建立并启用了工业毒理学实验室,这是美国最早的此类实验室。为纪念公司高管哈里·乔治·哈斯科尔(Harry G. Haskell)的贡献,该实验室命名为哈斯科尔工业毒物学实验室(Haskell Laboratory of Industrial Toxicology)。该实验室负责测试每一种新产品的安全性,也参与研究特种化学品及其生产工艺。1953年,该实验室搬入特拉华州纽瓦克(Newark, Del.)附近的一处新址,它的毒理、生化、病理、心理和物理等五个研究室主要开展职业危害与安全生产技术研究。在格尔曼领导下,该实验室成为毒理学和职业健康研究的领导者。鉴于他的开创性贡献,格尔曼被尊为美国职业健康的领导人物,担任了美国职业与环境医学学院(American College of Occupational and Environmental Medicine, ACOEM)主席[27]。

6.4.3 变革时期

1. 斯蒂芬妮·露易丝·克沃莱克:对位芳纶发明者

斯蒂芬妮·露易丝·克沃莱克毕业于卡内基梅隆大学(Carnegie Mellon University),获化学学位,1946年加入杜邦公司,从事聚合物和生产特种纤维所需低温聚合工艺的研究[28]。此前,研究人员一直致力于开发一种更强、更韧的尼龙类纤维,但始终未获突破。1964年,克沃莱克在杜邦公司前沿研究实验室合成了第一个可溶解的芳族液晶聚合物,并把它纺成了强力超乎预期的高强度对位芳纶,其比重量强度是钢丝的5～6倍,是制造军警用高性能防弹头盔和防弹衣的重要材料。迄今,对位芳纶制成的防弹衣已保住了2500多名军警人员的生命。1995年,克沃莱克成为入选美国国家发明家名人堂的第四位女性科学家;1996年,被授予美国国家技术奖章;2015年2月,获杜邦公司拉沃斯亚技术成就奖章(Lavoisier Medal for Technical Achievement),是该奖有史以来的第一位女性获奖人;她还获得过工业研究院成就奖(IRI Achievement Award)和珀金奖章[28]。

2. 保罗·温思罗普·摩根:间位芳纶发明者

保罗·温思罗普·摩根[29]和斯蒂芬妮·露易丝·克沃莱克,20世纪50年代在杜邦公司前沿研究实验室共同发现了间位芳纶。杜邦公司进行了规模史无前例的投资,1959年在弗吉尼亚州瑞驰蒙德市斯普鲁恩斯工厂(Spruance Plant)建设了中试车间,1967年建成了间位芳纶的纺丝、纺织和无纺布工厂[29]。

6.4.4　寻求新方向时期

1. 乔治·威廉姆·巴歇尔:院士、化学家

乔治·威廉姆·巴歇尔(George William Parshall,1929—)1954年获伊利诺伊大学(University of Illinois)化学博士学位后,加入杜邦公司。巴歇尔1965年任研究主管,1979年任化学科学主任。他因在熔盐法、膜催化和有机金属化合物等领域的研究成就,以及在过渡金属化学(Transition Metal Chemistry)和无机化学领域的学术贡献,1984年当选美国科学院(National Academy of Sciences)院士,1986年当选美国艺术与科学院(American Academy of Arts and Sciences)院士。作为中央研究发展事业部的化学家,巴歇尔为杜邦公司工作了将近40年。1992年退休后,他仍任公司顾问,为各国军方以最好的方式销毁化学和核武器提供咨询[30]。

2. 查尔斯·J.佩德森:诺贝尔化学奖获得者

查尔斯·J.佩德森(Charles J. Pedersen,1904—1989)[①]1927年获麻省理工学院有机化学博士学位后,加入杜邦公司,在新泽西州深水角钱伯斯厂区的杰克森实验室工作。他的早期研究成果之一,是改进了四乙铅生产工艺。他发现了可阻止汽油、石油和橡胶中重金属发生降解效应的第一个减活剂。他申请了30项抗氧化剂和其他产品的专利。1959年,他调入研究实验室基地弹性体事业部。在那里,佩德森发现了让他得以获得诺贝尔化学奖的冠醚(crown ethers),他是杜邦公司唯一一位摘取诺贝尔奖桂冠的科学家。

----

① Dupont. 1987 Charles J. Pedersen[EB/OL].[2017-12-01]. http://www. dupont. com/corporate - functions/our - company/dupont - history. html.

6.4.5　可持续发展时期

乌玛·德瑞(Uma Chowdhry,1947—)生于印度孟买,获印度科学院(Indian Institute of Science)物理学学士学位、美国加州理工学院(California Institute of Technology)工程科学硕士学位,1976 年获麻省理工学院博士学位后,加入杜邦公司。她早期从事工业溶剂用催化剂四氢呋喃的生产技术研发,之后,开始研究电子学和陶瓷材料。1987 年,她领导了陶瓷超导材料的研究,并将其提升成了世界级研究计划,取得了超过 20 项专利,发表了 50 篇论文。随后,她在公司的多个研究和业务管理职位上工作,对研究与业务的一体化规划整合,以及更有效地促进实验室技术的市场化进程,都做出了重要贡献。1995 年,她任聚四氢呋喃业务负责人;1999 年,任杜邦工程技术业务负责人;2002 年,任研究发展中心副总裁。2006 年,她任研究实验室基地主任,成为杜邦公司有史以来的首位女性科研掌门人。此后,她一直担任杜邦公司高级副总裁和首席技术官。她因在陶瓷、化学品合成以及电子电路学方面的科学技术贡献,乌玛·德瑞 1996 年当选美国工程院院士。她还是美国陶瓷学会会员,国家发明家名人堂理事会成员,国家研究理事会妇女科学与工程委员会成员[31]。

6.5　杰出管理者

杜邦公司的成功,绝非仅仅是科学家工程师们发现发明的功劳使然,杰出管理者的贡献至少是与其等量齐观的。

6.5.1　重组与转型时期

1. 汉密尔顿·M·巴克斯代尔:监护传统又促进变革的现代管理人才

汉密尔顿·M·巴克斯代尔(Hamilton M. Barksdale,1862—1918)1895 年任莱珀诺化学公司总裁。三兄弟接管杜邦公司时,他是为数不多的年轻高管之一。巴克斯代尔坚持杜邦公司应继续独立经营,协助三兄弟清除了家族成员间购买公司的障碍,确保了已是百年老店的杜邦公司完好无损。杜邦公司雇佣年轻高管,看中的是他们的现代商业管理知识。巴克斯代尔是那批年轻高管中最忠实的管理创新倡导者。他致力于用"系统"的途径进行重组,即强调合理性和效率而非传统。巴克斯代尔深受管理层信任,1911 年出任公司总经理,他既是杜邦公司传统的监护人也是变革的代理人[32]。

2. 亚瑟·詹姆斯·莫克斯汉姆:确立建设化学公司的战略定位

亚瑟·詹姆斯·莫克斯汉姆(Arthur James Moxham,1854—1931)加入杜邦公司之前,在钢铁行业工作。1889 年,莫克斯汉姆与约翰逊和阿尔弗莱德·维克特·杜邦（Alfred Victor du Pont）创建了约翰逊钢铁公司（Johnson Company），莫克斯汉姆任总裁，建立了全国销售队伍集中管理及与区域办公室相互配合的销售管理模式，取得了非常好的效果，展现了出色的管理才能。他还为科尔曼和皮埃尔两位杜邦家族的年轻管理者传授了现代经营管理理论知识，并提供了实践训练机会。莫克斯汉姆是皮埃尔、科尔曼和阿尔弗莱德三兄弟的良师益友，他们邀请他帮助重组杜邦公司。莫克斯汉姆建议，让三兄弟彻底买断公司，并建立多事业部制的公司治理结构。1903 年，他任新成立的发展事业部负责人，强调一定要把杜邦公司当作化学品制造商而非火药制造商，为早期开拓非爆炸物业务做出了重要努力。他负责管理的研究实验室基地已主要开展黑火药、甘油炸药、凝胶炸药，以及硝化棉在非炸药领域的应用研究[33]。

3. 罗伯特·如理夫·摩根·卡彭特：非爆炸物业务的推动者

罗伯特·如理夫·摩根·卡彭特（Robert Ruliph Morgan Carpenter，1877—1949）在杜邦公司的分公司——制造商承包公司（Manufacturer's Contracting Company）短期工作后，1906 年加入杜邦公司任地区采购代理。同年，他娶了总裁皮埃尔的妹妹玛格丽特·杜邦（Margaretta du Pont）为妻。卡彭特具有高超的财务和新业务组织能力，1911 年任发展事业部负责人，研究了数以百计的非爆炸物市场的进入可行性，制定了通过研发硝基塑料和人造皮革技术及收购此类企业实施多元化转型的发展战略[34]。

4. 伦纳德 A. 耶基斯：人造丝和赛洛芬业务的开拓者

伦纳德 A. 耶基斯（Leonard A. Yerkes，1881—1967）毕业于宾夕法尼亚大学化学专业，1917 加入杜邦公司发展事业部，后任该部门助理主任。杜邦公司1920 年购买了法国的人造丝生产技术，耶基斯任新成立的杜邦绸质纤维公司（DuPont Fibersilk Company）总裁；1924 年负责管理杜邦赛珞玢公司（DuPont Cellophane Company），并建立了人造丝和赛珞玢技术研究部；1936 年任人造丝事业部（Rayon Department）总经理。耶基斯是个精明的市场专家，当赛珞玢首次亮相但销售不理想时，他果断降价，迅速改变了局面[35]。

5. 威廉姆·科比特·斯普鲁恩斯：出色的战略管理者

威廉姆·科比特·斯普鲁恩斯（William Corbit Spruance，1873—1935）1903年加入烈性炸药运营事业部（High Explosives Operating Department）。第一次世界大战时，他加入了美国陆军，任陆军军火部部长（Army Chief of Ordnance）的助理。由于表现出色，斯普鲁恩斯上校被授予杰出服役奖章（Distinguished Service Medal）。1919 年，斯普鲁恩斯回到杜邦公司，任董事会成员和负责生产的副总裁。斯普鲁恩斯既是出色的火药工程师，又拥有高超的管理能力，他 1921 年重组了公司的组织结构，使制造部门有了更大的处理日常事务的灵活性，也让高管们摆脱了琐事纠缠。20 世纪 20 年代早期，他任杜邦赛珞玢公司和杜邦人造丝公司两家公司的董事会主席。为纪念他,1929 年弗吉尼亚州瑞驰蒙德厂区命名为斯普鲁恩斯工厂(Spruance Plant)[36]。

6.5.2　科学发现时期

沃尔特·S. 小卡彭特(Walter S. Carpenter Jr.,1888—1976)是这一时期杰出管理者的典型代表。他的大哥是罗伯特·如理夫·摩根·卡彭特。大学期间,他在杜邦公司新泽西州吉伯斯厂区和卡尼角厂区学习了应用工程。1909 年秋,他从康奈尔大学(Cornell University)弃学,加入杜邦公司,负责智利的硝酸盐业务。1911 年,他任发展事业部助理,协助他大哥工作。皮埃尔·杜邦 1919 年启用了一批年轻人进入公司管理层,时年 31 岁的小卡彭特成为战时行政委员会(War Executive Committee)最年轻的成员。两年后,他任财务总管;1927 年,任通用汽车公司董事直至 1959 年。1940 年小卡彭特接替皮埃尔·杜邦任公司总裁,是迄那时止第二个非杜邦家族成员出任这一职务。第二次世界大战时,小卡彭特领导公司完成了爆炸物和其他军需品的供应,并深度参与了曼哈顿计划研究[37]。

6.5.3　变革时期

1. 克劳福德·哈洛克·格林纳瓦尔特:强化基础研究,以求发现"新尼龙"

克劳福德·哈洛克·格林纳瓦尔特 1922 年从麻省理工学院毕业获化学工程学学位后,加入杜邦公司在宾夕法尼亚厂区工作,两年后,调入研究实验室基地参加开创性的高压技术研究。格林纳瓦尔特与杜邦家族的女儿结了婚,其化学工程技术的专长和杜邦家族成员的背景,为他的事业发展装上了双引擎。作为斯泰因博士的助手,格林纳瓦尔特担任了发展事业部的助理主任和颜料事业部的助理总经理。1948 年他接替瓦尔特·S. 卡彭特任公司总裁。

格林纳瓦尔特推动了以产生一批"新尼龙"式科研成果为目标的大规模基础研究计划的开展,这是杜邦公司战后追求的主要目标。他劝说公司拨款 5000万美元建设了新的研究设施和支持与大学合作的研究项目。1948—1962 年,格林纳瓦尔特看到了奥纶、达可纶和莱卡等合成纤维的研发展过程与成果。但到 20 世纪 50 年代后期,杜邦公司变得过度依赖纺织纤维业务,研究回报下降,发展放缓。1961 年,格林纳瓦尔特要求每个事业部去关注新市场,并实施了一项"在现行盈利领域之外,以及化学领域之外"的多元化计划。他 1962 年卸任总裁,但直到 1988 年退休,他都一直致力于发展新的技术和产品系列。任总裁的后期,他建立了国际事业部协调全球投资,进而开始了海外扩张[38]。

2. 拉穆特·杜邦·科普兰德:谋划新事业

拉穆特·杜邦·科普兰德(Lammot du Pont Copeland,1905—1983)是杜邦的

玄孙,1929 年获哈佛大学工业化学学位后,开始在康涅狄格州费尔菲德(Fair-field,Conn.)厂区织物与后整理事业部的实验室工作。1942 年,他接替父亲查尔斯·科普兰德(Charles Copeland,1867—1944)进入公司董事会。第二次世界大战期间,他在发展事业部战后规划委员会工作。1954 年,他任公司副总裁。1962—1967 年,科普兰德担任公司第 11 任总裁,此间,他推动公司开展了新事业计划,实现了包括莱卡(Lycra®)、沙林(Surlyn®)、特卫强(Tyvek®)和金刚烷胺(Symmetrel®)等在内的 20 多种技术和产品的商业化[39]。

3. 查尔斯·B. 麦考伊:发现新增长领域,铺就 20 世纪 80—90 年代的发展基石

查尔斯·B. 麦考伊(Charles B. McCoy,1910—1995)1932 年获麻省理工学院硕士学位。大萧条时期工作市场很不景气,他只能在瑞驰蒙德厂区赛珞玢工厂当操作工助理开始工作生涯。但他表现出色,很快就担任了新泽西州火药厂的化学家。他担任了该厂电化学制品、弹性体化学制品和爆炸物产品等多个部门的管理职位。他 1967 年任杜邦公司总裁,1972 年成为自 1919 年以来同时身兼总裁和董事会主席两个职务的第一人。面对利润下滑和竞争加剧,他极力消减成本和提高生产率,消减了爆炸物和电化学产品部门,出售了非常失败的 Corfam 品牌人造革业务,缩减白领工作岗位。在纤维、塑料和膜市场上降价,并向利润链上游工业用化学品业务进行整合。同时,他着力开拓具有潜在盈利能力的新领域,收购了柏格电子仪器公司(Berg Electronics Inc.)、贝尔与豪威尔公司(Bell & Howell)的分析仪器部门和远藤实验室(Endo Laboratories),开辟了电子仪器、制药和建筑材料等三个新的增长领域,为杜邦公司铺就了 20 世纪 80 年代和 90 年代产品多元化和市场增长的基石[40]。

4. 爱德华·R. 凯恩:将业务重心调整到电子、农业化学品和制药领域

爱德华·R. 凯恩(Edward R. Kane,1918—2011)1943 年获麻省理工学院博士学位后,即在杜邦公司织物纤维事业部任物理化学家。20 世纪 50 年代早期,他负责特拉华州锡福德厂区的达可纶中试车间和田纳西州查塔努加厂区尼龙工厂的运营管理和技术研究。1955 年,他领导工程与纺织纤维事业部研发了更先进的尼龙生产设施。20 世纪 60 年代中期,他都在研发新的合成纤维,并确保当时的纤维产品在激烈竞争中能够获利。1967 年,凯恩负责新成立的工业和生物化学事业部;1969 年领导了对远藤实验室的收购;1973 年任公司首席执行官后,把公司的业务重心调整到了电子、农业化学品和制药等业务[41]。

6.5.4 寻求新方向时期

1. 欧文·S. 夏皮罗:坚持核心理念,发展生物质技术,摆脱石油依赖

欧文·S. 夏皮罗(Irving S. Shapiro,1916—2001)1941 年从明尼苏达大学法

学院(University of Minnesota Law School)毕业后,在多个政府岗位上工作过。1951 年,他加入了杜邦公司的法律团队,主持设计了和解方案,解决了旷日持久的通用汽车-杜邦(General Motors-DuPont)反垄断诉讼。此间,他熟悉了公司情况并赢得了杜邦家族的信任。他 1973 年 12 月任公司董事会主席和首席执行官。作为既无家族渊源又无科学研究经历的"公司的第一个真正的陌生人",夏皮罗坚定地维护公司依靠科学研究的核心理念,把研发方向调整到了那些不依赖石油的产品技术上,使业务重心向农业技术产品和化学制品等高回报市场倾斜。他执掌公司成功渡过了非常艰难的 10 年,他的法律经验特别适宜处理这一时期折磨公司的一系列法律法规、公平雇佣守则、经济衰退和能源危机等问题[42]。

2. 爱德华·G. 杰斐逊:进军新技术领域

爱德华·G. 杰斐逊(Edward G. Jefferson,1921—2006)1951 年获伦敦大学国王学院(King's College,University of London)化学博士学位后,即任杜邦公司化学家。他经历了塑料、氟聚合物、爆炸物、聚合物和膜等部门多个管理岗位的锻炼后,1973 年任公司董事,领导了农业化学品、药品和分子生物学等领域的生命科学研究。1981 年,杰斐逊任公司董事会主席。为了控制不断攀升的能源成本并获得可靠的石油来源,他主导了 1980 年公司有史以来最大的兼并——收购石油巨头大陆石油公司(Conoco,Inc.)。他还领导了对生产放射性同位素化学品和放射性药品的新英格兰核制品公司(New England Nuclear Corporation)和为电容器制造商供应材料的固态电介质公司(Solid State Dielectrics)的收购。杰斐逊推动了向汽车塑料、数字存储和生物医学等新技术领域发展的业务多元化。他特别重视强化生物技术的商业化应用研发,并确定了进一步向生物技术业务转型,同时还要缩减公司规模以维持竞争力[43]。

3. 理查德·E. 海科特:巩固电子和生命科学市场

理查德·E. 海科特(Richard E. Heckert,1924—2010)从俄亥俄州迈阿密大学(Miami University in Ohio)毕业后即从事化学研究,第二次世界大战中参加了曼哈顿计划的工作。获得伊利诺伊大学(University of Illinois)博士学位后,1949 年加入杜邦公司化学品事业部。经过化学品、膜和塑料等事业部的历练,海科特 1969 年任织物与饰品事业部负责人。1986 年任首席执行官后,他加大了对盈利性市场的投入,撤出了表现疲弱的市场,进入了前景明朗的未来市场,从而缓解了低迷的局势。此间,他重组了电子、影像和医疗等产品业务,加强了汽车制品业务,在电子和生命科学技术领域取得了快速发展[44]。

4. 埃德加·S. 乌拉德:别了,科学突破与制造规模

埃德加·S. 乌拉德(Edgar S. Woolard,1934—)1959 年毕业于北卡罗莱纳州立大学(North Carolina State University),获工业工程学位。次年,他加入杜邦

公司,在北卡莱罗纳金斯顿(Kinston,North Carolina)厂区工作。20世纪60年代,他在多个厂区经历了主管岗位的历练,展现出了管理天赋。他高度重视公司表现,并认为,企业不能再依赖于大的科学突破和庞大的制造规模,而是应该降低成本和优化生产工艺。20世纪70年代中期经济不景气时期,他负责纺织品市场部和纺织纤维部门,与消费者和供应商密切合作,追求更高效地制造纺织品。1983年任董事会成员后,他精简优化了农业化学品、光学产品和医疗产品等三个事业部的管理与生产活动。1989年任首席执行官时,乌拉德面临着经济衰退、竞争市场中输给对手和可能被收购的困局,1991—1994年,他采取了简化决策程序和组织结构扁平化等举措,消减了30亿美元的成本,还与默克医药公司(Merck Pharmaceutical)创立合资企业,并投资了一项新型农业化学品[45]。

6.5.5　可持续发展时期

查德·贺利得:带领杜邦公司重返中国市场。

查德·贺利得(Chad Holliday,1948—)毕业于田纳西大学(University of Tennessee),获工业工程学士学位。加入杜邦公司后,在老希科里(Old Hickory,Tenn.)厂区任工程师。20世纪70和80年代,他担任过纤维业务商业分析师、颜料与化学品市场部主任,以及凯芙拉和诺梅克斯(Nomex®)品牌产品的全球业务主任等职务。20世纪90年代初,任杜邦亚太公司总裁时,他确信中国将是该地区最具成长潜力的市场,故投资2000万美元建设了一家生产 Tyvek® 无纺布和 Riston® 光敏膜的工厂。该厂1992年投产后,就一举取得了成功。1999年6月,他任公司董事会主席[46,47]。

6.6　重大科学技术成果

6.6.1　经营了近200年的火炸药技术

1802—1880年,黑火药是杜邦公司的唯一产品。1800年在法国政府火药管理局学到了制造黑火药的先进技能后,杜邦确信他能生产出比美国本土产品性能更好的黑火药,于是1802年他创建了自己的火药作坊。1812年第二次独立战争开始时,火药作坊已经是美国政府火药采购的优质供应商。到1820年,火药作坊的火药在狩猎爱好者中已赢得了很好的声誉。

1830—1860年30年间的国家大发展时期,大规模开发露天煤矿,建设公路、桥涵和铁路,火药需求急剧增加。1857年,拉穆特·杜邦发明了采用智利硝石(硝酸钠)替代硝酸钾的火药制造新方法,把美国火药行业从对大英帝国的依赖中解放了出来。新方法制成的火药的爆炸威力更大。硫磺、硝酸钾和木炭三组分构成的黑火药,在发明后的 600 年里其配方从未发生过大的变化,拉穆特·杜邦的新火药配方是对黑火药制造方法第一次意义重大的改进。两年后,杜邦火药作坊收购了宾夕法尼亚州威尔克斯巴里市(Wilkes – Barre,Pennsylvania)的瓦普沃欧潘火药作坊(Wapwallopen Powder Mill),专门生产拉穆特·杜邦发明的火药以供民用。美国国内战争(Civil War,1861—1865)中,联军和海军使用的约 40% 的火药是杜邦火药作坊供应的。期间,改进黑火药的研究又有了新进展,发明了供联军重火炮使用的"猛犸象"火药(Mammoth Powder)。

19 世纪末,新型爆炸物开始挑战黑火药的主导地位。1846 年德裔瑞士籍化学家尚班(Christian Friedrich Schönbein,1799—1868)发明了以纤维素硝酸酯为原料制成的火棉(guncotton)。1867 年,瑞典发明家阿尔弗莱德·诺贝尔(Alfred Nobel)发明了以火棉为稳定物的硝化甘油炸药,其爆炸威力是黑火药的 3 倍。拉穆特·杜邦意识到诺贝尔的发明意义重大,很快就开始了新爆炸物生产技术的研究。由于当时火药作坊的管理人亨利·杜邦(Henry du Pont,1812—1889)并不看好甘油炸药的前景,拉穆特·杜邦 1880 年只得创建了莱珀诺化学公司独自开展甘油炸药业务。后来,杜邦火药作坊兼并了莱珀诺化学公司,并于 19 世纪 90 年代研发出了用于运动射击的无烟火药且很快又研制出了军用产品,黑火药市场开始萎缩。1902 年,杜邦公司建立了莱珀诺东部实验室,那里的化学家们发明了三硝基甲苯(Trinitrotoluene,TNT,或黄色炸药)和其他爆炸物的生产工艺等许多新技术。

20 世纪初开始,杜邦公司持续开展多元化转型。第一次世界大战期间,杜邦公司已是世界最大的爆炸物和甘油炸药生产商。1933 年,杜邦公司收购了军火制造商——雷明顿公司(Remington Arms)。第二次世界大战期间,尽管 TNT 和胶质炸药等新型爆炸物的研发生产进展迅速、军方对烈性爆炸物的需求大增,但军用爆炸物销量也只占了公司销售总额的 25%。随着化学工业的发展,生产甘油炸药的莱珀诺化学公司转型生产聚酯纤维所需化学中间体 – 对苯二甲酸二甲酯(Dimethyl Terephthalate,DMT)。

20 世纪 70 年,杜邦公司停止了黑火药、甘油炸药和 TNT 的生产,只生产更安全的低毒性硝酸铵基(Tovex)水凝胶炸药。20 世纪 90 年代早期,杜邦公司停止了所有爆炸物的生产,并卖掉了雷明顿公司(Remington Arms),结束了一条连续运转了将近 200 年的产品的历史[48]。

6.6.2　重组与转型时期

1. 合成纤维技术

20 世纪 10 年代后期,杜邦公司迈出了进入人造纤维领域至关重要的一步。人造纤维技术起源于 19 世纪 80 年代法国人康特·希拉里·夏尔多内(Louis –

Marie Hilaire Bernigaud de Grange, Count（Comte）de Chardonnet, 1839—1924）的发明。夏尔多内 1861 年毕业于法国巴黎综合工科学校。他的老师是著名化学家和微生物学家露易斯·巴斯德（Louis Pasteur, 1822—1895）。受巴斯德研究蚕生物学特性的启示, 夏尔多内 1878 年开始模仿蚕的吐丝过程制造人造纤维。他把从木材或棉花中提取到的纤维素溶解在溶液中, 经很细的毛细玻璃管挤出、凝固, 得到了类似蚕丝的人造纤维。这就是人类最早研制的人造纤维, 夏尔多内由此被誉为人造纤维之父。19 世纪末 20 世纪初, 夏尔多内发明的人造丝绸（Artificial Silk）已经广泛应用在了装饰品上。同期, 英国发明家也发明了效率更佳的人造纤维黏胶纤维（Viscose）的生产工艺。

由于拥有非常强的纤维素硝酸酯技术基础, 所以, 对 20 世纪早期谋求实现多元化转型的杜邦公司来说, 发展人造纤维产业是顺其自然的选择。人造纤维具有丝绸般的质感而价格比丝绸低得多, 深受时装界欢迎。20 世纪 20 年代是人造纤维的繁荣期, 当时, 天然丝绸涨价, 消费者对人造纤维兴趣越来越浓。认识到人造纤维的发展潜力后, 杜邦公司原本想通过成为当时生意火爆的美国黏胶公司（American Viscose Company）的股东来进入这一市场, 但收购意图被后者拒绝了。1920 年 4 月杜邦公司收购了法国企业康普图尔人造织物公司（Comptoir des Textiles Artificiels）刚刚成立的一家新公司 60% 的股权, 这家新公司就是后来的杜邦绸质纤维公司（DuPont Fibersilk Company）。1920 年, 杜邦公司还购买了夏尔多内专利在美国的授权。在伦纳德 A. 耶基斯（Leonard A. Yerkes）领导下, 杜邦绸质纤维公司建成了水牛城工厂, 1921 年开始生产人造纤维连续长丝, 1923 年又在田纳西州的老希科里厂区新建了一家人造纤维工厂。1924 年纺织界把人造纤维定名为人造丝后, 杜邦绸质纤维公司 1925 年随之更名为杜邦人造丝公司（DuPont Rayon Company）, 即纺织纤维事业部（Textile Fibers Department）的前身。人造丝利润丰厚, 整个 20 世纪 20 年代杜邦公司和美国黏胶公司等制造商获得的利润都在 33% 以上。

1924 年在水牛城工厂建立的人造丝技术部研究实验室（Rayon Technical Division Research Laboratory）发明了人造丝短纤（Short - strand 'staple' Fiber）的干法纺丝生产技术, 生产的人造丝短纤可用于大部分编织品。到 20 世纪 30 年代末, 美国服装市场的人造丝用量已超过丝绸 6 倍之多, 支撑着杜邦公司 8 家人造丝工厂的运转。但同期, 服装用人造丝销量开始下降。20 世纪 40 年代, 人造丝事业部的技术部研发出了用于增强橡胶轮胎的高韧性人造丝, 并注册了 Cordura 商标, 人造丝轮胎帘子线的投产, 弥补了市场的下滑。人造丝并不是真正意义上的合成纤维, 因为它的原料是天然纤维素。第二次世界大战后, 尼龙等真正的合成纤维替代了人造丝。1960 年, 杜邦公司生产了最后一批人造丝纱线后停产了该产品, 两年后, 人造丝轮胎帘子线也逐步停产。

人造丝是杜邦公司进入合成纤维工业的出发点。人造丝生产中获得的经验,是研发尼龙所不可或缺的。1935 年发明的尼龙,是世界上第一个真正意义的人造纤维。尼龙强力高、耐用、重量轻,适应丰富多彩的应用。1940 年,首批进入市场的是精纺尼龙纤维,主要用来替代女性袜类产品中的丝绸。后来的发展表明,从女性内衣到汽车轮胎,尼龙的应用非常广泛。尼龙取得的非凡成功,激励着杜邦公司去快速开发新的人造纤维。尼龙之后发明的第一个产品是奥纶品牌聚丙烯腈纤维(Orlon Acrylic Fiber),它可以替代毛衣、绒布和地毯中的羊毛。第二个产品是达可纶品牌聚酯纤维(Dacron Polyester Fiber),这项技术是英国人 20 世纪 40 年代发明的,杜邦公司获得了专利授权。20 世纪 70 年代早期,易洗免烫的双面织物成了时髦产品且销量稳定,短暂地成为最赚钱的纤维。莱卡品牌的氨纶是另一个对服装工业产生了巨大冲击的合成纤维,这种弹性纤维的伸长超过其自身长度的 6 倍。杜邦公司发明的性能各异的合成纤维,推动了纺织产业的持续转型。

在合成纤维生产工艺技术研究领域,杜邦公司也是硕果累累。生产合成纤维通常有溶液纺丝和熔融纺丝两种技术途径。人造丝和奥纶聚丙烯腈纤维是通过溶液纺丝制造的,尼龙和达可纶聚酯纤维则是通过熔融纺丝制造的。两种技术途径制造的长丝,都需要经过拉伸才能获得所期望的强力、弹性和质地等性能。20 世纪 50 年代中期,杜邦公司的研究人员发明了闪蒸纺丝工艺。这是一种溶液纺丝工艺,只是纤维通过喷丝板后,在非常高的压力和温度作用下,纤维中的溶剂被快速去除,从而可以制得一种随机取向、网络状、长丝相互连接的纺粘材料,它非常适于造纸或生产床上用品。特卫强是最著名的纺粘材料,它是作为合成纸而不是无纺织物推向市场的。同样的发明还有胜特龙,一种柔软的无纺布,是通过水刺法工艺制成的,用数千束高压水束射向合成纤维,水束将纤维缠结为织物,再经干燥,将织品缠绕成卷;加工不用任何化学物质,丝滑柔软,不易起毛和掉毛,是理想的医用和家用材料。20 世纪 60 年代,杜邦公司发明的芳纶,性能与尼龙相近,但具有超高的强力和耐高温性能;凯芙拉品牌对位芳纶比重量强度是钢的 6 倍,用于生产防弹衣、防弹头盔等军警防弹装备。诺梅克斯品牌间位芳纶是耐高温阻燃纤维,用于制造消防员战斗服。

杜邦公司极度重视特种纤维的重要性。在 20 世纪 70 年代中期合成纤维产能过剩、竞争加剧、利润降低的形势下,杜邦公司的合成纤维业务依然获得了良好收益,依旧是全球最大、品种最丰富的低成本合成纤维制造商。2004 年 4 月,杜邦公司退出了通用纺织行业,达可纶和莱卡商标及其产品剥离给了英威达公司(INVISTA)[49]。

2. 漆布技术

1910 年,杜邦公司收购了位于纽约纽堡(Newburgh, N. Y.)的法布瑞窛德公司(Fabrikoid Company),该公司发明了一种制造漆布的织物涂层工艺。但这家公司的生产设施令人极不满意,杜邦公司的化学家花几年时间对它进行了技术改造。杜邦-法布瑞寇德公司(DuPont Fabrikoid)最早的产品是以焦木素闻名的纤维素硝酸酯涂料。这种涂料能形成一种柔软、可塑的状态。把这种涂料涂在基布上,再进行压纹和表面处理,即可制成漆布(Fabrikoid Artificial Leather)。采用悬浮在蓖麻油中的染料,可以为这种涂料着色。20世纪早期,漆布已广泛用于家居装饰、行李箱和书籍装帧。20和30年代,汽车制造商使用漆布制造敞篷汽车的可折叠顶棚和座椅套。20世纪40年代,乙烯树脂涂层织物替代了漆布[50]。

3. 染料技术

杜邦公司进入化学染料领域,是运气也是命中注定。因为,炸药和合成染料需要同样的有机化学技术基础。二苯胺是生产无烟火药和染料的主要原料。第一次世界大战爆发后,德国的染料和原料二苯胺都无法进口。而杜邦公司的火炸药、漆布和焦木素塑料(Pyralin Plastics)等产品的生产又都离不开二苯胺和染料。杜邦公司被迫建立起了二苯胺生产厂以解决生产炸药的原料来源,但制造火炸药的二苯胺不能用来生产染料。当时,只有德国能生产用于制造染料的优质二苯胺。第一次世界大战前,德国的染料生产已非常专业化,拥有一流的现代化生产设施,以及高度复杂且先进的研究实验室。美国参战后,染料短缺成为国家的紧急事务。因为染料化学与硝基炸药化学原理很相近,所以当时的美国政府就求助杜邦公司帮助解决染料短缺的问题。作为美国的领先化学制品企业,杜邦公司1917年在深水角厂区建设了以化学家奥斯卡·R. 杰克森(Oscar R. Jackson)名字命名的杰克森染料实验室(Jackson Dye Research Laboratory)和一间染料工厂,指派化学家亚瑟·道格拉斯·钱伯斯(Arthur Douglas Chambers)负责染料研究和生产。1917年正式决策投入染料研发之前,杜邦公司已对染料技术做了多年研究,虽然英国提供了一些德国染料的配方和加工工艺信息,但生产出高质量的染料比所想象的困难得多。早期的染料研发遭遇了非常大的困难,化学家钱伯斯劝说公司继续支持合成染料研究。

战争结束后,杜邦公司招募到了德国科学家在杰克森实验室从事染料研究。在吸收英德两国技术的基础上,杜邦公司虽然打开了技术突破口,但进步依然缓慢且代价昂贵,用了10年时间才获得了微薄的利润。事实上,直到1929年,深水角工场才开始在染料生产中获益。10年的努力证明,要大规模进入染料市场路途依然遥远且情况错综复杂。一个更可行的解决方案是,收购有技术基础的企业加以改进提升。1931年,杜邦公司并购了纽波特化学公司(Newport Chemical Company),获得了其染料制造技术,特别是得到了一些非常天才的研究人员和翠绿色(Jade Green)染料配方。纽波特化学公司拥有非常出色的有机化学品生产能力,而且拥有在美国生产一种欧洲人发明的非常流行的翠玉绿色染料的专利权授权。杜邦公司将纽波特公司并入了有机化学事业部,许多前纽波特公司的研究人员在杰克森实验室的化学染料研究中做出了重要贡献。对纽波特化学公司的收购,是杜邦公司并购史上成果最丰富的案例之一。

当年钱伯斯鼓动杜邦公司进入染料领域的理由有两个:①能实现产品多元化;②能研发积累有用的有机化学知识。到 20 世纪 20 年代中期,杰克森实验室就实现了这两个目标。尽管染料研究艰难曲折,但沿着这条路走过来,杜邦公司在染料有机化学领域付出的艰苦努力获得了多重回报。杰克森实验室发明了染料和有机化学产业中的一些最著名的科技成果。1926 年,该实验室的化学家与通用汽车公司(GM)合作,研发成功了汽油抗爆剂四乙铅(TEL)的生产工艺;此后,又研发成功了氯氟烃气体的(Chlorofluorocarbon Gas)生产工艺技术,该气体用于生产 Freon® 品牌制冷剂和气溶胶喷雾剂。1931 年,深水角厂区的化学染料事业部变成了有机化学事业部。1938 年 4 月,研究氯氟烃衍生物时,产生了杰克森实验室最著名的发现:化学家罗伊·普朗科特(Roy J. Plunkett)发现了聚四氟乙烯。到 20 世纪 40 年代中期,有机化学事业部 2/3 的产品都能追溯到早期染料研究产生的技术源头。20 世纪 50 年代,杰克森实验室的化学家们研发成功了适用于奥纶和达可纶的染料,杜邦公司的染料研究至此达到了顶峰。20 世纪 60 年代,染料研究开始下滑;20 世纪 80 年代早期,杜邦公司出售了染料业务并重组了有机化学事业部。

4. 颜色技术

一种白色颜料产品和技术,也为杜邦公司的多元化转型提供了支持。锌钡白(Lithophone)是 19 世纪 70 年代发现的由硫酸钡(barium sulfate)和亚硫化锌(zinc sulfide)混合物组成的白色颜料。由于比其他白色颜料价格便宜,使用非常广泛。杜邦公司 1917 年收购哈里森兄弟油漆公司(Harrison Brothers Paint Company)后,开始销售锌钡白颜料和锌钡白油漆。20 世纪 20 年代进行的另外几起收购,尤其是收购了格拉斯利化学公司(Grasselli Chemical Company)和科瑞布斯颜料与化学品公司(Krebs Pigment and Chemical Company),使杜邦公司成为美国最大的锌钡白制造商。20 世纪 30 年代,锌钡白遭遇了二氧化钛(TiO_2,钛白粉)的激烈竞争。锌钡白虽不如钛白粉耐用,但价格更便宜。经过技术改进,钛白粉的成本显著下降,取代锌钡白成为必然。尽管杜邦公司拥有钛白粉生产技术,但却被其他企业的专利阻拦在了钛白粉市场之外,无奈于 1931 年收购了钛白粉制造商——商业颜料公司(Commercial Pigments Corporation,CPC),并将其与自己的分公司科瑞布斯颜料与化学品公司合并,成立了科瑞布斯颜料与染料公司(Krebs Pigment and Color Corporation)。新成立的公司以 Ti-Pure 品牌销售纯钛白粉,同时,以 Duolith 品牌销售与钛白粉混合改进了的锌钡白颜料。此后,杜邦公司的钛白粉业务逐步取代了锌钡白[51]。

5. 硝基塑料

塑料是杜邦公司退出火炸药市场转型进入合成材料领域的重要产品技术依托之一。纤维素硝酸酯是炸药的主要原料,杜邦公司原本只是想为自家过剩的纤维素硝酸酯产能寻找出路,却没想到成为塑料产品的领先制造商。1870年,科学家们发明了焦木素塑料－赛璐珞。焦木素(Pyroxylin)是纤维素硝酸酯化合物的化学品通用名,是纤维素中的羟基被硝化后得到的,是早期塑料的主要原料。研究人员发现将焦木素分散在乙醇和乙醚的混合物中,可以形成一种膜,加入樟脑蒸发后,就得到了塑料,它可替代象牙和金属制成各种各样的商业化产品。美国国内战争期间,快干型焦木素膜一直用作覆盖伤员伤口的材料。第二次世界大战前,杜邦公司已生产销售了多年室内装饰品、黄铜饰面、家用黏合剂,以及家庭卫生用品和服装辅件等焦木素塑料(Pyroxylin Plastic)消费品。杜邦公司1915年收购阿灵顿公司(Arlington Company),进入了表面饰物市场,开始生产可制造梳子、衣领、衣袖和汽车窗帘等产品的焦木素塑料;1925年收购维斯克洛德公司(Viscoloid Company),进入了家庭卫生用品市场,进一步强化了行业地位[52]。

6. 油漆和涂料

进军油漆和涂料产业,是杜邦公司1902年后多元化转型努力的第一次实践。纤维素硝酸酯可用于制造涂覆黄铜器皿的清漆。1904年收购硝基清漆制造商——国际无烟火药与化学品公司后,杜邦公司开始生产硝基焦木素漆。1917年,杜邦公司收购了哈里森兄弟油漆公司,此后四年里,又收购了另外五家公司。由此,杜邦公司深度地进入了油漆市场。

硝基焦木素漆尽管已广泛用于黄铜制品,但其质地太脆。1920年,红途实验室(DuPont's Redpath Laboratory)从事纤维素硝酸酯薄膜性能改进的科学家们,发明了一种快干、耐用、可染色的厚重硝基漆,其突出特点是快干。这种快干清漆是对新兴的大规模工业化生产行业的一种贡献,它成为杜邦公司最成功的一个涂料产品。当时,汽车工业已成为油漆巨大的潜在市场。尽管规模化大生产显著提高了汽车的产量,但汽车表面涂漆则仍是一个瓶颈,因为传统油漆要花两个星期才能彻底干燥。在通用汽车公司工程师们的协助下,杜邦公司对汽车油漆进行了精制,1922年为精制后得到的新产品注册了Duco品牌。1923年,通用汽车公司将这种有颜色的硝基油漆用在了奥克兰德型(Oakland)轿车上,把涂漆作业时间减少到了两天。硝基漆厚重、快干,效果大大超出预期,很受汽车制造商欢迎,很快就成为汽车的车面用漆。研究人员又探索将醇酸树脂与油混合起来,从而发明了能产生高光效果的醇酸树脂漆,其色彩效果比硝基漆更加光彩夺目,更适用于表面涂饰。醇酸树脂漆也称瓷漆,虽然它的干燥时间比Duco产品长些,但却比传统油漆的干燥时间快得多。杜邦公司为醇酸树脂漆注册了多乐士(Dulux)品牌。1926 年起,多乐士瓷漆开始用作汽车车面漆。20 世纪 30 年代,多乐士瓷漆已广泛用在了电冰箱、洗衣机、户外标识、加油站和火车车厢上。20 世纪 50 年代中期,杜邦公司又推出了更便宜、耐用的 Lucite 品牌丙烯酸涂料。Lucite 品牌汽车漆取代了 Duco 产品,Lucite 品牌电器用瓷漆取代了多乐士产品。此间,杜邦公司还研发了许多专用涂料,如用于食品和饮料罐内壁涂层的 Budium 品牌顺丁二烯涂料。1954 年,汽车制造商采用一种改进的多乐士醇酸瓷漆替代 Duco 漆,这种瓷漆还替代了 Lucite 品牌水基丙烯酸漆。同期,Duco 产品仍有自己独到的市场,杜邦公司一直将 Duco 产品的生产保留到了 20 世纪 60 年代末。虽然退出了汽车漆市场,但 Lucite 产品却在家具领域大展风采。杜邦公司 1957 年研发出了一种新的丙烯酸树脂后,Lucite 产品就占据了工业应用市场。特别值得一提的是,1961 年特氟隆品牌的不粘厨具进入市场并取得成功。20 世纪 60 和 70 年代,Lucite 品牌丙烯酸油漆进入住宅内涂和外涂用漆市场。竞争的加剧和 20 世纪 70 年代后期开始持续到 80 年代早期的经济衰退,迫使杜邦公司退出了消费者油漆业务。杜邦公司 1983 年出售了 Lucite 品牌的产品业务,此后专注于利润更好的汽车和工业用表面漆市场,直到 20 世纪 90 年代中期,一直处于美国市场的领导地位。1999 年,收购德国侯赫斯特公司赫伯特分公司(Herberts,a Subsidiary of Hoechst AG),使杜邦公司在欧洲汽车漆和工业涂料市场上获得了强有力的地位[53]。

　　7. 膜制品——赛珞玢、胶片和合成树脂膜

　　杜邦公司膜与光电产品的发展始于 20 世纪 10 年代,当时,研究人员试图将产能过剩的纤维素硝酸酯制成膜,以为其寻找新的应用。后续的 10 年里,杜邦公司花了 50 多万美金的研究经费,研发膜基材和乳化液涂料。20 世纪 20 年代,新成立的纤维素产品制造部(Cellulose Products Manufacturing Department)开始生产膜产品,红途实验室负责快速改进优化膜产品的性能和质量。杜邦公司纤维素膜研究的最初成果是,赛珞玢成功用作包装材料。后来,又研制生产了电影胶片。

　　1) 赛珞玢

　　赛珞玢(Cellophane)是瑞士人发明的,1912 年最先在瑞士实现商业化生产。它的透明和安全卫生性,既能让厂商用富有吸引力的包装来展示产品,又能让消费者看清楚要买的东西是什么样子。1923 年,杜邦公司购买了该专利的美国生产授权,并在水牛城工厂开始生产。水不能透过赛珞玢,但水蒸气却可以透过它,这让赛珞玢无法用于食品包装。1927 年,科学家威廉姆·赫尔·查驰研发成功了赛珞玢防潮技术,使其可以用于食品包装。于是,杜邦公司开展了一系列市场营销活动,把赛珞玢描绘成一种更清洁、更健康的生活方式所必需的东西,成功地把这种膜推广成了公司的顶尖产品之一。1938 年,它的销售占了公司年

利润的 25%。第二次世界大战期间,公司有四家工厂大量生产了这种材料供应军用。整个 20 世纪 50 年代,赛珞玢都是高利润产品。但 20 世纪 60 年代聚乙烯、聚丙烯等新产品的出现,取代了赛珞玢。20 世纪 80 年代初开始,赛珞玢的生产逐步下降,直到 1986 年彻底停产[54]。

2)胶片

1904 年收购的国际无烟火药与化学品公司位于新泽西州帕林,杜邦公司很快把那里变成了油漆和摄影胶片的生产厂区,此处的红途实验室负责摄影胶片的研发。20 世纪 20 年代早期,为规避进口税,法国帕斯电影有限公司(Pathé Cinema Societé Anonyme)准备在美国本土生产电影胶片。1924 年 10 月,杜邦公司与帕斯电影有限公司美国分公司(Pathé Exchange)合资建立了杜邦 – 帕斯胶片制造公司(DuPont – Pathé Film Manufacturing Company)。1925 年 2 月,开始在帕林厂区生产 35mm 电影胶片,这又为纤维素硝酸酯开拓了一个稳定的市场。同时,合资公司意图挑战伊斯特曼 – 柯达公司(Eastman – Kodak)这家美国领先胶片制造商的竞争优势地位;1927 年推出了彩色胶片,并占领了好莱坞一半的市场。1931 年,杜邦 – 帕斯胶片制造公司变成了杜邦胶片制造公司(DuPont Film Manufacturing Company);1932 年又投产了 X 射线胶片,市场也非常好。1941 年 12 月,膜材料业务成了感光产品部(DuPont Photo Products Department)的一部分。1943 年,杜邦公司的电影胶片获得了奥斯卡奖(Academy Award)。第二次世界大战中,杜邦公司为盟军供应了各种各样的胶片。20 世纪 40 年代和 50 年代,感光产品部开始拓展相纸业务[55]。

3)合成树脂膜

20 世纪 50 年代早期,新组建的膜产品部(Film Department)研发出了聚酯膜,杜邦公司为其注册了 Mylar® 商标。由于具有高强、耐热和绝缘等特性,它广泛用于磁带、包装和电池等市场。20 世纪 60 年代起,杜邦公司持续研发感光成像、印刷和包装材料技术,取得了丰硕成果:固体感光聚合物成功应用于印制电路板的制造,使用 Riston® 品牌光敏刻蚀剂加工电路板,把准备时间从几分钟缩短到了几秒钟,大大提高了 IBM 公司生产复杂电路板的效率;Dycril® 品牌感光聚合物印制板为印刷质量设立了一个新的标杆;Fodel® 品牌感光成像材料广泛用于平板显示器制造,杜邦帝人膜材公司(DuPont Teijin Films)是该领域 PET 和 PEN 聚酯膜的世界领先供应商。杜邦公司摄影产品事业部(Photo Products Department)还研发了包括 Cyrel® 品牌柔版印制板和 Cromalin® 品牌彩色打样系统等许多先进聚合物膜产品[56]。

8. 合成氨

合成氨是重要的基础化工原料。1925 年,杜邦公司在西弗吉尼亚州的产煤地区建立了柏丽工厂(The Belle, W. Va. Plant)生产合成氨。1926 年,合成氨日产量达到了 25t;1929 年日产量达到了 220t;到了 1939 年,工厂才开始获利。1935 年,柏丽厂区成了杜邦公司最大的厂区,生产 80 多种化学产品,包括最早用于制造化肥和塑料的合成尿素。1939 年,柏丽厂区开始生产尼龙化学中间体;到 1944 年,年产尼龙盐 13600t。战后,氮气和尼龙中间体的生产规模持续扩大,并持续推出了新的系列产品。1969 年,柏丽厂区开始生产高效防霉剂——苯菌灵(Benlate)。此后,该厂区一直生产从粮食作物保护化学品到 Dymel 品牌气雾喷射剂等诸多产品[57]。

6.6.3　科学发现时期

1. 氟里昂与含氟化合物

从体育场的屋顶到厨房的炒锅,都可以找到杜邦公司的含氟化合物产品。含氟化合物技术领域一项意义重大的进展是,无毒、不燃的制冷剂氟二氯甲烷(Dichlorodifluoromethane,氟里昂 - 12,Freon 12)的发明,使电冰箱和空调等制冷设备得以广泛应用。氟里昂(Freon®)是杜邦公司氯氟烃(Chlorofluorocarbon,CFC)制冷剂的注册商标名。20 世纪 20 年代以前,大多数常用制冷剂都是毒性很强的物质。20 世纪 20 年代末,通用汽车公司电冰箱分公司(Frigidaire)的两位科学家发明了一种惰性、无毒、无味的制冷剂,即氯氟烃(CFC)气体。通用汽车公司请求杜邦公司将这种制冷剂开发成一种可批量生产的产品。1930 年,杜邦公司在新泽西州深水角厂区建设了一家工厂生产这种制冷剂。杜邦公司和通用汽车公司合资成立了动力化学制品公司(Kinetic Chemicals Company),生产销售氟里昂产品。杜邦公司的科学家们发现,氟利昂还是效果很好的气溶胶喷射剂、发泡剂和清洁剂,并且是聚四氟乙烯的原料。1949 年后,氟利昂业务划归给了有机化学产品事业部。到 20 世纪中期,氟利昂的需求一直持续增长。直到 20 世纪 70 年代,科学研究揭示了氯氟烃与地球臭氧层被消耗的关系。作为氯氟烃产品的世界主要制造商,杜邦公司立即承诺逐步停产氯氟烃并研究更安全的替代品。20 世纪 80 年代,杜邦公司研发出了环保的氟烃(Hydrofluorocarbons,HFCs)类产品,如 Suva® 品牌制冷剂、Formacel® 品牌泡沫膨胀剂和 Dymel® 品牌气溶胶喷射剂等。20 世纪 80 年代,杜邦公司逐步停产了氯氟烃产品。

聚四氟乙烯也是含氟化合物研究中的一项重要发现。20 世纪 70 年代早期,杜邦公司已研发了一系列高性能含氟塑料产品,包括导线绝缘层用 Tefzel® 品牌含氟聚合物树脂、化工设备内衬和特种管线用 Teflon® 品牌可熔融聚四氟乙烯(PFA)塑料、Tedlar® 品牌聚氟乙烯家用壁板、制造工业滤尘袋的聚四氟乙烯纤维,以及工业设备密封用氟橡胶等[58]。

2. 石油基塑料

20 世纪 30 年代,杜邦公司持续地研究改进塑料技术,发明了一些新产品。1931 年,研究高压技术的应用中,氨制品事业部(Ammonia Department)的化学家发现了第一种源于石油原料的塑料——聚 2 - 甲基丙烯酸甲酯(Polymethyl Methacrylate,PMMA),俗称有机玻璃,杜邦公司为它注册了洛赛特 Lucite® 商标。甲基丙烯酸酯聚合物透光性极好,太阳光透过率高达 92%,紫外线达 73.5%;耐热、耐寒、耐湿、耐晒、耐腐蚀且绝缘等性能良好;机械强度较高,尺寸稳定,易成型;易溶于有机溶剂。可用于制造有一定强度要求的透明结构件,如油杯、车灯、光学镜片、广告灯箱和铭牌等。经改性可提高其耐热、耐摩擦等性能。

20 世纪 30 年代末期,通过与美国联合碳化物公司和沙维尼根公司(Shawinigan Corporation)合作,杜邦公司研发出了聚乙烯醇缩丁醛(Polyvinyl Butyral,PVB),并为其注册了 Butacite® 商标。聚乙烯醇缩丁醛是石油基塑料新浪潮中的一个代表性产品,它的强力、防碎和耐用性比纤维素硝酸酯基材料好得多,是理想的非结构性材料,一问世就很快替代了硝基焦木素塑料。最早用它做镜子,用在运动员更衣室和海军舰船等高危险区域。聚乙烯醇缩丁醛塑料市场广大,主要用于制造安全玻璃、玻璃门、浴缸包覆物、商店橱窗,以及天窗和桌面等。聚乙烯醇缩丁醛制成的安全玻璃透明性好,耐冲击强度高,是制造飞机和汽车玻璃的重要材料。与 SentryGlas®、SentryGlas Plus 和 Spallshield® 等品牌的杜邦产品配套,作为夹层材料时,Butacite® 聚乙烯醇缩丁醛可提供更高水平的安全性与设计创新性。20 世纪 90 年代,SentryGlas® 品牌产品被认证为第一个可防飓风的建筑玻璃,其在易受飓风袭击的地区具有很高的声誉。而 Spallshield® 品牌产品可满足更高水平防碎和防穿透玻璃的安全性需求。

第二次世界大战期间,杜邦公司的石油基塑料已经替代了硝基塑料,战时合同带来的稳定市场,促进了塑料技术的快速发展。Lucite® 品牌甲基丙烯酸甲酯塑料大量用于轰炸机和战斗机的窗体材料;Teflon® 品牌聚四氟乙烯用于制造炮弹无线电近炸引信中的鼻锥并用于原子弹研制。战后,杜邦公司退出了竞争激烈的聚乙烯树脂等通用塑料市场,专注于特种塑料市场。1949 年,氨制品事业部和塑料事业部合并为聚合物事业部,以加快塑料业务的发展。20 世纪 50—60 年代,聚合物事业部研发出了 Delrin® 品牌乙酰基树脂、Elvax® 品牌乙烯基树脂和 Zytel® 品牌聚酰胺树脂,销售额和收入都以 3 倍的速度增长。20 世纪 70—90 年代,特种塑料技术和市场进一步拓展,广泛用于管道、饮料容器、家具台面、汽车保险杠、半导体加工和电器绝缘等诸多领域[59]。

3. 人造丝基帘子线被尼龙的替代

1929 年杜邦人造丝公司的化学家发明了高强人造丝长丝,其强度达到了可用做缝纫线和橡胶轮胎增强体的水平,杜邦公司为其注册了 Cordura® 商标,并于

1934 年 11 月开始生产。这种高强人造丝主要用作增强汽车橡胶轮胎的帘子线,其特性是强度遇热增加,这使其在军用合成橡胶轮胎中得到广泛应用,并可延长轮胎使用寿命,为美军取得战争胜利做出了突出贡献。第二次世界大战期间,经过技术改进,这种高强帘子线已能够在标准人造丝生产设备上生产,提高了质量和产量。1950 年,杜邦公司又发明了超级帘子线(Super Cordura®),但是它遇到了尼龙的强有力竞争。20 世纪 50 年代,杜邦公司停止了超级帘子线的生产,采用 N‑56 型工业尼龙丝取代了它。1963 年,杜邦公司关闭了最后一间超级帘子线工厂,正式退出人造丝市场[60]。

4. 氯丁橡胶

氯丁橡胶(Neoprene)是从杜邦公司基础研究计划中第一个显露出来的重要产品。20 世纪 20 年代中期,天然橡胶价格高企,促使对合成橡胶的研究投入大大增加。1930 年 4 月,卡罗瑟斯博士团队的一位化学家,在做一项聚合反应实验时,生成了一种橡胶状的物质。这种橡胶状物质就是氯丁橡胶,它的耐水、耐油、耐热和耐溶剂性能均优于天然橡胶。1931 年下半年,杜邦公司为它注册了 Duprene®品牌,并将这一发明推向了市场。氯丁橡胶很快就成为电话绝缘线缆、汽车发动机垫片和管路等工业应用的理想材料。1937 年,为强调氯丁橡胶只是一种原料而非最终消费品,杜邦公司停用了 Duprene®商标,改用通用名 Neoprene。整个 20 世纪 30 年代,杜邦公司都在持续地改进优化氯丁橡胶的制造工艺和终端产品,消除了早期产品的难闻气味,使它广泛应用到了手套和鞋底等大众消费品中。第二次世界大战使氯丁橡胶离开了消费品市场,尽管产能不断增加,也只能满足军用需求。1950 年以来,氯丁橡胶一直是制造黏合剂、密封件、动力传送带、管路和管线的基础原料。1996 年后,氯丁橡胶一直由杜邦公司和道化学公司(Dow Chemical)的合资企业杜邦道弹性体公司(DuPont Dow Elastomers LLC)生产[61]。

5. 尼龙

尼龙是世界上第一种真正意义上的人工合成纤维,它也源于 20 世纪 30 年代早期杜邦公司研究实验室基地的高聚物研究。1930 年 4 月,朱利安·希尔博士使用酯类化合物做实验时,合成了一种分子量相当高的聚酯聚合物,而且发现它可被拉伸成强度非常高的纤维,但这种聚合物的熔点很低,不具备商业化价值。以此为基础,卡罗瑟斯博士调整了实验过程,并使用由合成氨制得的氨基化合物做实验。实验评价了 100 多种不同的聚酰胺性能后,1935 年,他终于发现了一种分子量非常、带有重复单元分子结构的物质、其强力高且耐热和耐溶剂性能均好的聚酰胺纤维,最终获得了尼龙这项伟大的发明。

由于拥有人造丝的生产经验,尼龙的商业化进程非常快。在确信能够进行低成本生产和确定了女性袜子这个目标市场后,杜邦公司生产了首批尼龙短纤。

为确认生产尼龙长袜的可行性,首批尼龙短纤在极其保密的情况下被送到一家编织工厂进行实验,送样的化学家和样品一起睡在火车上。经历了两轮这样的实验和后续研发后,杜邦公司在威明顿市建立了尼龙中试工厂。又经过了大量后续研发,1939 年下半年,杜邦公司在特拉华州锡福德厂区开始大规模生产尼龙纤维。

尼龙改变了人们的穿衣方式。杜邦公司没有把尼龙(Nylon)注册为商标,而是发明了美国英语中的一个常用词——长筒丝袜(Silk Stocking)。1940 年 5 月开始销售时,尼龙丝袜取得了巨大的成功,女士们在百货商场门前排起长队购买这种珍稀的物品。1941 年,杜邦公司在弗吉尼亚州马丁斯维尔(Martinsville, Virginia)建设了第二家尼龙工厂。第二次世界大战中,尼龙被用来制造降落伞和 B - 29 轰炸机的轮胎。1950 年,杜邦公司向另一家企业发放了尼龙生产许可。与此同时,杜邦公司一直为尼龙开发其他的应用市场,如卡车中的传动皮带和汽车轮胎。大约在 1955 年,经过了在威明顿市杜邦宾馆(Hotel du Pont)里的 6 年试用后,杜邦公司开始生产地毯用尼龙短纤。1959 年,杜邦公司推出了膨体连续长丝(BCF),正是这种纤维和 1960 年推出的 Antron® 品牌尼龙纤维,使地毯工业发生了革命性变革。20 世纪 60 年代,新品种尼龙纤维的研发持续推进。1966 年,杜邦公司将原来为高强人造丝申请的 Cordura® 商标赋予了 N - 56 型尼龙系列产品。20 世纪 70 年代,Zytel® 品牌耐用型尼龙和 Qiana® 品牌绸质尼龙(Silk - like Nylon)进入了市场。1977 年,杜邦公司的研究人员发明了染色尼龙,使其具有了更广泛的商业化应用。到 1979 年,Cordura® 尼龙占据了 40% 的行李箱市场;20 世纪 80 年代,Cordura® 尼龙进入了运动服装鞋帽和背包市场;1988 年,更加柔软、轻质、耐日晒和耐洗涤的 Cordura Plus 型尼龙进入市场,使消费者终端产品的性能得以大幅升级;1996 年,Cordura Plus Natural 型尼龙进入市场,其外观和手感都很像天然棉帆布,很快就成为运动产品和服装材料[62]。

6.6.4 变革时期

1. 聚丙烯腈纤维

聚丙烯腈纤维的研发源于人造丝的技术基础。1941 年,杜邦公司的一位科学家研究改进人造丝技术时,发现了一种丙烯酸聚合物的溶液纺丝方法。于是,杜邦公司开始研发这种纤维,最初的目的是希望它可以成为羊毛的替代品,但遇到了纺丝和染色方面的诸多困难,研发过程困难重重。最终,杜邦公司于 1950 年在南卡罗来纳州卡姆登(Camden,South Carolina)厂区的梅工厂(May Plant)投产了这种纤维,并为它注册了奥纶商标。最早上市销售的是奥纶长丝纱线,但其不易染色,本色为浅黄灰色,只适合做遮阳篷和窗帘。销售形势令人失望,奥纶长丝纱线 1957 年只得停产。1952 年 5 月,该厂开始生产奥纶短纤膨体纱,其质地酷似羊毛。当时,女士毛衣开始兴盛,奥纶正好迎合了这一需求,终于在 20 世纪 50 年代取得了市场成功。到 1960 年,其销售量达到了 454t/年。20 世纪 60 年代和 70 年代,奥纶的需求仍持续保持在很高水平,杜邦公司研发了系列化奥纶产品,满足服装、毛毯和地毯等应用的特殊要求。直至 1990 年,杜邦公司一直在生产地毯用奥纶[63]。

2. 聚酯纤维

1929 年华莱士·卡罗瑟斯博士就已经对聚酯聚合物显示出了很浓的兴趣,但杜邦公司选择把精力集中在更有前景的尼龙研究上。当尼龙研究取得突破杜邦公司转向继续研究聚酯时,英国化学工业巨头帝国化学工业公司(ICI)已经为聚酯申请了专利和特丽纶(Terylene)商标。1945 年,杜邦公司购买了该专利的美国使用权并在此基础上开展了深度研发。1950 年,杜邦公司在特拉华州锡福德厂区建立了中试工厂,采用改进的尼龙技术生产聚酯纤维,并为自己的聚酯纤维注册了达可纶商标。1953 年,杜邦公司在北卡罗莱罗纳州金斯顿厂区规模庞大的工厂生产达可纶,该厂区是世界上第一家商业化生产聚酯纤维的工厂。尽管合成纤维市场一直处于波动之中,但杜邦公司始终保持该厂处于持续运转,直至 1998 年才关闭[64]。

3. 工程聚合物

工程聚合物可在高应力条件下使用,它的出现源于尼龙技术。20 世纪 40 年代杜邦公司的科学家对尼龙潜在的三维形态应用开展了大量研究,结果表明,模压成型的尼龙可在工业设备领域替代金属部件。1950 年,杜邦公司 Zytel® 品牌模塑尼龙树脂开始在纺织、汽车和仪器等领域替代金属。由此,杜邦公司的高性能聚合物研究,拓展到了尼龙以外的缩醛和聚酯等其他品种。

Zytel® 品牌尼龙树脂是一种丰富多彩的工程塑料。20 世纪 30 年代为尼龙丝袜研制耐用聚酰胺聚合物尼龙 66 时,杜邦公司的化学家们发现了它。第二次世界大战期间,美国政府大力推进塑料替代金属,杜邦公司开始大规模生产发动机齿轮、凸轮、阀和球轴承等机械零件用的新型尼龙树脂。战后,杜邦公司把这种新型树脂命名为 Zytel®,并将其作为一种具有轻质、耐热、耐化学腐蚀特性的特种工业用工程塑料。但是,模具设计不佳或有表面划痕时,Zytel® 尼龙树脂容易在加工中发生脆裂。1973 年,杜邦公司工程师贝内特·N. 爱泼斯坦(Bennet N. Epstein)通过将尼龙与其他树脂混合改性,发现了具有超韧特性的 Zytel ST 树脂,解决了脆裂的问题。Zytel ST 树脂的优势很快得到了市场的推崇。当时正值 1973—1974 年的石油危机,汽车制造商很快就将它用到了汽车油箱、车内面板和发动机零部件上,以减轻车辆自重和提高行驶里程。不久,它又被用到了电线绝缘层、体育装具和家庭装饰等新的应用领域。1994 年,杜邦公司又推出了针对有毒化学品、高湿和极端温度环境下使用的 Zytel HTN 型高性能尼龙。随着竞争者相继进入市场,利润率持续下降,但杜邦公司依然是世界领先的尼龙化学中间体、聚合物和纤维制造商。

20 世纪 50 年代研发的 Delrin® 品牌缩醛树脂,称为"合成石头"(Synthetic Stone),它既有类似金属的性质,又可以模压成复杂形状。20 世纪 60 和 70 年代,通过对合成材料改性技术的持续探索,杜邦公司的工程聚合物技术研究不断取得突破。Rynite® 品牌聚对苯二甲酸乙二醇酯(PET)是一种热塑性聚合物,其中均匀地掺杂了玻璃纤维,具有非常好的电绝缘性能。杜邦公司拥有诸多工程聚合物产品解决方案,可满足汽车、电气、电子、消费产品和工业应用等不同需求[65]。

4. 聚酯膜

Mylar® 品牌聚酯具有高强、耐热和极好的电绝缘性能,是 20 世纪 50 年代早期研发达可纶的过程中发现的。20 世纪 60 年代,Mylar® 品牌聚酯膜在录音录像磁带、电容绝缘体、包装和电池等领域得到了广泛应用;它和赛珞玢占据了膜事业部(Film Department)2/3 的销售额和全部利润。20 世纪 70 年代,尽管遭遇了竞争,但 Mylar® 品牌聚酯膜一直是杜邦公司最畅销的膜产品。多样化的 Mylar® 品牌膜产品已实现了性能与诸多功能的平衡,在电气、电子、磁媒介、成像和制图,以及包装等市场中占据着重要地位[66]。

5. 聚氟乙烯

1961 年,杜邦公司在水牛城厂区建厂生产聚氟乙烯(Polyvinyl Fluoride,PVF)薄膜。此后,Tedlar® 品牌聚氟乙烯涂料一直是杜邦公司的一个拳头产品。聚氟乙烯的分子结构使其具有不可渗透性,污物、油和沙砾都不能透过它,所以一场大暴雨就能使它变得很清洁。它还能阻止太阳紫外线辐射的穿透,具有防退色和防日照伤害的功能。它的耐候性和可染色性,使其可制成很吸引人的木质层压材料百叶窗、铝合金外墙板和家用制品,这迎合了建筑行业的需求。20 世纪 70 年代早期,聚氟乙烯应用到了汽车内饰领域,10 年后又用作帐篷、天篷、户外临时建筑物和有顶运动场地等柔性建筑结构的表面层压材料。20 世纪 90 年代早期,聚氟乙烯又应用在了柔性户外标识、横额和遮阳蓬,飞机和火车的内饰,卡车拖车壁板,以及便携式建筑板材等领域。

Tedlar® 聚氟乙烯产品有多个品种,可满足诸多不同需求。一个主要品种是 Tedlar SP 膜,具有优异的透光性,用于制造背光显示器,具有宽泛的色彩和光泽选择余地,可提供从透明到黑暗之间的选择。较早的 Tedlar® 膜需要使用黏结剂,而 Tedlar SP 膜则不需要黏结剂或热封,即可多层叠层使用。Tedlar® 膜是化学上与特氟隆膜相关度很大的产品。因此,杜邦公司在 2000 年将这两种都具有坚韧和不粘特性的膜材料和加工制成品,整合成了表面产品业务[67]。

6. 弹性纤维

莱卡品牌弹性纤维是由一种嵌段聚氨酯聚合物纺制而成的,其伸长和恢复性能异常优异,可保证织物和服装具有良好的舒适性、适体性,人体可运动自如。莱卡 1962 年在弗吉尼亚州维恩斯伯勒(Waynesboro,Virginia)厂区开始商业化生产,从启动研究到生产出好的弹性纤维,时间跨越了 20 年。莱卡织物是由莱卡纤维与棉、羊毛、丝绸和尼龙等其他纤维混编或混织而成[68]。

7. 纺粘材料

1944 年,杜邦科学家威廉姆·赫尔·查驰研究无纺织物时,发现了纺粘材料。20 世纪 50 年代,杜邦公司的科学家们通过粉碎和处理尼龙纤维,发明了一种人工合成纸。20 世纪 50 年代中期,杜邦公司的塑料技术人员,采用高温下快速释放压力的工艺,将聚乙烯从溶剂中分离出来,发现了纺粘网现象。这种网由适宜生产纸状物质的长丝相互交联而成。纺粘材料具有防止外部湿度导入且可导出内部湿度的特性。杜邦公司新产品部门(DuPont's New Products Division)研发成功了纺粘材料的生产技术,并为其注册了特卫强(Tyvek®)商标。1961 年,特卫强产品进入市场,并相继推出了纺粘型聚酯和纺粘型聚乙烯产品。但该产品长期不盈利,研发特卫强用了 15 年,使其盈利又用了 15 年。今天,几乎每个基建工程中,都能看到特卫强建筑覆盖物。它还是制造无菌灌装塑料瓶、防护服装和信封的材料[69]。

8. 负性光聚合物抗蚀膜

瑞斯通(Riston®)品牌干膜型负性光聚合物抗蚀膜(Dry Film Photoresists)1963 年进入市场,为杜邦公司保持在电子工业领域的技术领先地位做出了重要贡献。20 世纪 60 年代早期,杜邦公司研究人员采用光聚合物成像技术的创新成果,研究电路板制造技术。他们很快就研发出了光阻剂,光聚合物既有阻光特性(负性光致刻蚀剂(Negative Photoresists))又有光敏特性(正性光致刻蚀剂(Positive Photoresists))。瑞斯通抗蚀膜是薄膜状的负性光聚合物,被夹在聚乙烯遮光膜(Photomask)和聚酯片中间。印制电路板加工时,错综复杂的电路图被印在遮光膜上,在其上铺一层瑞斯通抗蚀膜并使其曝光,电路图的复制品就留在了瑞斯通抗蚀膜上。将曝光后的瑞斯通抗蚀膜铺在铜板上,利用化学、物理或激光工艺将曝露在外的铜材除去,留下的就是整洁的印制电路板。

干膜技术的发明使 Riston® 品牌负性光聚合物抗蚀膜获得了快速成功。相对于竞争对手的湿膜技术,干膜技术与高效处理器配合使用,使加工工艺更方便、效果更精准。干膜技术赢得了 IBM 的青睐。1970 年,杜邦公司扩大了宾夕法尼亚州托旺达市(Towanda,Pennsylvania)厂区负性光聚合物抗蚀膜产品的产能。1977 年后,杜邦公司一直占据着该行业的领先地位,拥有先进、充足的生产设施和遍布全球的合资企业。1999 年,杜邦公司推出了可直接激光成像的光致蚀刻剂、适于稀有材料和先进微电子行业极小尺寸($< 8 \times 10^{-4}$ 英寸)材料的光致蚀刻剂,以及光致蚀刻剂加工用的性能先进的 YieldMaster 2000 系统[70]。

9. 杀虫剂–灭多威

兰纳特(Lannate®)品牌灭多威(Methomyl insecticide)是一种氨基甲酸酯(Carbamate)类杀虫剂,1968 年进入市场,是杜邦公司最成功的农作物保护产品之一。在实验室日常测试中,这种物质给研究人员的印象并不深刻。所以,20世纪 60 年代早期,杜邦公司的研究人员几乎忽略了这种万能型杀虫剂。实验表明,灭多威对棉铃象虫(Boll Weevils)高度有效。但由于很难喂养,因此棉花害虫不是实验室筛选的品种。后续实验表明,它对咀嚼类昆虫同样有效。Lannate®品牌灭多威是水溶性粉末,将它放入水中搅拌、溶解后,喷洒在棉花、水果和蔬菜作物上。灭多威既是直接接触杀虫剂,也是毛虫、地老虎、叶蝉、蓟和欧洲玉米螟等多种害虫的卵、幼虫体和成虫的胃毒剂。干燥后,它可在植物叶面上形成耐雨性结构,具有使用后快速分解、残留低的特性,对动物和环境安全[71]。

10. 反渗透膜

1969 年,杜邦公司申报了第一项处理苦咸水用的反渗透膜专利,1974 年改进后的聚酯中空纤维膜分离器实现了海水脱盐的性能。聚酯中空纤维膜分离器广泛用于工业和医用高纯水的生产。因为 B-9 型聚酯中空纤维膜分离器中渗透器(permeator)的创新,杜邦公司 1971 年被授予"柯克帕特里克化学工程成就奖"(Kirkpatrick Chemical Engineering Achievement Award)。杜邦公司在反渗透膜领域依然占据着技术的全球领导地位[72]。

11. 芳纶

保罗·摩根和斯蒂芬妮·露易丝·克沃莱克共同发现间位芳纶后,杜邦公司进行了规模史无前例的投资,1959 年在弗吉尼亚州瑞驰蒙德市斯普鲁恩斯工厂(Spruance Plant)建设了中试车间,1967 年建设了间位芳纶纺丝厂和间位芳纶无纺布工厂。杜邦公司为间位芳纶注册了诺梅克斯商标,并将其应用到了纸、毛毡、织物和纤维等领域,消防员战斗服是其最著名的应用。

斯蒂芬妮·露易丝·克沃莱克发现对位芳纶后,杜邦公司投入了 5 亿美元研发其产业化技术,是杜邦公司有史以来最大规模的一项产业化技术研发与建设投入。杜邦公司研发对位芳纶的最初目的是要使其成为高性能的橡胶轮胎帘子线,研发在瑞驰蒙德厂区的中试工厂中进行,项目代号是 B 纤维(Fiber B),在其 15 年的研发过程中几乎无人知晓。20 世纪 80 年代,杜邦公司为对位芳纶注册了凯芙拉商标,并向市场推出了多个品种的纤维,使其成为制造军警用防弹衣和防切割手套等的必需材料[73]。

12. 医疗产品

杜邦公司制造医疗产品的历史很长。1932 年,杜邦公司推出了 X 射线胶片,到 1970 年,已占据了 X 射线胶片 40% 的市场份额。20 年后,杜邦公司推出了图像分辨率极高的新型紫外线光电管 X 射线胶片与屏幕系统(UltraVision

X - ray Film/screen System），大大提高了诊断精确性。

20 世纪 50 年代开始，杜邦公司一直尝试进入制药产业。金刚烷胺（Symmetrel）是美国首次发现的人工合成抗病毒药物，斯泰因实验室（Stine Laboratory）1957 年开始对其抗病毒特性进行了全面评估。到 1964 年，氨基金刚烷胺的抗病毒特性被证明是最有效的。杜邦公司为其申请了治疗上呼吸道感染的应用专利。1966 年，美国食品药品管理局（Food and Drug Administration，FDA）批准其可用于预防亚洲型流感等特定疾病；次年，又批准其可用于治疗所有类型的感冒。尽管金刚烷胺获批，但杜邦公司缺乏药品研发销售和与监管机构打交道的专长，1969 年收购远藤实验室使其弥补了这一缺陷。远藤实验室是家族制药企业，创立于 1920 年。20 世纪 70 年代，杜邦公司拓展了远藤实验室的止痛药系列产品，并研发了治疗吸毒的药物。1982 年，远藤实验室更名为杜邦医药公司（DuPont Pharmaceuticals）。整个 20 世纪 80 年代，制药始终只是杜邦公司的一项边缘业务。为全面扩张生命科学部门，杜邦公司与制药巨人默克制药公司（Merck & Company）于 1991 年合资成立了杜邦默克制药公司（DuPont Merck Pharmaceutical Company），使杜邦公司形成了生命科学领域的竞争力。默克制药公司是美国历史最长的制药公司之一，其在心血管药物、放射性药品和中枢神经系统产品等新药研发和市场方面具有雄厚实力。杜邦默克医药公司生产的抗凝血剂药物下丙酮香豆素钠（Coumadin）和亭扎肝素钠（Innohep）、抗帕金森症左旋多巴药心宁美（Sinemet）、Cardiolite 品牌心肌显像剂，以及科素亚（Cozaar）品牌抗高血压药氯沙坦（Cozaar）和海捷亚（Hyzaar）等药品都获得了成功。1998 年，杜邦公司研发出了艾滋病治疗药物依巴韦林（Sustiva）、癌症新疗法和心血管病新药等革命性产品。依巴韦林成了第一个被美国食品药品管理局批准用于治疗艾滋病的药物。1998 年 7 月，杜邦公司收购了默克医药公司拥有的 50% 股权，杜邦制药公司开始独立运营。2001 年，百时美施贵宝公司（Bristol Myers - Squibb）收购了杜邦制药公司。

1970 年，通过收购贝尔与豪威尔公司（Bell & Howell）的分析仪器部门，杜邦公司进入了电子生物医疗仪器市场，并使其成为人体体液临床自动生化分析仪（Automatic Clinical Analyzer，ACA）技术的领导者。1971 年，杜邦公司在特拉华州格拉斯哥（Glasgow，Delaware）工厂生产的首批临床自动生化分析仪上市销售，这批产品可进行最多 30 个诊断项目的检测。到 1976 年，杜邦公司已销售了 1000 台临床自动生化分析仪。1975 年，杜邦公司在阿肯色州琼斯伯勒（Jonesboro，Arkansas）建设了一家新工厂扩大这种仪器的产能。持续的研发努力使临床自动生化分析仪的检测范围不断扩展，1980 年可检测心脏病，1982 年可快速检测细菌感染的分离方法。1983 年，杜邦公司推出了适用于小医院、诊所和急救设施的台式分析仪，使市场拓展到了全球。到 1985 年，临床自动生化分析仪已可完成 67 个诊断项目的检测。20 世纪 80 年代,杜邦公司又研发了其他产品,扩展了医疗诊断仪器产品系列,临床自动生化分析仪仍是盈利的产品。1986 年,杜邦公司收购了销售特护型医院产品的美国危重护理公司(American Critical Care),并更名为杜邦危重护理公司(DuPont Critical Care)。同年,杜邦公司推出用于大容量诊断检测的新型尺度分析仪(Dimension analyzer),其功能与临床自动生化分析仪相似,并发布了一种艾滋病病毒的筛选分析方法。1996 年,杜邦公司出售了其诊断和医疗仪器业务。

1981 年收购新英格兰核药品公司(New England Nuclear Corporation, NEN)是杜邦公司向医疗研究和健康保健领域业务扩张的一项举措,通过强化健康科学领域的投入,生物医学产品成为杜邦公司的主要产业。新英格兰核药品公司位于波士顿,成立于 1956 年,是单克隆抗体等特种生物医疗产品的领先制造商。单克隆抗体是一种可在人体免疫系统内针对异物或病原进行重组的蛋白质,为癌症诊断和治疗赋予了希望。收购后不久,新英格兰核药品公司在其位于马萨诸塞州牛顿市(Newton, Massachusetts)的生物技术中心(Biotechnology Center)里,使用世界首台商业化医用直线加速器,开始了同位素药品的生产。这些药品是示踪手段,可为研究人员和医生提供药物在体内运动与定位的精确信息。这些技术强化了杜邦公司在医用影像和 X 射线影像领域的技术实力。20 世纪 90 年代,生物技术领域的竞争越来越激烈,杜邦公司将自身生物技术资源集中在了农业、营养和生物基合成织物等领域。1996 年,杜邦公司出售了医疗诊断和影像业务。

1988 年,杜邦公司被授权在癌症研究中可使用其转基因癌症鼠(Transgenic Oncomouse)技术。癌症鼠(Oncomouse)是第一种获得专利的动物。次年,杜邦公司推出了器官保存解决方案——ViaSpan 品牌的器官保护液,使器官移植手术过程更加安全和容易。

杜邦公司的健康相关产品业务目前只专注于营养、保健和预防。例如,全自动病原微生物快速检测与食品安全系统(BAX® food Safety System)和全自动微生物基因指纹鉴定系统(RiboPrinter® Microbial Characterization System),提供了病原菌筛查和基于 DNA 的食源性细菌鉴别。新型大豆蛋白可制成各式各样低脂肪和低胆固醇的食物。此外,杜邦公司还制造吸入型药品的气雾挥发剂[74]。

6.6.5 寻求新方向时期

1. 农作物保护用化学品:除草剂、杀虫剂和杀菌剂

杜邦公司有将近一个世纪的除草剂、杀虫剂和杀真菌剂等农业化学品的研究经验。20 世纪初,杜邦公司开展了固氮植物化学研究;20 世纪 20 年代,小规模生产了种子消毒剂;1928 年和 1930 年收购格拉塞利化学品公司(Grasselli

Chemical Company)和 R&H 化学品公司(R&H Chemical Company),增强了无机杀虫剂和杀真菌剂技术的研究实力;第二次世界大战激发的对作物和昆虫的研究,直接导致了 20 世纪 40 年代末起至整个 50 年代发生的化学革命。1943 年,杜邦公司申请了一种合成植物生长激素的专利,但忽视了其作为杀草剂的副作用。由此,杜邦公司建立了新的筛分机制,很快就合成了畅销 20 世纪 50 年代的 Telvar 和 Karmex 品牌的有机除草剂。

杀真菌剂(Benlate Fungicide)中的有效成分苯诺米尔(Benomyl)是杜邦公司研究员海恩·L. 科洛普(Hein L. Klopping)1959 年 7 月首次合成的。杜邦公司 1970 年开始在西弗吉尼亚州贝拉工厂(Belle plant,West Virginia)批量生产苯菌灵,以可湿性粉剂形式进入市场。1987 年又推出了干悬浮剂型苯菌灵(Benlate 50 DF)。由于一些种植者指责苯菌灵造成了非常多的植物生长问题,杜邦公司遭遇了法律诉讼,并就此展开了美国农业史上最大规模的调查行动,以确定苯菌灵是否引起作物伤害,但试验无法复现所声称的植物伤害。最终,考虑业务原因,即使没有科学证据证明苯菌灵可导致作物伤害,杜邦公司还是在 2001 年在全球停止了苯菌灵销售。停产前,苯菌灵一直是杜邦公司最成功的杀真菌剂之一。

1975 年,杜邦公司研究人员乔治·莱维特(George Levitt)发现了可与植物生长酶相互作用、对哺乳动物无毒副作用的磺酰脲类(Sulfonylureas)物质。1978 年,杜邦公司为莱维特的这一非凡发现申请了专利;4 年后,向大麦种植者推出了含有磺胺脲的 Glean 品牌除草剂。杜邦公司很快研发出了适于全球每一种食用作物的磺胺脲除草剂[75]。

2. 水刺法无纺布

水刺无纺织物的织造工艺是采用针样喷涌而出的水流,使纤维在平整表面纠缠成为一张网,形成一种抗撕裂、沙泥海藻混合状的材料。由于加工中未用任何黏结剂或添加剂,因而最终得到的织物是不会起毛的,它广泛用于医用外科手术长袍、口罩,以及婴儿用湿纸巾等。历经 10 年研究,射流喷网法(Spunlaced)或水刺法(Hydro - entangled)织物技术获得成功,杜邦公司 1973 年将其推入市场。1963—1970 年,杜邦公司获得了五项水刺无纺织物的技术专利,是该领域的技术领导者。胜特龙品牌的水刺法无纺布,可用于清洁飞机机窗、赛车的喷漆层,以及家庭清洁等用途[76]。

3. 氟聚合物涂层

银石(Silver Stone)品牌氟聚合物涂层是制造超级不粘、耐刮花厨具的原料,它源于使用特氟龙品牌聚四氟乙烯做的化学实验。1938 年发明聚四氟乙烯后,其销量一直不大,直到 1961 年推出了厨具用的不粘涂层,市场才大幅改观。此后,杜邦公司一直致力于研究性能更好的不粘和抗刮花碳氟聚合物。1976 年推出的银石品牌产品是一种三层氟聚合物组成的涂层系统,比特氟龙更加耐久。

20 世纪 90 年代,不粘和抗刮花碳氟聚合物又增添了新产品,如采用更高水平防刮花技术(Scratch Guard)制成的银石选择(Silver Stone Select)型产品,以及供专业厨房使用的银石专业(Silver Stone Professional)型产品[77]。

4. 防污地毯

杜邦公司研究人员发现特氟隆喷雾可使尼龙地毯更耐污、更防渗,利用这一革命性的地毯技术,杜邦公司开发了具有超级防污抗渗性能的斯丁马斯特(Stainmaster)品牌的地毯。1992 年首次推出的该品牌超级生活型(DuPont Certified Stainmaster Xtralife)地毯,具有优异的防污、抗渗和耐撕刮等特性[78]。

5. 电子产品

基于研发新技术和扩张新市场的信念,杜邦公司 20 世纪 50 年代进入了电子产品市场,当时颜料事业部(Pigments Department)成为美国第一个半导体硅材料制造商。20 世纪 50 年代后期,德州仪器(Texas Instruments)研发了制硅新工艺,由于技术落后,杜邦公司放弃了这一市场。1967 年,光学产品事业部(Photo Products Department)研究人员运用膜和光聚合物技术专长研发了微型电路技术,发明了用于蚀刻和制造印制电路板镀层的 Riston® 负性光聚合物抗蚀膜。5 年后,杜邦公司成立了电子产品部(Electronic Products Division)并收购了发明家昆廷·伯格(Quentin Berg)1950 年创建的生产计算机电子连接器件、电话系统和工业电子设备的伯格电子公司(Berg Electronics Inc.),这是 20 世纪 70 年代早期杜邦公司进入正在蓬勃兴起的电子产品市场的重要一步。

20 世纪 70 年代,杜邦公司研发了印制电路板图像转移材料和混杂导体结构光聚合物浆料。20 世纪 80 年代的衰退,逼迫企业远离消费品生产,专注于工业电子产品市场。1982 年,杜邦公司收购了为电容器制造商供应材料的固态电介质公司(Solid State Dielectrics)。后续收购的陶氏实验室有限公司(Tau Laboratories Inc.)和纳米面罩股份有限公司(Nanomask,S. A.),使杜邦公司成为欧洲和美国半导体行业遮光膜产品的领导者。通过建立合资企业,杜邦公司还研发了光学数据存储盘部件。20 世纪 90 年代,杜邦公司专注于为半导体产业供应材料,以及销售自己的分析仪器和电子连接器。收购飞利浦在德国的遮光膜业务(Philips Photomask Operation)和成立上海精细遮光膜公司(Shanghai Precision Photomask),强化了杜邦公司在高密度电脑芯片用遮光膜市场的地位。1999 年,杜邦公司成立了杜邦信息技术部门(DuPont iTechnologies),致力于为信息产品市场研发高质量的电子产品用材料[79]。

6. 彩色印刷打稿系统

彩色是将红、黄、蓝三原色最精确地组合后得到的复杂产品。四色印刷中,将品红(M)、黄(Y)、青(C)和黑(K)组合在一起形成彩色。正式印刷前,必须通过彩色打稿,检查色彩的精度。Cromalin® 光聚合物打稿技术出现前,高质量的彩色打稿是靠印刷打稿,即在昂贵的印刷版上铺上色彩敏感的薄膜附加层进行试印。如果色彩不正确,这一过程将重复很多遍。杜邦公司 1972 年开始销售的 Cromalin® 彩色打稿系统,是光聚合物技术在图像记录、复制和彩色印刷打稿领域的典型应用,曾一度非常流行。它属于非印刷打稿中的模拟打稿,或称照相打稿和化学打稿。非印刷式打稿省时、经济,比打稿机打稿得到的色调转移效果更好。Cromalin® 打稿系统利用曝光后光聚合物、溶剂溶解度和胶黏剂等发生的化学变化,制得彩色复制品:含有各种颜料且标识了正性或负性的光敏感聚合物,曝光显影后生成彩色图像;利用聚合物的胶黏性吸住彩色调色剂,再把与颜料有黏性的光聚合物转印到纸基上,即可得到彩色复制品。杜邦公司 1981 年研发了自动调色机(Automatic Toning Machine),其可自动执行上述操作。因成本太高,该技术已渐被数码打稿所取代。此后,杜邦公司还推出了 Cromalin® 数字化出版和喷墨印刷系统,计算机直接制版(Computer – to – Plate)是传统胶片间接制版(Film – to – Plate)技术的有效补充[80]。

6.6.6 可持续发展时期

1. 替代氯氟烃

氯氟烃基的制冷剂、喷雾剂等化学品,特别是应用最广的氟利昂制冷剂,是破坏臭氧层的氯氟烃的最重要来源。杜邦公司 1994 年底逐步停产了氯氟烃,比 1987 年签署的 *Montreal Protocol* 和 1990 年批准的 *Clean Air Act Amendments* 规定的时间,提前了整整一年。1990 年,在德克萨斯州科伯斯克里斯蒂(Corpus Christi,Texas)和加拿大安大略省迈特兰德(Maitland,Ontario,Canada)的厂区,杜邦公司启动了舒瓦品牌氢氯氟烃(Hydrochlorofluorocarbon,HCFC)和氢氟烃(Hydrofluorocarbon,HFC)制冷剂系列产品的生产。1994 年开始,杜邦公司制造的八种舒瓦品牌制冷剂,已分别用于空调、超市展示箱、冰箱冰柜,以及其他工业应用。20 世纪 90 年代后期,非氯氟烃制冷剂的市场需求大增,1999 年,杜邦公司进一步扩大了氢氯氟烃和氢氟烃制冷剂的产能[81]。

2. 弹性体制品

1996 年,杜邦公司与道化学公司合资成立了杜邦道弹性体公司(DuPont Dow Elastomers)。该合资公司集聚了杜邦公司的全球市场优势和道化学公司的技术优势。杜邦道弹性体公司提供从橡胶工业用热固性橡胶聚合物到化工和汽车工业用高性能氟橡胶等多种多样的弹性体产品,以及杜邦公司 Hypalon®、Kalrez®、Nordel® 和 Viton® 等品牌氯丁橡胶产品[82]。

3. 高性能汽车涂料

1999 年,杜邦公司收购了德国赫斯特化学公司(Hoechst AG)的涂料分公司——贺伯兹公司(Herberts GmbH)。这次收购使杜邦高性能涂料(DuPont Performance Coatings)业务成为世界最大的汽车涂料供应商,以及世界第三大涂料公司。杜邦公司和德国赫斯特化学公司都致力于研发更耐用的防划痕、防环境酸侵蚀涂料,低粉末、低有害气体排放的环境友好型涂料,以及水性涂料[83]。

4. 超级杂交种子

20世纪80年代中期,杜邦公司开始研发高附加值种子、食品和天然纤维等农业生物技术。1997年,杜邦公司收购了专门研发超级杂交玉米种子的先锋公司20%的股权,并发起成立了企业研究联盟(Joint Venture Research Alliance)——最佳优谷有限责任公司。由于新型杂交玉米和黄豆种子品种连续两年的突出发展,杜邦公司1999年购买了先锋公司其余80%的股权。先锋公司在抗除草剂黄豆、健康食用油作物和可降低牲畜排泄物中氮和磷含量的饲料作物等前沿农业技术领域居世界领先地位,这是杜邦公司对生物技术实施扩张性研究投入的重要成果[84]。

5. 新聚合物平台

基于索罗那(Sorona®)品牌聚合物技术,杜邦公司构建了先进的杜邦聚合物平台。索罗那聚合物基于最活跃应用研究领域的近150项技术专利,包含了生产功能性纤维所需的特殊改性剂和添加剂。

杜邦公司的纤维技术创新始于1910年涂层织物的研发。从那时起,杜邦公司可以生产现有40多种主要商业化聚合物产品中75%的品种,这些都能追溯到缩聚技术的研发源头。索罗那的研究源头始于20世纪初,当时,杜邦公司开展了一项点燃了20世纪材料革命之火的基础研究计划。那时,杜邦公司科学家的创始团队对自由基聚合的机理开展了深入研究,并建立了缩合聚合与缩聚物结构的基本原则,这些为杜邦公司后续大获成功的合成纤维、膜、塑料树脂和后整理等业务的创立奠定了科学基础。索罗那聚合物使用1,3-丙二醇(1,3 propanediol,PDO)作为基础原料,与其他单体和添加剂聚合,创建了一个差别化的聚合物家族。索罗那聚合物在20世纪40年代早期就被发现了,它具有柔软、易染色、伸缩性好等独特性能。其后的几十年里,杜邦公司一直在推进这种聚合物技术的发展,但由于加工技术的原因,(PDO)的成本一直过于高昂。直到90年代中期,杜邦公司的研发投入又达到了新的水平,PDO生产成本合理化研究才取得了突破,明确了以合理成本生产PDO的两条技术途径,创建了涵盖这两条技术途径的全部专利。这两种技术途径:①基于石油化学品;②基于突破性的生物发酵技术。

化学合成聚合物的生产方法,与以纤维素硝酸酯为原料生产聚合物的方法有着本质不同。杜邦公司的化学合成聚合物技术研究起步较早,因而走在了该领域的前沿。第二次世界大战时,杜邦公司已经建立了很强的聚合物科学基础,因而获得了几种畅销不衰的著名聚合物,包括:20世纪20年代,人造丝和醋酯纤维;20 世纪 30 年代,用作橡胶轮胎增强体的 Cordura® 高韧性人造丝和尼龙;20 世纪 40 年代,奥纶(Orlon®)品牌聚丙烯腈纤维;20 世纪 50 年代,达可纶(Dacron®)品牌聚酯纤维;20 世纪 60 年代,安特纶(Antron®)品牌尼龙纤维、莱卡(Lycra®)品牌弹力纤维、诺梅克斯(Nomex®)品牌间位芳纶、特卫强(Tyvek®)品牌纺粘型烯烃和特氟龙(Teflon®)品牌聚四氟乙烯;20 世纪 70 年代,凯芙拉(Kevlar®)品牌对位芳纶和胜特龙(Sontara®)品牌水刺无纺布;20 世纪 80 年代,萨伯莱克斯(Supplex®)品牌棉感尼龙织物和酷马克斯(Coolmax®)品牌导汗凉爽织物;20 世纪 90 年代,塔克特尔(Tactel®)品牌尼龙 66、特莫利特(Thermolite®)品牌保暖纤维和特莫洛夫特(Thermoloft®)品牌仿羽绒棉。

坚实的科学基础和强大的技术实力,是杜邦公司在聚合物技术领域保持领先的关键保证。同时,纤维工程、加工工艺、消费趋势和织物价值链等领域的雄厚知识基础,支撑着杜邦公司在合成纤维和纺织市场上取得了持续的成功[85]。

6. 下一代显示技术产品

杜邦显示产品业务(DuPont Displays)为手机、笔记本电脑和高分辨率电视等设备提供显示屏。通过更有效地管理发光效果,全息光学元件(Holographic Optical Elements)可以产生更高的亮度。杜邦公司 2000 年推出的 UNI-AX 品牌产品,是电致发光聚合物产品中的领导者,这项全新的显示技术使全部采用塑料制造柔性、超薄显示器成为可能。2001 年 6 月,杜邦显示产品业务部门成立了设计、组装和销售有机电致发光二极管(Organic Light Emitting Diode,OLED)显示器件的 3DOLED 有限责任公司(Three–D OLED LLC)[86]。

7. 以玉米为原料的燃料和化学制品

杜邦公司与美国能源部(U. S. Department of Energy)国家可再生能源实验室(National Renewable Energy Laboratory)开展合作,研究建立世界首座生物精制工厂。生物精制工厂使用玉米或其他可再生资源,而非石油原料,生产需求巨大的高附加值化学品。

杜邦公司与泰莱公司(Tate & Lyle)合资建立的杜邦泰莱生物产品公司(DuPont Tate & Lyle Bio Products),使用玉米糖等可再生原料生产生物质 1,3–丙二醇。该装置是世界上第一套生产这种新型生物质产品的设备。生物质1,3–丙二醇是制造化妆品和液体洗涤剂的可生物降解原料,它还用于制造防冻剂等工业应用,以及原本使用糖醇的许多其他应用。它还用做生产不饱和聚酯树脂以及索罗那(Sorona®)和 Cerenol® 品牌的玉米聚醚等特种树脂的单体[87,88]。

6.7 有代表性的科研与生产设施

6.7.1 有代表性的科研设施

1902 年,杜邦公司建立了第一个正规化的研究实验室。此后,其投入巨大的资源建立了遍布全球的自有科学研究和技术研发机构,这些机构所发现发明的知识和技术为杜邦公司成为一家名副其实的创造科技奇迹的企业发挥了根本性作用。其中,五处机构具有代表性。

1. 东部实验室

1902 年 7 月,杜邦公司在莱珀诺化学公司甘油炸药工厂(Repauno Dynamite Plant)建立了东部实验室(East Laboratory),该实验室不仅是杜邦公司的第一个正规实验室,也是美国的第一个企业化学实验室。

里斯任该实验室首任主任,他建立了一流的研究实验室组织管理模式。1907 年,该实验室研制成功的低凝固点甘油炸药(Low - freezing Dynamites)和采矿作业用炸药,性能遥遥领先于同时代的技术水平。第一次世界大战期间,该实验室最早开展了染料技术研究。第一次世界大战后,在爆炸物研究之外,东部实验室开展了四乙铅汽油添加剂等诸多化学品制造工艺技术的多元化研究。20世纪 50 年代,东部实验室参加了涤纶原料和工艺技术研发。1952 年成立 50 周年时,该实验室已拥有 300 多公顷(1 公顷 = 0.1km²)场地和 100 多栋建筑。1954 年甘油炸药停产后,该实验室研发了石墨基人造金刚石和高压接合金属等先进技术。1972 年,东部实验室逐步停止运营[89]。

2. 科学发现与技术发明的重地:研究实验室基地

1903 年,杜邦公司在特拉华州威明顿市附近建立了第一所综合性科学实验室——研究实验室基地(图 6 - 4)。该设施是支撑杜邦公司产业成长的科学技术研究平台,丁腈橡胶、尼龙和莱卡等一批高水平、高效益的科技成果都源自这里。

公司创始人杜邦的曾孙、化学家弗兰西斯·杜邦(Francis I. du Pont,1873—1942)是该基地的第一任主任。在他领导下,科学家们开展了硝化棉化学,特别是凝胶合成与大气氮回收方面的研究。1911 年化学家芬恩·斯帕尔(Fin Sparre)接任主任后,该基地深刻地融入到了促进公司多元化转型的化学研究中,产生了诸如人工皮革(漆布,Fabrikoid)和电影胶片膜等新产品新技术。第一次世界大战期间,基地研究人员协助杰克逊实验室和东部实验室攻克了制约无烟火药及染料技术的一些基础有机化学问题,对促进相关业务发展起到了关键作用。

图 6 - 4　杜邦公司始建于 1903 年的研究实验室基地[90]

杜邦公司 1911 年建立了化学事业部,里斯任首任负责人,实现了研究工作的集中管理。第一次世界大战后,集中化研究管理模式不再适应扩张和业务多元化的需要。1921 年业务重组时,各事业部延揽了化学事业部的研究人员,建立了自己的研究实验室。杜邦公司从而确立了科学研究两条腿走路的策略:东部实验室这样的研究机构主要开展新产品研发或老产品改进研究;研究实验室基地则开展旨在发现新知识的基础研究。

1927 年后,研究实验室基地成为科学发现黄金期的中心舞台。当时的化学事业部负责人查尔斯·密尔顿·阿尔特兰德·斯泰因,说服公司领导层资助了一项纯学术性的基础研究计划,其研究内容与商业业务无直接关联。这项研究计划快速获得了一些耀眼的成果。在杰出的有机化学家华莱士·休姆·卡莱瑟斯带领下,研究人员很快就发明了合成橡胶(丁腈橡胶)、冷拉伸纺丝工艺和尼龙。

这些发明帮助杜邦公司成功开拓了合成纤维和化学聚合物等市场。20 世纪 40 年代,杜邦公司总裁克劳福德·哈洛克·格林纳瓦尔特和化学事业部负责人埃尔默·凯撒·博尔顿共同负责了一项 5000 万美元的基地扩建计划。这次扩建把第二次世界大战后的公司成长与长期基础研究更紧密地联系在了一起。1951 年 5 月,新扩建的研究实验室基地形成了集中管理的实验室建筑群,把最重要的几个实验室联结在了一起,这种模式使杜邦公司在 20 世纪 60 年代和 70 年代进入了医药及生化等几个新的市场。1984 年,杜邦公司再次扩建了这个研究实验室基地,新建立了格林纳瓦尔特实验室(Greenewalt Laboratory),彰显了杜邦公司当时对开展生物与生态研究的兴趣。今天,该基地仍然是杜邦公司主要的科学技术研究发展中心,同时,也是世界上最大、科技水平最高、品种最全的企业实验室之一[90]。

3. 三角研究园区

三角研究园区(Research Triangle Park,RTP)是一家1959年启用、为北加利福尼亚吸引新技术企业的私营机构。它的名字和吸引力源于邻近城市的三所大学:教堂山市(Chapel Hill)的北加利福尼亚大学(University of North Carolina)、罗利市(Raleigh)的北卡罗莱纳州立大学(North Carolina State University)和达勒姆市(Durham)的杜克大学(Duke University)。1985年,杜邦光聚合物与电子材料公司(DuPont Photopolymers and Electronic Materials),即后来的杜邦影像技术公司(DuPont Imaging Technologies)和杜邦电子技术公司(DuPont Electronic Technologies),在该园区建立了电子学研究发展中心[91]。

4. 陶实验室有限公司

20世纪90年代,微型半导体技术快速发展,使遮光膜制造技术变得高度复杂。半导体加工通常在极其微小的尺度上进行,一些硅晶比复制它们的光的波长还小。遮光膜是制造半导体必不可少的材料。复杂精细的电路图被蚀刻在遮光膜上,蚀刻后的遮光膜把真实电路复制到制造半导体用的硅晶。作为持续扩张电子产品业务的一项举措,杜邦公司1986年收购了遮光膜领先制造商——陶实验室有限公司(Tau Laboratories,Inc.)。此后一年,杜邦公司启动了得克萨斯州奥斯丁(Austin,Texas)厂区的遮光膜生产。从收购陶实验室有限公司开始,杜邦遮光膜有限公司(DuPont Photomasks,Inc.,DPMI)就成为世界领先的遮光膜研究制造企业之一[92]。

5. 瑞士梅兰:杜邦欧洲技术中心

瑞士梅兰(Meyrin,Switzerland)位于日内瓦(Geneva)附近,是杜邦欧洲公司(DuPont Europe)所在地。1987年,负责欧洲大陆技术研究、产品研发和消费者支持事务的杜邦公司欧洲技术中心(DuPont European Technical Center,ETC)也建于此。杜邦欧洲技术中心的工程师们,为汽车、仪器、电子、滤料、运动器材和消费者产品的制造商们提供技术咨询和支持。2001年,杜邦公司扩建了该技术中心,增建了杜邦先进纤维系统实验室(DuPont Advanced Fiber Systems),增添了研发杜邦工程聚合物(DuPont Engineering Polymers)产品用的新型吹塑工艺装置[93]。

6.7.2 主要生产工厂

200多年来,以纤维素硝酸酯技术为基础,不断拓展到合成纤维、膜、塑料、油漆、医疗、营养和农作物保护等技术领域,杜邦公司持续发展的强大生产制造能力确保了这些技术能够成功地转化为产业和市场。杜邦公司遍布世界主要国家的生产工厂不仅大规模制造产品,而且担负着改进优化技术的使命,是保证科学技术成果转化的基础设施。200 多年来,如下厂区在杜邦公司的发展中发挥了非常重要的作用。

1. 杜邦火药作坊

1802 年 7 月 19 日,杜邦在特拉华州威明顿市北郊的白兰地酒溪河边破土动工建设名为自由工场(Eleutherian Mills)的火药作坊。在地势较低的白兰地酒溪河边,高处落下的河水可以驱动机器运转,满足作坊一年生产所需的动力。河岸两边的柳树可以烧制成最好的木炭,用作制造黑火药的关键原料。作坊的位置靠近码头便于运输,并且远离城区,可防止意外爆炸危及城市安全。杜邦火药作坊位于白兰地酒溪河的西岸,整个作坊顺水流方向延伸开去大约 2 英里(1 英里 = 1.6km)。整个作坊被分为上院场区、哈格雷场区(Hagley)和下院场区等三个场区。上院场区距威明顿市 3 英里,下院场区距威明顿市 5 英里[94]。

历经 200 多年,杜邦火药作坊发展成为全球知名的跨国企业,是世界工业科技史和企业发展史上的一个独具特色的成功典范。现在的杜邦火药作坊旧址已作为哈格雷博物馆和图书馆(Hagley Museum & Libary)被保护起来,供参观和研究(图 6 - 5)。

图 6 - 5 杜邦火药作坊地理位置和原址保护示意图①

2. 卡尼角工场与无烟火药

卡尼角工场位于新泽西州卡尼角(Carney's Point, New Jersey)建于 1892 年。第一次世界大战期间,该工厂的产能扩大到了战前的 67 倍,雇佣了 25000 多名工人;第一次世界大战后,火炸药业务缩减,但该工场依旧生产运动用火药。第二次世界大战时,无烟火药生产使该工厂得以复兴。20 世纪 40 年代后期,该厂大规模生产纤维素化学中间体;20 世纪 60 年代,该厂转型生产塑料;20 世纪 70 年代末,其无烟火药业务被关闭[95]。

---

① Hagley Museaum. Powder Yard[EB/OL]. [2017 - 12 - 03]. https://www. hagley. org/plan - your - visit/what - to - see/exhibits/powder - yard.

3. 华盛顿州杜邦市与炸药

华盛顿州杜邦市(DuPont,Washington)建于1912年。该城的火药工场1909年秋就生产出了首批甘油炸药,它生产的爆炸物很多都用于一些彪炳史册的重大工程,如大古力水坝(Grand Coulee Dam)、阿拉斯加铁路(Alaska railroad)和巴拿马运河(Panama Canal)。城里1913年开业的黑火药工厂和1916年开业的硝基淀粉工厂,为满足第一次世界大战的火药需求提供了重要支持。厂区临近普吉特海湾(Puget Sound),既可大量运送智利产无水硝酸钠,又可服务沿太平洋东岸到落基山(Rockies)的市场。虽然,大萧条严重影响到了该区域,但第二次世界大战期间该地区又兴旺起来,它制造了几百万磅(1磅=0.45kg)的爆炸物满足军事需求。20世纪70年代,爆炸物需求持续减少,1976年该厂运营67年后关闭。

杜邦公司来此建设火药工场的同时,还建设了一个杜邦村,目的是把一批"更高水平的劳动力"吸引到这里来。村子处在一块林间空地中,住宅都采用木制结构,全部接通了电,配有供水和燃气取暖设施;居民享受免费医疗、停车和公园。这里的居民多数在杜邦公司工作。1951年,杜邦公司把物产都出售给了居民;次年,华盛顿州杜邦市注册成立。该市是美国最著名的企业小城[96]。

4. 卢维尔斯甘油火药工场与安全炸药

为就近服务西部的矿山和石油开采及建筑工程市场,杜邦公司1908年建成了卢维尔斯甘油炸药工厂(Louviers Dynamite Pant)。该厂地处丹佛市(Denver)和科罗拉多州斯普林斯市(Colorado Springs)之间海拔约1730m(5680英尺(1英尺=0.3m))的山区,是美国海拔最高且最早从事爆炸物加工的工厂之一。杜邦公司从密苏里州阿什博恩工场(Ashburn Plant in Missouri)调来了经验丰富的制造爆炸物技术工人,钱伯斯任首任主管。卢维尔斯甘油火药工场主要生产安全炸药。成分中加入盐,可制成安全炸药,能降低炸药爆炸的火焰烈度,适于矿井下进行爆破作业。该工厂满足了科罗拉多、亚利桑那和犹他州的煤矿长达70年对安全性及复杂性爆炸物的需求。

卢维尔斯是杜邦的法国故乡附近的一个村庄的名字。卢维尔斯甘油火药工场具有思乡意味,建有工人住房、商店、学校和图书馆。1999年,卢维尔斯村(Louviers Villag)被列入 *National Register of Historic Places*[98]。

5. 深水角工场和染料

深水角原是特拉华河边的一块沼泽地,与威明顿市隔河相望。杜邦公司购买了这块沼泽地后建设了深水角工场。这间工场从1914年开始生产爆炸物,以弥补卡尼角工场生产能力的不足。为满足战时需求,该厂开始生产杜邦公司最重要的化学品,1917年启动了染料的研制生产。直至1948年,化学品生产占了该厂的大部分产能。20世纪50—60年代,该厂区是杜邦公司高收益染料业务的中心,有 6500 多名员工、500 多栋建筑,是世界上最大的独立化学品工厂。现在,该厂区主要生产化学中间体及相关产品,还是世界上最大的商用和工业废水处理工厂——杜邦环境处理工厂(DuPont Environmental Treatment, DET)所在地[98]。

6. 老希科里厂区与一战火药供应

第一次世界大战中,美国政府要求杜邦公司建设五处工厂,为联军生产爆炸物。1917 年,杜邦建筑工程公司(DuPont Engineering Company)只用五个月时间,就建成了田纳西州老希科里地区的这间世界最大的无烟火药工厂。破土动工后 67 天,开始生产硫酸;9 天后,开始生产硝酸;两星期后,开始生产火棉。1918 年 7 月 2 日,该厂第一批 9 个无烟火药生产班组投入生产,满足了战时急需。1923 年,杜邦绸质纤维公司在该厂区建设了一间人造丝厂。1937 年,该厂开始生产防潮赛洛玢胶膜。第二次世界大战为这里带来了更大的机遇。第二次世界大战后,杜邦公司持续把先进生产设备安置在该厂区。20 世纪 60 年代,达可纶生产替代了人造丝;1964 年膜工厂关闭时,Corfam® 品牌人造皮继续在此生产;再后来,主要生产 Typar® 品牌筑路、排水、屋面和园林绿化等用的纺粘型聚丙烯材料。该厂现在主要生产 Santara® 品牌医用隔离衣、遮盖物和特种擦拭布用水刺无纺布[99]。

7. 纽约州水牛城厂区与人造丝和赛珞玢

水牛城厂区 1873 年就是杜邦公司的一处黑火药储存场所,1921 年在此建设了生产人造丝的水牛城工场,它是杜邦人造丝纤维公司总部所在地。1928 年该厂区建立了一家研究机构,杜邦公司的顶级纤维素化学家都聚集在了这里,这为 1924 年在此建设第一家赛珞玢工厂打下了基础。20 世纪 40 年代,人造丝事业部的技术部研发出了橡胶轮胎增强体 Cordura 高韧性人造丝。1950 年该厂区的研究设施被关闭,1955 年人造丝停产,1986 年赛珞玢停产。20 世纪 60 年代开始至今,该厂一直在生产 Tedlar® 耐候聚乙烯膜和 Corian® 家具台面材料[100]。

8. 格拉西里化学制品公司与除草剂和维纶

格拉西里化学品公司是美国最早能够生产多种化学品的企业之一,拥有 16 间工厂,锌钡白是它的最重要的产品。杜邦公司收购格拉西里化学品公司,扩展了酸类和重化学品类的系列产品和新的区域市场。1930 年,杜邦公司建立了格拉西里化学品事业部(DuPont's Grasselli Chemicals Department),并把锌钡白生产集中于此。杜邦公司籍此进入了二氧化钛市场。1959 年,格拉西里化学事业部被重组进了工业与生化事业部。

该厂区生产了杜邦公司的许多重要化学产品:20 世纪 50 年代,主要生产无机和有机杀虫剂产品,其替代脲类除草剂占据 20% 的美国国内市场;60 年代和 70 年代,生产了 Hyvar® 品牌除草剂,并新建了甲醛和其他生化制品生产设施;

80 年代,生产了 Glean® 品牌和 Velpar® 品牌除草剂。该厂区还是世界上最大的
Elvanol® 品牌聚乙烯醇纤维(维纶)生产厂[101]。

9. 韦恩斯伯勒厂区醋酯人造丝

1929 年 11 月,杜邦公司在弗吉尼亚州治亚州韦恩斯伯勒镇(Waynesboro,
Virginia)建设的唯一采用醋酯纤维工艺生产人造丝的工厂开工。一年后,该厂
建立了醋酯纤维研究实验室(Rayon Technical Division Acetate Research Laborato-
ries)。20 世纪 50 年代,醋酯纤维的生产达到了顶峰。1944 年,醋酯纤维研究组
(Acetate Research Section)开始研究腈纶,虽然产业化道路异常困难,但最终取
得了成功,Orlon® 品牌腈纶的市场需求剧增。20 世纪 50 年代末,醋酯纤维停
产。杜邦公司后又利用这里的腈纶纺丝设备生产莱卡纤维。1960 年,莱卡纤维
开始在该厂区批量试生产,两年后,正式投产[102]。

10. 斯普鲁恩斯工厂与对位芳纶

1927 年,为扩大人造丝产能,杜邦公司在弗吉尼亚州瑞驰蒙德镇(Rich-
mond,Virginia)建设了以人造丝先驱威廉姆·斯普鲁恩斯名字命名的斯普鲁恩
斯工厂(Spruance Plant)。由于人造丝和赛珞玢采用的生产工艺相似,1930 年,
在该厂区又建设了一间赛珞玢工厂。由于赛珞玢和 Cordura® 品牌人造丝需求
旺盛,整个 20 世纪 30 年代,杜邦公司都在扩充该厂区的产能。第二次世界大
战期间,由于获得了大量的赛珞玢和人造丝纱线合同,该厂区的兴旺达到了峰
值。20 世纪 50—60 年代,该厂区停产了人造丝和 Cordura® 纱线,但仍生产赛
珞玢、特卫强、诺梅克斯和特氟龙等新材料。1980 年凯芙拉生产设施的扩能,
是杜邦公司历史上最大规模的净现值投资项目之一[103]。整个 20 世纪 90 年代,
杜邦公司都在扩建其特种化学品的产能。该厂区一直是杜邦公司的核心厂区
(图 6 - 6)[103]。

11. 收购的克雷布斯颜料与化学品公司与二氧化钛

杜邦公司 1929 年收购了克雷布斯颜料与化学品公司(Krebs Pigment &
Chemical Company),以增强颜料业务的市场竞争力。克雷布斯颜料与化学品公
司是亨里克·约翰尼斯·克雷布斯(Henrik Johannes Krebs,1847—1929)1902 年
创建的,主要产品是锌钡白(barium sulfate/zinc sulfide),但其拥有二氧化钛的生
产专利使用许可。二氧化钛的分子结构使其外观不透明且具有高亮度,是更具
竞争力、利润更高的白色颜料,广泛用于造纸、油漆和塑料等行业。二氧化钛存
在于钛铁矿和金红矿等钛矿石中,需对其进行化学提取和纯化才能制得产品。
高成本一直限制着二氧化钛的广泛使用,但 1931 年硫酸盐工艺的发明,降低了
生产成本,使二氧化钛替代了锌钡白。这项专利的所有者是国家铅材料公司
(National Lead Company)。专利使用权只允许克雷布斯公司把二氧化钛作为添
加剂混合到锌钡白颜料中,而不允许它制造二氧化钛,但收购克雷布斯公司为杜

图6-6 最早生产Nomex和Kevlar芳纶产品的斯普鲁恩斯工厂[103]

邦公司步入二氧化钛市场踏进了第一只脚。1931年,为研发二氧化钛生产工艺,避免侵犯国家铅材料公司(National Lead)的专利,杜邦公司与拥有二氧化钛专利的商业颜料公司(Commercial Pigments Corporation)合资成立了克雷布斯颜料与染色公司(Krebs Pigment and Color Corporation)。但两年后,面临着昂贵专利诉讼的国家铅材料公司和杜邦公司,同意放弃前嫌共享各自的专利和生产工艺。1934年,杜邦公司收购了克雷布斯颜料与染色公司,将其改为颜料事业部(Pigments Department)。

1931年以来,杜邦公司一直生产着Ti-Pure®品牌二氧化钛白色颜料,它是杜邦公司最成功的产品之一。第二次世界大战后,二氧化钛需求猛增,杜邦公司发明了更经济的氯化法生产工艺,并于1951年在特拉华州埃奇莫尔(Edgemoor, Delaware)工厂最先采用,替代了硫酸盐法工艺,保证了产能扩张,使杜邦公司成为这种颜料的全球领先制造商[104]。

12. 收购的罗斯勒与海斯拉赫尔化学公司与特种化学品

为保证染料和四乙铅(TEL)的原料能得到稳定供应,杜邦公司1930年收购了罗斯勒与海斯拉赫尔化学公司(Roessler & Hasslacher Chemical Company, R&H)。罗斯勒与海斯拉赫尔化学公司建于1885年,最初从事稀有金属业务,后发展成了一家成功的化学制品企业。这项收购还让杜邦公司获得了很多特种化学品技术,如电镀用氰化钠,制冷剂用甲基氯,氧化和漂白用过氧化氢,塑料和消毒剂用甲醛,以及干洗剂、熏蒸剂、杀虫剂和陶瓷颜料等。经对其产品进行改进优化取得了一些重大技术进展,如发明了新的氢氰酸(hydrogen cyanide)合成工艺和甲基氯制冷剂(methyl chloride refrigerant)。1932年,杜邦公司将其改为了罗斯勒与海斯拉赫尔化学产品事业部(R&H Chemicals Department),1942年又改为电化学品事业部（Electrochemicals Department），一直从事特种化学品研究[105]。

13. 汉福德厂区与曼哈顿计划

1942 年秋，杜邦公司组建了代号 TNX 的部门参加了美国研制原子弹的曼哈顿计划（Manhattan Project），帮助美国陆军选定了位于华盛顿州中部汉福德（Hanford）的钚加工厂厂址；1943 年 3 月，开始建设化学反应器和核原料分离工厂等基础设施；1944 年下半年，设施完善的钚加工厂竣工并成功运行；第二次世界大战后，该部门还负责运营了萨凡纳河核原料工厂（Savannah River Nuclear Plant）。这些都为研制和生产原子弹提供了有力的保障。此后，由于饱受公众对其一贯发战争财、国难财的指责，杜邦公司确立了和平时期绝不介入军工生产的原则，故战争结束后 9 个月，就撤出了汉福德[106]。

14. 肯塔基州露易斯维尔厂区与氯丁橡胶

1942 年 9 月以来，肯塔基州露易斯维尔（Louisville，Kentucky）厂区一直生产氯丁橡胶。因此，其他化学公司也对露易斯维尔这个地方很感兴趣，这里很快就变成橡胶城（Rubbertown）。20 世纪 60—70 年代，杜邦公司对该厂区进行了现代化改扩建。1965 年 8 月，该厂区发生了一系列爆炸和火灾，11 名工人遇难。此后，杜邦公司研发了新的氯丁橡胶生产技术，大大降低了发生爆炸的危险。历经 70 多年的变迁，该厂区仍生产它最初生产的氯丁橡胶。

1955 年，该厂区开始生产氟里昂（Freon - 22）制冷剂和气溶胶喷雾剂，33 年后停产。1992 年，该厂区开始生产 Suva® 品牌制冷剂和 Dymel® 品牌喷射剂等环保型产品。1998 年，杜邦公司收购国际蛋白质技术公司（Protein Technologies International）后，该厂区开始生产造纸和涂料用的分离蛋白（浓缩大豆蛋白）[107]。

15. 特拉华州锡福德厂区与尼龙

1939 年，为扩产尼龙，杜邦公司建设了特拉华州锡福德厂区，这里与原料供应商和销售市场相距不远。1939 年 12 月 12 日该厂区投产，当时生产的第一段纱线现存于华盛顿特区的美国国立博物馆（又称史密森尼学会（Smithsonian Institution））。工厂一天 24h 连续生产，第一年生产的纱线生产了 6400 万双尼龙袜。第二次世界大战期间，该厂的男工们都参战去了，几乎全靠女工完成了降落伞和 B - 29 轰炸机轮胎用尼龙的生产任务。1948 年，工程师们把该厂的一条生产线改造成了达可纶工程试验线。1958 年，工程与纺织纤维事业部开展了创建理想化尼龙工厂活动，此间，发明了尼龙膨体连续长丝（Bulked Continuous Filament，BCF）。该厂区生产的尼龙膨体纱很快就成为地毯产业的标准材料[108]。

16. 英国北爱尔兰梅当工厂与对位芳纶

20 世纪 50 年代早期，杜邦公司与英国化学制品巨人 - 帝国化学工业公司发生了市场竞争。当时,帝国化学工业公司在美国启用了一家染料设施。作为回应,杜邦英国公司(DuPont UK Ltd.)1957 年开始在英国梅当(Maydown)一处原海军机场旧址上建造了一家氯丁橡胶工厂,并籍此进入了英国橡胶市场。

梅当位于北爱尔兰伦敦德里(Londonderry, Northern Ireland)外 7 英里处。自开始运营,梅当厂区就一直生产奥纶(1968)和莱卡(1969)等品牌的产品。1988 年,梅当工厂开始生产凯芙拉品牌对位芳纶。作为杜邦公司四家对位芳纶生产厂之一,梅当工厂向全球供应对位芳纶[109]。

6.8　重要事件

1. 与杜邦公司互利共赢的城市——特拉华州威明顿市

1802 年,杜邦写下了"我在特拉华州威明顿市附近的白兰地酒溪河边购置了财产"的文字,标志着杜邦公司与威明顿市间两个多世纪关系的开始。尽管杜邦公司早已是声名显赫的国际跨国企业巨头,但它仍与这个 1802 年首先欢迎杜邦到来的城市保持着特殊关系。

威明顿市是 18 世纪 30 年代由信仰基督教公谊会教旨的商人们创建的,当时是特拉华州和宾夕法尼亚州东南部地区农场主们的粮食加工与谷物运输中心。杜邦的火药作坊在威明顿市的上游,利用了白兰地酒溪河的水利和码头设施。虽然火药作坊为当地劳动力和商家提供了就业与商业机会,但市民仍对爆炸物离他们如此之近感到忧心忡忡。1854 年,这样的担忧终于成为事实。三辆满载黑火药的四轮马车,在穿行市区时爆炸,造成两名市民死亡和严重财产损失。杜邦快速回应了这场悲剧,赔偿了死者家属并支付了房屋重建和财产维修费用。

19 世纪末,杜邦公司的新爆炸物业务遍布威明顿地区。1880 年,拉穆特·杜邦在横跨特拉华河的吉伯斯镇(Gibbstown, New Jersey)创立了生产甘油炸药的莱珀诺化学公司。10 年后,杜邦公司又在这条河新泽西一侧的卡尼角(Carney's Point)开设了一家无烟火药工厂。1903 年,杜邦公司建立了大型综合科学技术研究设施——研究实验室基地,它分布在从最早那间火药作坊到横跨白兰地酒溪河对岸的很大一片土地上。

1902 年后,杜邦公司在火药行业开展了大规模的收购兼并,管理人员的办公空间需求大增。时任公司总裁托马斯·科尔曼·杜邦提议把公司搬迁到纽约去。但他的两个堂兄皮埃尔·萨穆尔·杜邦和阿尔弗莱德·伊雷内·杜邦都坚持杜邦公司应留在白兰地酒溪河边。科尔曼同意公司仍留原处,但要把总部搬到靠近银行、铁路枢纽和酒店等商业设施集中的市区去。这样,杜邦公司搬到了威明顿市的市中心。

1905 年和1912 年,杜邦公司总部大楼和杜邦饭店(Hotel du Pont)在威明顿市落成。那时,威明顿市还是个建筑稀少、基础设施匮乏的小工业城市。公司领导层意识到城市要与公司一起成长,他们与市政府合作,在杜邦总部大楼的马路对面建设了法院大楼和公园,还捐资兴建了从特拉华州南部边界到威明顿市的公路,并投资将许多公路延伸到了威明顿市。第一次世界大战对火药的需求,给杜邦公司和威明顿市创造了大量的就业机会,随之而来的是住宅需求的增长。杜邦公司为白领雇员建设了住宅社区。这些建设使城市的经济基础从工业生产型转变成企业管理型。

大萧条时期(The Great Depression),杜邦公司帮助威明顿市政府成立了救济失业者的城市恢复委员会(City Relief Committee)。第二次世界大战期间,杜邦公司的销售额增加了3 倍,威明顿市的命运也发生了改变。第二次世界大战期间,杜邦公司就开始实施多元化战略并在化学工业领域取得了成功,这不仅提振了威明顿市区的经济,而且使郊区随之受益。

杜邦公司与威明顿市很早就形成了互利共赢的关系。19 世纪20 年代初,杜邦公司就捐资建设了威明顿市市立图书馆(Wilmington Institute Free Library)和特拉华州艺术博物馆(Delaware Art Museum);19 世纪20—30 年代,杜邦公司和杜邦家族还帮助改革威明顿市乃至特拉华州的公共教育,资助贫困儿童,还捐资建立了残疾儿童医院,迄今这家医院仍是一流的儿科医院。1951 年,在火药作坊的原址,杜邦公司创办了哈格雷博物馆和图书馆(Hagley Museum and Library),帮助专业人士和公众了解本地区的工业发展历程[110]。

2. 早期主要竞争对手与爆炸物市场反垄断

拉夫林－兰德火药公司是美国国内战争(Civil War)后杜邦公司在爆炸物行业中最主要的竞争者,也是在火药贸易协会中最主要的合作者。美国独立战争中(Revolutionary War),爱尔兰出生的马休斯·拉夫林(Matthew Laflin)一直为马萨诸塞州国民卫队供应做炸药用的硝石。战后,他在索斯维克镇(Southwick, Mass.)创建了一家火药作坊,并成功地打入了爆炸物市场。

拉夫林死后10 年,1810 年他的子孙把家族业务发展到了纽约。国内战争后,公司业务成长很快,管理也变得更加复杂。为了改进业务管理,1866 年,合伙人们把企业重组成具有法人资质的拉夫林火药股份公司(Laflin Powder Company)。1869 年,与竞争对手史密斯与兰德火药公司(Smith & Rand Powder Company)合并为了纽约拉夫林－兰德火药公司(Laflin & Rand Powder Company of New York),兰德任第一任总裁。

1872 年,拉夫林－兰德公司联合竞争对手杜邦公司组建了美国火药贸易协会,一个由国内最大的火药制造商组成的托拉斯,旨在规范火药市场。两家公司还在新型烈性炸药(甘油炸药)和新兴市场区域等问题上开展合作,并于1880

年、1882 年和 1895 年合资建立了莱珀诺化学公司、赫尔克里斯火药公司(Hercules Powder Company)和东部甘油炸药公司(Eastern Dynamite Company)。到 1900 年,他们的市场开拓和管理努力很成功,拉夫林 – 兰德公司和杜邦公司一起控制了 2/3 的火炸药市场份额。

1902 年 10 月,杜邦公司收购了拉夫林 – 兰德公司,并计划慢慢消化其资产。但是,1907 年 7 月,联邦检察官对杜邦公司在火药贸易协会中操纵火药托拉斯(Powder Trust)的活动发起了反垄断诉讼。1911 年 6 月,法庭做出了不利于杜邦公司的裁定。1912 年 6 月,杜邦公司的爆炸物业务被分拆成两个新公司——阿特拉斯火药公司(Atlas Powder Company)和赫尔克里斯火药公司(Hercules Powder Company),并需提供足够的资源,保证两家新公司能够生产美国国内所需 50% 的黑火药和 42% 的甘油炸药。此外,五年内,还需与两家新公司共享研究与工程设施。由此,杜邦公司的爆炸物业务被一分为三。赫尔克里斯火药公司接收了拉夫林 – 兰德公司的无烟火药专利和几间老式工场,并最终发展成为价值巨大的企业。20 世纪 50—60 年代,赫尔克里斯火药公司放弃了火药业务并把业务拓展进了化工产业。赫尔克里斯火药公司现在从事军用火药制造的分公司阿里安特火药公司继承了拉夫林 – 兰德公司的传统[111]。

3. 保护环境与职业安全健康

在保护环境方面,杜邦公司是化学企业的榜样。杜邦本人很注重工业废物的再利用,早在 19 世纪 20 年代,他就发明了一种从生产木炭的化学副产品中获取染料的方法。19 世纪 80 年代,莱珀诺工厂(Repauno Works)启用后,当地的钓鱼人发现工厂排放的废酸杀死了特拉华河中的鱼。为解决水污染问题,拉穆特·杜邦发明了一种把酸分离出来回收再利用的方法,避免了污染威明顿市的主要水源——白兰地酒溪河。

世纪之交,美国进入进取时代(The Progressive Era,1890—1920),人们开始关注工厂的劳动条件和工业化学品的风险。1904 年,杜邦公司雇用了内科医生沃尔特·G. 赫德森(Walter G. Hudson)对硝酸烟雾的毒性进行调查,此后的整个 20 世纪 20 年代,他对大量化学合成物的毒性进行了监测。然而,每年研发出来的新化学品的数量太多,杜邦公司小规模的医疗团队根本无法应付。苯、四乙铅(TEL)和染料生产中的致死性事件层出不穷,迫使杜邦公司建立了中央实验室,所有化学制品都必须在此实验室接受对生产工人、消费者和环境的毒害性的全面测试。1935 年,哈斯科尔工业毒物学实验室(Haskell Laboratory of Industrial Toxicology)启用,它为化学品企业的安全生产建立了一项重要的标准。三年后,杜邦公司又迈出了保护环境的重要一步,开始强调要在化学品生产中降低污染。初期,公司雇佣了一名废物处理专家,负责协调降低污染的工作,但第二次世界大战的爆发使此项工作被迫搁置。战后,公司组建了每个制造事业部都派代表参加的空气与水资源委员会（Air and Water Resources Committee）负责协调环境保护事务。杜邦公司开始采取坚决措施开展废物回收，要求在没有令人满意的废物回收或处理措施前，新研发的工艺不能验收，新建设的设施不能投产。

20 世纪 50 年代，杜邦公司进入了合成纤维和杀虫剂市场。当时经济繁荣、市场火爆，美国已非常富有，公众开始向往清洁空气和水，现代意识中的环境主义开始形成。1962 年，瑞秋·卡森（Rachel Carson）出版了 *Silent Spring* 一书，书中关于某些化学杀虫剂导致了环境破坏的警告性叙述，使美国的环境主义运动产生了凝聚效应。该书逆转了化学品制造商的公众形象。公众普遍认为，化学品制造商正在消耗自然资源和毁灭生活质量，而非"为更好的生活提供更好的东西"。

为回应公众诉求，1965 年和 1967 年，联邦政府颁布了水质量法案（Water Quality Act）和空气质量法案（Air Quality Act）。虽然化学品制造商批评这些法案严重增加产品的成本，但是杜邦公司承认环境法规的必要性。1966 年，杜邦公司成立了环境质量委员会（Environmental Quality Committee），并进行了大规模投入以降低污染，1966—1970 年投资 2.07 亿美元建设了大烟囱煤气洗净器和废物检测与控制设备等装置，同时，还加强了安全型替代产品的研究，如可被植物快速代谢并易于在土壤中分解的 Lannate 品牌杀虫剂。

20 世纪 70 年代早期，杜邦公司对自己提出了要超越环保法律最低标准的更高要求。20 世纪 70 年代中期，关于氯氟烃消耗臭氧层的早期科学发现刚刚发布，公司就宣布，一旦得到令人信服的科学证据，将停产年销售额达 7 亿美元的氯氟烃。美国国会 1976 年通过了有毒物质控制法案（Toxic Substances Control Act）。当时，大多数化学品公司都争辩说，这样做会消弱他们在全球市场上的竞争地位，而杜邦公司则采取了与政府和环保主义者合作的积极态度。吉米·卡特总统（President Jimmy Carter）公开赞赏杜邦公司支持国会批准超级基金法案的举动，该法案要求化学品生产商为清理有毒废物垃圾场支付约 16 亿美元的相关费用。20 世纪 80—90 年代，杜邦公司研发了许多有助于减少气体排放、消减有害物质生成和降低废水排出的技术。1984 年，杜邦公司帮助创建了清理场所有限公司（Clean Sites, Inc.），以支持环保署（Environmental Protection Agency）实施废弃物垃圾场管理的有关规定。1987 年，工业界世界环境中心（World Environmental Center for Industry）授予杜邦公司国际企业环境成就奖（International Corporate Environmental Achievement）金奖。杜邦公司 1989 年与废物管理有限公司（Waste Management, Inc.）组建了一家合资企业，利用自身的工业塑料回收技术专长，回收处理使用过的塑料。六年后，杜邦公司信守承诺，在 20 世纪末分阶段全面停止了氯氟烃生产。20 世纪 90 年代，聚四氢呋喃团队开展了一项革命性的零废物和零排放环保计划,大幅减少了气体排放和固体液体废料产生,取得了显著的环境效益,获得了杜邦公司和政府的嘉奖。

杜邦公司追求可持续发展,强调技术和产品既要改进人们的生活质量又不能伤害我们的星球,计划在 21 世纪实现零废物和零排放的目标。虽然传统认识质疑环保投入会减少利润和降低竞争力,但杜邦公司的实践表明,废物减量可以改进公司表现。将回收的地毯纤维混入 Minlon 品牌增强尼龙,将氯丁橡胶溶解后制成包装袋,杜邦公司采用这些技术既降低了产品成本,又减少了废物产出。最重要的是,不消耗臭氧的 Suva 品牌制冷剂,既让消费者获得了享受,又保护了环境[112]。

4. 重返中国市场

20 世纪 90 年代早期,杜邦亚太公司(DuPont Asia Pacific)负责人查德·霍利迪(Chad Holliday)确信,中国具有区域内最高的增长潜力并计划进军深圳。1992 年,杜邦公司投资 2000 万美元在深圳建设的第一家工厂投产,生产特卫强和瑞斯通(Riston®)产品,很快取得了成功。五年后,又建设了一家现代化的工厂,生产 Tynex®尼龙长丝,此举使杜邦公司占领了当时快速增长的高级牙刷的大部分市场份额。通过与深圳企业兴办合资企业,还在当地开拓了 3000 万美元规模的特氟龙涂料业务[113]。

5. 出售传统纺织业务,保留高性能纤维业务

英威达公司是世界最大的合成纤维和中间体化学品企业,业务遍布 50 多个国家,经营服装面料、产业用纺织品和中间体化学品三个板块的市场,2002 年销售收入 63 亿美元。2004 年,杜邦公司以 44 亿美元现金将英威达公司出售给了科氏工业有限公司(Koch Industries, Inc.)的两家子公司[114]。

6. 收购丹尼科公司,占据生物产业制高点

1989 年成立的丹尼科公司(Danisco)在 23 个国家拥有 7000 名雇员,它的杰能科(Genencor)酶部门,为许多产业提供生物加工用的特种原料。杜邦公司和杰能科公司在纤维素乙醇(cellulosic ethanol)技术方面进行过合作。杜邦公司2011 年 5 月收购了丹尼科公司,不仅拓展了已有的食品业务,而且获得了应对食品生产领域全球挑战和降低化石能源消耗的新机遇,进而形成了在全球营养、健康和工业生物科学领域的领导地位[115]。

7. 启用新的公司总部办公区

2015 年 7 月,杜邦公司把公司总部迁出市区,入驻了位于特拉华州威明顿市近郊纽卡斯尔县(New Castle County)切斯特纳特运营区(Chestnut Run site)内的新总部办公区。新办公区的设计使公司设施得以理想化使用,支持协作和改进效率。新总部距 1802 年创立的白兰地酒溪河边的火药作坊原址非常近。搬迁时,杜邦公司已经在切斯特纳特运营区存在了超过 60 年的时间。杜邦研究实

验室基地和斯泰因 – 哈斯克尔研究中心两处世界水平的科研设施也位于特拉华州纽卡斯尔县境内[116]。

8. 剥离凯墨尔斯公司

2015 年 7 月,通过分拆凯墨尔斯公司(The Chemours Company)资产,杜邦公司剥离了其功能性化学品业务板块。凯墨尔斯公司开始作为独立的上市公司运营,它拥有世界领先的钛技术、化学品和氟产品,其业务实力在全球市场中拥有举足轻重的地位。通过这次资产分拆,杜邦公司将转型为具有更高增长率、更高价值的全球性科技创新公司,全力聚焦科学技术能够提供明显竞争优势的市场,驱动公司获得更高水平、更加稳步的增长[117]。

6.9 杜邦公司对位芳纶技术发明与产业发展成功因素研究

发明对位芳纶、成功实现产业化且兴盛 50 年仍不衰,杜邦公司的成功因素何在? 作者从发展战略、企业文化、研发机制和科学管理等四个方面,浅要分析如下:

6.9.1 发展战略

从一间经营了 100 年只生产销售火炸药的工厂转型发展成为世界知名的跨国化学品企业,不仅要有强劲的内在驱动力,不遗余力地去推动;更要能正确选择转型方向与路径,避免完全脱离既有资源基础;还要审时度势,直面挑战,抓住机遇,开拓新天地。215 年多的历程中,杜邦公司始终很好地平衡了转型求存、既有基础和创新发展三者间的战略协调,从而成功实现了可持续发展。

1. 发展战略:转型求存与创新发展

杜邦公司起源于 1802 年杜邦创立的那家火药作坊,火炸药作为其单一产品经营了大约 100 年的时间。直至 20 世纪初期杜邦家族的年轻成员购买了公司后,才加快了产品多元化的发展速度。尽管 20 世纪初就开始谋求转型为非爆炸物制造企业,但由于基础设施建设和战争需求持续旺盛,其火炸药业务非但没有退出反而又持续兴旺了相当长的一段时间。直至 20 世纪 90 年代初杜邦公司彻底停产爆炸物产品,火炸药业务不仅为杜邦公司攫取了持续 200 多年的巨额财富,而且为其后续的转型和发展积累了丰厚的资源。

火炸药是一类非常特殊的产品,其受赞誉的一面,是帮助人类开采资源、开拓生存空间;其遭人诟病的另一面,则是在战争中杀人。尽管杜邦公司的火炸药产品为美国的大开发(1830—1860)和大繁荣(1900—1925)做出过不少贡献,但人们更关注的是它持续大量地用于战争。尽管政府和军方对杜邦公司在战争期间的供货表现赞赏有加,但战后公众关于浪费、欺诈和暴利的指控,以及对其发战争财、国难财的谴责从未停止过,直至 1934 年参议院奈氏委员会(U. S. Senate Nye Committee)的听证会使其达到了顶点。虽然没有发现任何证据可以证实这些指控,但美国公众的指责使当时的杜邦公司承受着巨大的社会道德道义压力。因此,从 20 世纪初开始,当时的杜邦公司管理者们就决心尽快脱离火炸药业务,这为转型变革提供了强烈的内驱动力。

尤金·杜邦 1889 年接管火药作坊后,1899 年创立了杜邦公司,使家族合伙人制的火药作坊转型成为了早期的现代公司制企业,奠定了杜邦公司后续发展的制度基础。托马斯·科尔曼·杜邦(Thomas Coleman du Pont)1902 年担任总裁后,制定了"三步走"战略,即:进行公司重组,通过并购强化爆炸物业务,以及开展基础科学研究和技术研发,为转型求存和创新发展规划了路线图。皮埃尔·萨穆特·杜邦(Pierre Samuel du Pont)1915 年任总裁后,进一步推进了科尔曼制定的业务多元化转型战略。

2. 战略优势:依托纤维素硝酸酯技术基础,拓展新技术新产品新市场

阿尔弗莱德·伊雷内·杜邦(Alfred Irénée du Pont)1908 年任发展事业部负责人时,预感到火棉的军用需求必然下降,并开始探索纤维素硝酸酯的其他用途。1910 年,他领导收购了生产硝基人造革的法布瑞寇德公司,为杜邦公司开辟了纤维素硝酸酯原料的第一个非爆炸物产品用途。

芬恩·斯帕尔(Fin Sparre)1903 年加入研究实验室基地任化学家,是基地的创始成员。杜邦公司当时发展化学品、染料和合成材料的愿景,激发了他的兴趣和动力。他确信,杜邦公司未来发展的关键是实现纤维素硝酸酯基化学产品和技术的多元化。后来,他成为了杜邦公司的首席多元化战略规划师(chief diversification strategist),注重有选择地收购兼并相关技术公司,以最大程度地促进杜邦公司转型成为化学品公司。

早期的多元化转型是紧紧依托雄厚的纤维素硝酸酯技术基础展开的,在技术研发、专利转化和财力资源等条件亦非常有利的情况下,杜邦公司较顺利地就进入了人造丝、漆布、焦木素塑料(赛璐珞)、硝基漆、赛珞玢和摄影胶片等行业中。

3. 战略机遇:早期化学染料研究,奠定了有机合成化学技术基础

二苯胺是染料和火炸药的关键组分,杜邦公司一直从德国进口这种原料。第一次世界大战爆发后,二苯胺无法再从德国进口,而生产火炸药、漆布和焦木素塑料等产品又离不开二苯胺及染料。美国参战后,染料短缺成为国家的紧急事务。由于染料化学与硝基火炸药化学原理相近,所以当时的美国政府就求助杜邦公司帮助解决染料短缺问题。作为美国的领先化学品企业,杜邦公司被迫进入了化学染料技术研发和生产领域。1917 年建立了由化学家亚瑟·道格拉斯·钱伯斯(Arthur Douglas Chambers)领导的杰克森染料研究实验室(Jackson

Dye Research Laboratory)和一间染料工厂,全力攻克合成染料相关的有机化学挑战。此前,杜邦公司已开展过多年染料技术的探索性研究,但遭遇了非常大的困难,想生产出高质量的染料比所想象的要困难得多。尽管初期进展很不顺利,但钱伯斯还是游说杜邦公司继续支持了染料研究。

早期投入和持续坚持的合成染料研究,为杜邦公司带来了丰厚的长期效益。20世纪40—60年代期间出现的2/3的重要科学研究成果和一批盈利性很强的技术产品,都能追溯到早期染料研究产生的技术源头。可以说,正是当年面对挑战,做出了积极应对的正确选择,杜邦公司才有了今天这样雄厚的有机合成化学技术基础和长期的持续领先地位。

6.9.2 企业文化

文化,是企业的价值观和行为准则。对位芳纶技术发明与产业发展的成功基因,根植于杜邦公司信仰科学的企业文化之中。信仰科学,是杜邦公司生命体中的一种重要遗传基因。

杜邦对科学有浓厚的兴趣,他倡导的科学精神,一直是杜邦公司的核心价值观。青年时代,杜邦在法国中央火药局师从现代化学之父、著名化学家安东尼·拉沃斯亚,学习到了先进爆炸物制造技术。1802年,杜邦创建了自己的火药作坊。由此,他把先进火药制造技术、法国投资者的资本,以及关于科学进步和建设和谐劳资关系的理念带到了美国。

杜邦和他的子孙都乐于发明机器设备和工艺技术来改进爆炸物的生产和质量,他们都是19世纪个人技术发明的楷模。杜邦的大儿子阿尔弗莱德·维克特·费拉德菲·杜邦虽然接替了杜邦管理火药作坊,但他的主要兴趣是技术发明。在作坊的实验室里,他研究了多种爆炸物的特性,为海军测试了已在步兵得到应用的火棉。他设计的一台转动效率更高的全自动木桶板机(automatic barrel stave maker),取代了作坊的水轮。他的最大贡献,就是把自己热衷技术发明的基因遗传给了儿子拉穆特·杜邦。

拉穆特·杜邦是杜邦孙辈中的杰出人物。1857年,他采用硝酸钠替代硝酸钾,改变了黑火药的传统配方,把美国火药制造商从英国人控制的印度硝酸钾供应中解放了出来。此后,他又发明了爆炸威力高得多的黑色爆破炸药,实现了工业用炸药技术的一次重要突破,使火药作坊进入了烈性炸药新市场。他善于研究发明新技术新产品,进而开拓新市场且紧跟时代技术进步步伐的所作所为,点燃了19世纪中期古板的火药作坊的创新火花。1866年诺贝尔发明甘油炸药后,拉穆特·杜邦认定甘油炸药一定会取代传统炸药。在劝说当时执掌火药作坊的叔父亨利·杜邦尽快进入甘油炸药市场无效后,他毅然辞去一切职务离开火药作坊,并于1880年创建了制造甘油炸药的莱珀诺化学公司。经营莱珀诺化学公司时,他意识到甘油炸药的生产安全风险非常大,因而准备采用机械化生产,以尽可能避免工人们从事危险作业。可惜的是,他没能实现这一愿望。为解决废酸外泄毒杀特拉华河中的鱼的问题,1884 年的一天,正在研究废酸回收方法的拉穆特·杜邦,因过热的废酸爆炸而当场丧生。尽管拉穆特·杜邦英年早逝,但这位毕业于宾夕法尼亚大学的化学家关于必须依赖科学研究而生存发展的理念,以及他作为一名卓越企业家的创新精神却在杜邦公司长存。

尤金·杜邦(Eugene du Pont)1861 年加入火药作坊时,在实验室里给拉穆特·杜邦作助手,很快就成为了黑火药专家。他 1886 年就申请了黑火药压床和名为棕色棱镜的新火药两项专利。他喜爱新鲜事物,在威明顿市投资兴建了公司办公大楼并率先装备了新发明的电话。弗朗西斯·葛尼·杜邦(Francis Gurney du Pont)是尤金·杜邦的胞弟,1899 年杜邦公司成立后担任公司副总裁;他与堂弟皮埃尔·萨穆特·杜邦(Pierre Samuel du Pont)合作潜心研究诺贝尔发明的无烟火药的化学原理,1893 年发明了猎枪用无烟火药的制造工艺。

杜邦及其子孙与生俱来的科学基因,驱使着杜邦公司在两个多世纪里凸显不凡。

6.9.3　研发管理

自 1902 年建立东部实验室起,115 多年来,在有机、无机和高分子化学,化纤纺织,生物,医药,以及农业等领域,杜邦公司获得了大量有影响力的科学技术研究成果,并且都转化成了人类生产生活中广泛使用的产品。能取得如此成就,很大程度上要归因于科学的研发管理。

把基础研究与产业建设协调发展作为长期战略,始终做"发现型公司"和"科学创造型公司"。

对杜邦公司而言,把基础科学研究与产业建设协调发展作为长期战略既是形而上的信念,更是得以让科学家工程师发挥才干的制度环境。

就信念而言,杜邦公司依靠基础科学研究和技术产业化去促进企业发展的长期战略,被不断地深化认识、修正完善、臻于成熟。一些杰出科学家领导科学研究后,为杜邦公司发掘到了包括合成橡胶和合成纤维在内的人类历史上具有重大意义的科学发现和技术发明。尼龙是最成功的产品之一,它的成功激励杜邦公司确立了此后将近 50 年的科学研究机制和企业发展战略,即通过基础科学研究创造新产品。

源于基础科学研究的发现发明带来了巨大的商业成功,又进一步促使第二次世界大战后的杜邦公司强化了对高风险、无确定目标的基础研究的支持,希望能研究出更多的像尼龙那样的技术成果和商业成就。特别是克劳福德·哈洛克·格林纳瓦尔特(Crawford Hallock Greenewalt)任总裁后,确立了要再发现"新尼龙"的科学研究目标,并投入巨资加强实验室和研究手段建设。其间,各产品事业部的研究设施都得到了加强,可支撑其既能开展基础科学研究,也能从事应用技术研发。基于这种战略指针和大规模资源投入,20 世纪 50 和 60 年代,聚丙烯腈纤维、聚酯纤维、膜和树脂材料等科学技术成果不断涌现并被高效实现商业化,杜邦公司成功实现了向纺织品和工业化学品等市场的战略转型。

20 世纪 60 年代,为弥补爆炸物业务增长放缓而导致的效益下滑,杜邦公司进一步加强了对基础研究的投入,保持研究实验室基地(Experimental Station)不限定明确目标的研究导向,结果在建筑材料和电子信息领域产生了许多重大技术突破。

20 世纪 70 年代,经济衰退迫使公司紧缩开支,基础研究经费被大幅消减。杜邦公司转而更多地采取收购兼并的手段去获取新技术新产品新市场,这种做法直到 1981 年以收购康菲石油(Conoco Oil)而告终。

20 世纪 80 年代,杜邦公司再一次回归注重基础研究的价值观,再次发现自己是一间"发现型公司",强调科学能够带来无限的可能性。1984 年启动了总经费 8500 万美元的生命科学研究专项,旨在超越传统化学品技术,进入生物科学技术领域。然而,20 世纪 90 年代公众对转基因技术提出了强烈质疑,这唤醒杜邦公司要保持冷静:在强调"科技创造奇迹(The miracles of science™)"的同时,也关注公众对生物基因科学研究的担忧。

就制度环境而言,杜邦公司从早期科学研究与产业建设的成功中认识到:要把长期效益导向的基础研究与车间技术(factory - floor technologies)紧密联系起来,必须形成让科学家和工程师都能发挥才干的制度环境。正是由于创建了良性的研发制度环境,才使大批卓越的科学家和工程师能安心在杜邦公司从事科学研究和技术研发。100 多年来,杜邦公司涌现出了包括诺贝尔化学奖得主、美国国家艺术与科学院院士、美国国家工程院院士、国家科学奖章和国家技术奖章获得者在内的许多杰出科学家和工程师(表 6 – 3)。

表 6 – 3　杜邦公司历史上的杰出科学家

时期	科学家	主要科学技术贡献
业务转型与科学研究基础设施创建时期	查尔斯·李·里斯(Charles Lee Reese,1862—1940),化学家	公司第一个正规实验室 – 东部研究实验室的首任主任,对杜邦公司最早期科学研究的方向选择、方法运用和研发管理打下了良好基础
	威利斯·弗莱明·哈灵顿(Willis Fleming Harrington, 1882—1960),化学家	第一次世界大战期间,参与了染料研究的决策,1924 年任染料事业部总经理,是染料研究的开创者

（续）

时期	科学家	主要科学技术贡献
业务转型与科学研究基础设施创建时期	亚瑟·道格拉斯·钱伯斯（Arthur Douglas Chambers, 1872—1961），化学家	1917 年, 领导新建染料工场, 该工场成为了杜邦公司染料产业的发展基础
	芬恩·斯帕尔（Fin Sparre, 1879—1944），化学家	研究实验室基地创始成员; 他确信, 实现纤维素硝酸酯基化学品的多元化是转型发展的关键; 作为首席多元化战略规划师, 他全力促进杜邦公司发展成为化学公司
	埃尔默·凯撒·博尔顿（Elmer Keiser Bolton, 1886—1968），化学家、美国科学院院士	主持染料和中间体, 橡胶加硫促进剂、抗氧化剂, 四乙铅和种子灭菌剂等有机化合物的基础研究与应用技术研发, 在发明丁腈橡胶和尼龙中发挥了重要作用
	查尔斯·密尔顿·阿特兰德·斯泰因（Dr. Charles Milton Altland Stine, 1882—1954），化学家, 获 1939 年美国化学工业学会铂金奖章	钟情于理论方法研究; 创建有机化学部, 争取到了对纯粹性研究计划的资助, 开启了杜邦公司基础科学研究的先河; 邀请华莱士·卡罗瑟斯博士主持聚合机理研究, 从而发明了氯丁橡胶和尼龙
	威廉姆·赫尔·查驰（William Hale Charch, 1898—1958）	发明赛洛芬防潮技术, 变革了食品包装行业; 创建织物纤维部前沿研究实验室, 指导特氟龙、奥纶、达可纶和莱卡的研发; 是对位芳纶发明人克沃莱克的伯乐
	托马斯·汉密尔顿·奇尔顿（Thomas Hamilton Chilton, 1899—1972），化学家	领导了长达 34 年的化学工程研究; 与阿兰·菲利普·科本, 合作创造了奇尔顿 – 科本类比（Chilton – Colburn analogy）研究方法
	阿兰·菲利普·科本（Allan Philip Colburn, 1904—1955），化学家	基础研究能力极为突出; 对热传递与能量循环研究有突出贡献
基础科学研究成果迭出时期	华莱士·休姆·卡罗瑟斯（Dr. Wallace Hume Carothers, 1896—1937）	在基础有机化学研究的最初 10 年里, 发挥了至关重要的领导作用; 发现了丁腈橡胶和尼龙, 申请了 50 多项专利
	朱利安·希尔（Julian Hill, 1904—1996）	合成相对分子质量为 12000 的聚酯聚合物, 打破了当时的聚合物分子量纪录; 发明了聚酯纤维冷拉伸纺丝工艺这项划时代的技术, 为发现尼龙开辟了道路

（续）

时期	科学家	主要科学技术贡献
基础科学研究成果迭出时期	罗伊·普朗科特（Roy J. Plunkett，1910—1994），化学家，1985年入选美国国家发明家名人堂	发现聚四氟乙烯
	乔治·H. 格尔曼医学博士（George H. Gehrmann, M.D., 1890—1959）	开创职业安全健康研究；创建美国首个工业毒物学实验室
变革时期	斯蒂芬妮·露易丝·克沃莱克（Stephanie Louise Kwolek，1923—2014），化学家，1995年入选美国国家发明家名人堂	合成了第一个可溶解的芳族聚酰胺液晶聚合物，并发明了对位芳纶
	保罗·温思罗普·摩根（Paul W. Morgan）	与克沃莱克合作发现了间位芳纶；领导了1959年开始的中试研究，以及于1967年建成的纺丝、纺织和无纺布工厂的建设
寻求新方向与可持续发展时期	乔治·威廉姆·巴歇尔（George William Parshall，1929—），化学家、美国科学院院士和美国艺术与科学院院士	在熔盐法、膜催化、有机金属化合物、过渡金属化学和无机化学领域，有重要的学术贡献
	查尔斯·J. 佩德森（Charles J. Pedersen，1904—1989），诺贝尔化学奖获得者	发明了冠醚
	乌玛·德瑞（Uma Chowdhry，1947—），美国工程院院士	在陶瓷、化学品合成以及电子电路学领域的科学研究贡献卓著

6.9.4　科学管理

对科学发现型企业而言，规划发展愿景与路径、识别环境挑战与机遇、调控科研方向与投入、优化资源配置与效益等战略运筹和日常运营事务，科学管理的重要性是非同一般的。与信仰科学一样，崇尚科学管理是杜邦公司的另一重要遗传基因。215年来，杜邦公司造就了一批杰出的管理实战人才，他们掌控着这艘企业巨轮在变幻莫测的市场中砥砺前行（表6-4）。

整个20世纪，是杜邦公司基础科学研究发现、技术发明和产品研发等成果叠出的黄金期。20世纪初，杜邦公司就开始了应用研究和基础研究两种类型的科学技术研究活动。应用研究，旨在研发新产品和为现有产品寻求新的应用领域。基础研究,旨在探索那些无需考虑产品或市场的科学问题。

1902 年建立的东部实验室和 1903 年建立的研究实验室基地,在建立后的第一个 10 年里,表现反差很大。东部实验室专注研究烈性炸药,在产品和工艺研发方面成果丰硕。而研究实验室基地,当时只是杜邦公司发展事业部的一个部门,负责解决与系列产品相关的各式各样的技术问题,投资回报并不显著。就如何配置研究资源以及如何运用不同的研究理念指导科研活动等问题,当时的杜邦公司内部曾看法不同。

1904 年,就科研是以事业部实验室还是以研究实验室基地为基础展开,发生了一次争论。在时任公司总裁阿尔弗莱德·伊雷内·杜邦领导下,研究决定:杜邦公司要循着两条赛道齐头并进的模式开展科学研究。为了更好地支撑销售和制造业务,1921 年杜邦公司决定把研发资源分解到各个业务部门去。爆炸物、油漆和染料等产品部门纷纷建立了自己的应用技术研发设施。实践证明,这种让科研直接与特定产品和生产工艺对接的路子在当时是成功的。

查尔斯·米尔顿·阿尔特兰德·斯泰因(Charles Milton Altland Stine)1916 年筹建了有机化学部(Organic Chemicals Division)。他钟情于理论方法而非简单经验,强调科学研究要有古代航海家和探险家的"冒险商船"精神。他游说时任总裁拉穆特·杜邦二世,要提升杜邦公司的科学威望和获得有市场前景的科学发现,基础科学研究的作用不可小觑。1927 年,拉穆特·杜邦二世接受了他的建议,每年拨款 30 万美元用于基础研究。20 世纪 30 年代,杜邦公司收获的氯丁橡胶和尼龙等重大科研成果证明了斯泰因关于基础科学研究的信念是正确的。由此,"科学必将开创出新的可能性(science will eventually open up new possibilities)"[1]的信念,成为了杜邦公司长期坚持开展基础科学研究的思想基础。

相比之下,1930 年接替斯泰因担任化学事业部负责人的埃尔默·凯撒·博尔顿(Elmer Keiser Bolton),则更注重使科学研究产生实质性收获,强调并推动基础科学研究与市场业务的紧密结合。

此后的管理实践中,杜邦公司始终寻求在斯泰因强调基础科学研究和博尔顿关注成本收益这两种管理理念间达成妥协。迄今,在遍布全球的 75 个实验室中,指导其开展科学研究的理念,既有博尔顿的保守性担心,也有斯泰因的冒险商船精神,杜邦公司的高层管理者们,始终审慎地保持着实验室与市场这两种不断变化着的力量间的平衡。

---

[1]　Dupont,1900S Research [EB/OL].[2017 - 12 - 14]. http://www. dupont. com/corporate - functions/our - company/dupont - history. html.

表6-4 杜邦公司历史上的杰出管理者

时期	杰出管理者	主要科学管理贡献
业务转型与科学研究基础设施创建时期	汉密尔顿·M. 巴克斯代尔（Hamilton M. Barksdale, 1862—1918）	1902年协助三兄弟购买公司，确保了杜邦公司完好无损；1911年任公司总经理，倡导管理创新；强调合理性、效率和传统的平衡，既是传统的监护人也是变革的代理人
	詹姆斯·艾莫里·哈斯克尔（J. Amory Haskell, 1861—1923）	1902年参与创建东部实验室；长期担任销售副总裁，实施组织结构改革，建立员工奖励制度，取得了前所未有的市场增长；是公认的能力出众的高管人才
	哈里·格纳·哈斯科尔（Harry G. Haskell, 1870—1951）	1911—1914年间，积极推广现代管理技术；重视劳动场所的生产安全和职业健康，1915年领导创建了杜邦医学事业部
	亚瑟·詹姆斯·莫克斯汉姆（Arthur James Moxham, 1854—1931）	是三兄弟的良师益友，建议他们购买公司，并建立事业部制治理结构；1903年任发展事业部负责人，为早期开拓非爆炸物业务做出了重要努力
	罗伯特·如理夫·摩根·卡彭特（Robert Ruliph Morgan Carpenter(R. R. M.), 1877—1949）	具有高超的财务和业务组织能力；1911年任发展事业部负责人，研究了数以百计非爆炸物市场的进入可行性；制定了通过研发硝基塑料和人造皮革技术、同时收购同类企业实施多元化转型的发展战略
	刘易斯·布瓦卢（Lewis A. De Blois, 1878—1967）	安全生产理念和管理制度的早期倡导者；1911年推动建立了安全设施研究推广中心、事故预防委员会和事故记录存档制度，有效促进了事故预防和职业健康
	伦纳德A. 耶基斯（Leonard A. Yerkes, 1881—1967）	任人造丝和赛珞玢公司总裁期间，建立了人造丝和赛珞玢技术研究部；是精明的市场专家，曾运用价格策略，使赛珞玢首次上市销售即获成功
	约翰·杰科布·拉斯科布（John Jakob Raskob, 1879—1950）	财务管理天赋出众；1914年任财务总监，控股通用汽车公司，获得丰厚回报；将投资回报率、统一记账程序、资本收益率和弹性预算等技术用于财务管理，效益显著
	威廉姆·科比特·斯普鲁恩斯（William Corbit Spruance, 1873—1935）	既是出色的火药工程师又拥有高超的管理能力，1919年任负责生产的副总裁；1921年主持组织结构重组，大大提高了事务处理和运行效率
科学研究成果迭出时期	沃尔特·S. 小卡彭特（Walter S. Carpenter Jr., 1888—1976）	1911年协助胞兄罗伯特·如理夫·摩根·卡彭特管理发展事业部；31岁时进入公司管理层；1921年任财务总管；1940年任总裁；第二次世界大战时，领导公司完成了军需品供应，并深度参与了曼哈顿计划研究

（续）

时期	杰出管理者	主要科学管理贡献
变革时期	克劳福德·哈洛克·格林纳瓦尔特（Crawford Hallock Greenewalt, 1902—1993）	杜邦家族的女婿；1948年任总裁；拨巨款建设了新的基础研究设施和支持前沿研究；推动了"新尼龙"基础科学研究计划，使奥纶和达可纶等合成纤维相继问世
	拉穆特·杜邦·科普兰德（Lammot du Pont Copeland, 1905—1983）	杜邦的玄孙；1962—1967年间任总裁，推动了"新事业"研发及产业建设计划，实现了莱卡、沙林（Surlyn®）和特卫强（Tyvek®）等20多种技术的商业化
	查尔斯·B. 麦考伊（Charles B. McCoy, 1910—1995）	1972年任总裁和董事会主席；通过收购兼并开辟了电子仪器、制药和建筑材料等新增长领域，铺就了20世纪80—90年代产品多元化和市场增长的通路
	爱德华·R. 凯恩（Edward R. Kane, 1918—2011）	1973年任首席执行官，把业务重心调整到了电子、农业化学品和制药等领域
寻求新方向与可持续发展时期	欧文·S. 夏皮罗（Irving S. Shapiro, 1916—2001）	1973年任董事会主席和首席执行官；坚定维护依靠科学研究寻求发展的核心价值观，把研发和业务调整到了不依赖石油原料的产品、农产品和化学品等高回报的市场领域；执掌公司渡过了非常艰难的十年
	爱德华·G. 杰斐逊（Edward G. Jefferson, 1921—2006）	1981年任董事会主席，决策向生物技术领域转型，着力开拓汽车塑料、数字存储和生物医学等新技术领域
	理查德·E. 海科特（Richard E. Heckert, 1924—2010）	1986年任首席执行官，重组电子、影像和医疗等产品业务，在汽车制品、电子信息和生命科学等技术领域取得了快速发展
	埃德加·S. 乌拉德（Edgar S. Woolard, 1934—）	1989年任首席执行官，认识到难以再仅依赖科学突破和制造规模去维持发展了，必须改进公司表现；他大力简化决策程序、扁平化组织结构、优化工艺和消减成本，改进了公司运行效率；创立医药企业，投资新型农业化学品，渡过了衰退和竞争失利困局
	查德·贺利得（Chad Holliday, 1948—）	1990年任公司副总裁兼亚太业务总裁时，领导公司重返中国市场
	艾伦·J. 库尔曼（Ellen J. Kullman, 1956—）	1995年任副总裁，主管增长速度最快的安全资源、生物质材料和安全与防护等业务；2008年和2009年，先后任总裁和董事会主席

参考文献

［1］ The New York Stock Exchange, E. I. DU PONT DE NEMOURS AND COMPANY［EB/OL］.［2015 – 06 – 24］. https://www. nyse. com/quote/XXXX:DDpB/QUOTE.

［2］ Dupont. 2015 Dupont Annual Report［R］. 2015:2 – 8.

［3］ Dupont. DuPont and Dow to Combine in Merger of Equals［EB/OL］.［2017 – 12 – 01］. http://www. dupont. com/corporate – functions/media – center/press – releases/dupont – dow – to – combine – in – merger – of – equals. html.

［4］ Dupont. Innovation Starts Here［EB/OL］.［2017 – 12 – 01］. http://www. dupont. com/corporate – functions/our – company/dupont – history. html.

［5］ Dupont. 1815 Pierre Samuel du Pont［EB/OL］.［2017 – 12 – 01］. http://www. dupont. com/corporate – functions/our – company/dupont – history. html.

［6］ Dupont. E. I. du Pont［EB/OL］.［2017 – 12 – 01］. http://www. dupont. com/corporate – functions/our – company/dupont – history. html.

［7］ Dupont. 1837 Alfred V. du Pont［EB/OL］.［2017 – 12 – 01］. http://www. dupont. com/corporate – functions/our – company/dupont – history. html.

［8］ Dupont. Henry du Pont［EB/OL］.［2017 – 12 – 01］. http://www. dupont. com/corporate – functions/our – company/dupont – history. html.

［9］ Dupont. Lammot du Pont［EB/OL］.［2017 – 12 – 01］. http://www. dupont. com/corporate – functions/our – company/dupont – history. html.

［10］ Dupont. 1889 Eugene du Pont［EB/OL］.［2017 – 12 – 01］. http://www. dupont. com/corporate – functions/our – company/dupont – history. html.

［11］ Dupont. Francis Gurney du Pont, 1888 Moving West［EB/OL］.［2017 – 12 – 01］. http://www. dupont. com/corporate – functions/our – company/dupont – history. html.

［12］ Dupont. 1902 New Owners［EB/OL］.［2017 – 12 – 01］. http://www. dupont. com/corporate – functions/our – company/dupont – history. html.

［13］ Dupont. 1902 Thomas Coleman du Pont［EB/OL］.［2017 – 12 – 01］. http://www. dupont. com/corporate – functions/our – company/dupont – history. html.

［14］ Dupont. Pierre S. du Pont［EB/OL］.［2017 – 12 – 01］. http://www. dupont. com/corporate – functions/our – company/dupont – history. html.

［15］ Dupont. Irénée du Pont［EB/OL］.［2017 – 12 – 01］. https://wikivisually. com/wiki/Irénée_du_Pont.

［16］ Dupont. 1902 Charles Lee Reese［EB/OL］.［2017 – 12 – 01］. http://www. dupont. com/corporate – functions/our – company/dupont – history. html.

［17］ Dupont. 1905 Willis Fleming Harrington［EB/OL］.［2017 – 12 – 01］. http://www. dupont. com/corporate – functions/our – company/dupont – history. html.

［18］ Dupont. 1906 Arthur Douglas Chambers［EB/OL］.［2017 – 12 – 01］. http://www. dupont. com/corporate – functions/our – company/dupont – history. html.

［19］ Dupont. 1911 Fin Sparre［EB/OL］.［2017 – 12 – 01］. http://www. dupont. com/corporate – functions/our – company/dupont – history. html.

［20］ Dupont. 1915 Elmer K. Bolton［EB/OL］.［2017 – 12 – 01］. http://www. dupont. com/corporate – functions/our – company/dupont – history. html.

［21］ Dupont. 1925 William Hale Charch ［EB/OL］.［2017 – 12 – 01］. http://www. dupont. com/corporate – functions/our – company/dupont – history. html.

［22］ American Chemical Society, Stephanie Kwolek ［EB/OL］.［2017 – 11 – 08］. https://www. acs. org/content/acs/en/education/whatischemistry/women – scientists/stephanie – kwolek. html.

［23］ Dupont. 1925 Thomas H. Chilton ［EB/OL］.［2017 – 12 – 01］. http://www. dupont. com/corporate – functions/our – company/dupont – history. html.

［24］ Dupont. 1927 Wallace Carothers ［EB/OL］.［2017 – 12 – 01］. http://www. dupont. com/corporate – functions/our – company/dupont – history. html.

［25］ Dupont. Julian Hill ［EB/OL］.［2017 – 12 – 01］. http://www. dupont. com/corporate – functions/our – company/dupont – history. html.

［26］ Dupont. Roy Plunkett ［EB/OL］.［2017 – 12 – 01］. http://www. dupont. com/corporate – functions/our – company/dupont – history. html.

［27］ Dupont. Toxicology Pioneer ［EB/OL］.［2017 – 12 – 01］. http://www. dupont. com/corporate – functions/our – company/dupont – history. html.

［28］ Dupont. 1965 Stephanie L. Kwolek ［EB/OL］.［2017 – 12 – 01］. http://www. dupont. com/corporate – functions/our – company/dupont – history. html.

［29］ Dupont. 1967 Nomex® ［EB/OL］.［2017 – 12 – 01］. http://www. dupont. com/corporate – functions/our – company/dupont – history. html.

［30］ Dupont. George William Parshall ［EB/OL］.［2017 – 12 – 01］. http://www. dupont. com/corporate – functions/our – company/dupont – history. html.

［31］ Dupont. Uma Chowdhry ［EB/OL］.［2017 – 12 – 01］. http://www. dupont. com/corporate – functions/our – company/dupont – history. html.

［32］ Dupont. 1902 Hamilton M. Barksdale ［EB/OL］.［2017 – 12 – 01］. http://www. dupont. com/corporate – functions/our – company/dupont – history. html.

［33］ Dupont. 1902 Arthur J. Moxham ［EB/OL］.［2017 – 12 – 01］. http://www. dupont. com/corporate – functions/our – company/dupont – history. html.

［34］ Dupont. Robert Ruliph Morgan (R. R. M.) Carpenter ［EB/OL］.［2017 – 12 – 01］. http://www. dupont. com/corporate – functions/our – company/dupont – history. html.

［35］ Dupont. 1917 Leonard A. Yerkes ［EB/OL］.［2017 – 12 – 01］. http://www. dupont. com/corporate – functions/our – company/dupont – history. html.

［36］ Dupont. 1919 William C. Spruance ［EB/OL］.［2017 – 12 – 01］. http://www. dupont. com/corporate – functions/our – company/dupont – history. html.

［37］ Dupont. 1940 Walter S. Carpenter Jr. ［EB/OL］.［2017 – 12 – 01］. http://www. dupont. com/corporate – functions/our – company/dupont – history. html.

［38］ Dupont. 1948 Crawford H. Greenewalt ［EB/OL］.［2017 – 12 – 01］. http://www. dupont. com/corporate – functions/our – company/dupont – history. html.

［39］ Dupont. 1962 Lammot du Pont Copeland ［EB/OL］.［2017 – 12 – 01］. http://www. dupont. com/corporate – functions/our – company/dupont – history. html.

［40］ Dupont. 1967 Charles B. McCoy ［EB/OL］.［2017 – 12 – 01］. http://www. dupont. com/corporate – functions/our – company/dupont – history. html.

［41］ Dupont. 1969 Pharmaceuticals Grows ［EB/OL］.［2017 – 12 – 01］. http://www. dupont. com/corporate – functions/our – company/dupont – history. html.

［42］ Dupont. 1973 Irving S. Shapiro ［EB/OL］.［2017 – 12 – 01］. http://www. dupont. com/corporate – functions/our – company/dupont – history. html.

[43] Dupont. 1980 Edward G. Jefferson [EB/OL]. [2017 – 12 – 01]. http://www. dupont. com/corporate – functions/our – company/dupont – history. htm.

[44] Dupont. 1986 Richard E. Heckert [EB/OL]. [2017 – 12 – 01]. http://www. dupont. com/corporate – functions/our – company/dupont – history. html.

[45] Dupont. 1989 Edgar S. Woolard [EB/OL]. [2017 – 12 – 01]. http://www. dupont. com/corporate – functions/our – company/dupont – history. html.

[46] Dupont. 1984 Reentering China [EB/OL]. [2017 – 12 – 01]. http://www. dupont. com/corporate – functions/our – company/dupont – history. html.

[47] Dupont. 1997 Chad Holliday [EB/OL]. [2017 – 12 – 01]. http://www. dupont. com/corporate – functions/our – company/dupont – history. html.

[48] Dupont. 1804 Black Powder [EB/OL]. [2017 – 12 – 01]. http://www. dupont. com/corporate – functions/our – company/dupont – history. html.

[49] Dupont. 1910s Synthetic Textkle Fibers [EB/OL]. [2017 – 12 – 01]. http://www. dupont. com/corporate – functions/our – company/dupont – history. html.

[50] Dupont. 1910 Artificial Leather [EB/OL]. [2017 – 12 – 01]. http://www. dupont. com/corporate – functions/our – company/dupont – history. html.

[51] Dupont. 1917 Making Dyes [EB/OL]. [2017 – 12 – 01]. http://www. dupont. com/corporate – functions/our – company/dupont – history. html.

[52] Dupont. 1915 Plastics [EB/OL]. [2017 – 12 – 01]. http://www. dupont. com/corporate – functions/our – company/dupont – history. html.

[53] Dupont. 1917 Paints and Coatings [EB/OL]. [2017 – 12 – 01]. http://www. dupont. com/corporate – functions/our – company/dupont – history. html.

[54] Dupont. 1923 Cellophane [EB/OL]. [2017 – 12 – 01]. http://www. dupont. com/corporate – functions/our – company/dupont – history. html.

[55] Dupont. 1924 Film Business Begins [EB/OL]. [2017 – 12 – 01]. http://www. dupont. com/corporate – functions/our – company/dupont – history. html.

[56] Dupont. 1968 Riston ® Dry Film Photoresists [EB/OL]. [2017 – 12 – 01]. http://www. dupont. com/corporate – functions/our – company/dupont – history. html.

[57] Dupont. 1925 First Ammonia Made [EB/OL]. [2017 – 12 – 01]. http://www. dupont. com/corporate – functions/our – company/dupont – history. html.

[58] Dupont. 1930 Freon ® [EB/OL]. [2017 – 12 – 01]. http://www. dupont. com/corporate – functions/our – company/dupont – history. html.

[59] Dupont. 1937 Butacite ® [EB/OL]. [2017 – 12 – 01]. http://www. dupont. com/corporate – functions/our – company/dupont – history. html.

[60] Dupont. 1929 Cordura [EB/OL]. [2017 – 12 – 01]. http://www. dupont. com/corporate – functions/our – company/dupont – history. html.

[61] Dupont. 1931 Neoprene [EB/OL]. [2017 – 12 – 01]. http://www. dupont. com/corporate – functions/our – company/dupont – history. html.

[62] Dupont. 1935 Nylon [EB/OL]. [2017 – 12 – 01]. http://www. dupont. com/corporate – functions/our – company/dupont – history. html.

[63] Dupont. 1941 Orlon [EB/OL]. [2017 – 12 – 01]. http://www. dupont. com/corporate – functions/our – company/dupont – history. html.

［64］ Dupont. 1950 Dacron［EB/OL］.［2017 – 12 – 01］. http://www. dupont. com/corporate – functions/our – company/dupont – history. html.

［65］ Dupont. 1949 Engineering Polymers［EB/OL］.［2017 – 12 – 01］. http://www. dupont. com/corporate – functions/our – company/dupont – history. html.

［66］ Dupont. 1952 Mylar ®［EB/OL］.［2017 – 12 – 01］. http://www. dupont. com/corporate – functions/our – company/dupont – history. html.

［67］ Dupont. 1961 Tedlar ®［EB/OL］.［2017 – 12 – 01］. http://www. dupont. com/corporate – functions/our – company/dupont – history. html.

［68］ Dupont. 1962 Lycra［EB/OL］.［2017 – 12 – 01］. http://www. dupont. com/corporate – functions/our – company/dupont – history. html.

［69］ Dupont. 1966 Tyvek ®［EB/OL］.［2017 – 12 – 01］. http://www. dupont. com/corporate – functions/our – company/dupont – history. html.

［70］ Dupont. 1968 Riston ® Dry Film Photoresists［EB/OL］.［2017 – 12 – 01］. http://www. dupont. com/corporate – functions/our – company/dupont – history. html.

［71］ Dupont. 1968 Lannate ®［EB/OL］.［2017 – 12 – 01］. http://www. dupont. com/corporate – functions/our – company/dupont – history. html.

［72］ Dupont. 1969 Making Bad Water Good［EB/OL］.［2017 – 12 – 01］. http://www. dupont. com/corporate – functions/our – company/dupont – history. html.

［73］ Dupont. 1967 Nomex ®［EB/OL］.［2017 – 12 – 01］. http://www. dupont. com/corporate – functions/our – company/dupont – history. html.

［74］ Dupont. 1969 Medical Products［EB/OL］.［2017 – 12 – 01］. http://www. dupont. com/corporate – functions/our – company/dupont – history. html.

［75］ Dupont. 1970 Benlate Fungicide［EB/OL］.［2017 – 12 – 01］. http://www. dupont. com/corporate – functions/our – company/dupont – history. html.

［76］ Dupont. 1973 Sontara ®［EB/OL］.［2017 – 12 – 01］. http://www. dupont. com/corporate – functions/our – company/dupont – history. html.

［77］ Dupont. 1976 SilverStone［EB/OL］.［2017 – 12 – 01］. http://www. dupont. com/corporate – functions/our – company/dupont – history. html.

［78］ Dupont. 1986 Stainmaster［EB/OL］.［2017 – 12 – 01］. http://www. dupont. com/corporate – functions/our – company/dupont – history. html.

［79］ Dupont. 1972 Electronics Expansion［EB/OL］.［2017 – 12 – 01］. http://www. dupont. com/corporate – functions/our – company/dupont – history. html.

［80］ Dupont. 1972 Cromalin ®［EB/OL］.［2017 – 12 – 01］. http://www. dupont. com/corporate – functions/our – company/dupont – history. html.

［81］ Dupont. 1990 Replacing CFCs［EB/OL］.［2017 – 12 – 01］. http://www. dupont. com/corporate – functions/our – company/dupont – history. html.

［82］ Dupont. 1996 Dupont Dow Elastomers［EB/OL］.［2017 – 12 – 01］. http://www. dupont. com/corporate – functions/our – company/dupont – history. html.

［83］ Dupont. 1998 Herberts Acquired［EB/OL］.［2017 – 12 – 01］. http://www. dupont. com/corporate – functions/our – company/dupont – history. html.

［84］ Dupont. 1999 Investing Pioneer［EB/OL］.［2017 – 12 – 01］. http://www. dupont. com/corporate – functions/our – company/dupont – history. html.

［85］ Dupont. 2000 New Polymer Platform［EB/OL］.［2017 – 12 – 01］. http://www. dupont. com/corporate –

functions/our – company/dupont – history. html.

［86］Dupont. 2000 Next – generation Displays［EB/OL］.［2017 – 12 – 01］. http://www. dupont. com/corpo-rate – functions/our – company/dupont – history. html.

［87］Dupont. 2003 Fuel and Chemicals from Corn［EB/OL］.［2017 – 12 – 01］. http://www. dupont. com/cor-porate – functions/our – company/dupont – history. html.

［88］Dupont. 2007 $ 4100M Bio – PDO Facility［EB/OL］.［2017 – 12 – 01］. http://www. dupont. com/cor-porate – functions/our – company/dupont – history. html.

［89］Dupont. 1902 Charles Lee Reese［EB/OL］.［2017 – 12 – 01］. http://www. dupont. com/corporate – functions/our – company/dupont – history. html.

［90］Dupont. 1903 Experimental Station［EB/OL］.［2017 – 12 – 01］. http://www. dupont. com/corporate – functions/our – company/dupont – history. html.

［91］Dupont. 1985 Research Triangle Park［EB/OL］.［2017 – 12 – 01］. http://www. dupont. com/corporate – functions/our – company/dupont – history. html.

［92］Dupont. 1986 Tau Laboratories, Inc.［EB/OL］.［2017 – 12 – 01］. http://www. dupont. com/corporate – functions/our – company/dupont – history. html.

［93］Dupont. 1987 Meyrin, Switaerland［EB/OL］.［2017 – 12 – 01］. http://www. dupont. com/corporate – functions/our – company/dupont – history. html.

［94］Dupont. 1804 First Powder Mill［EB/OL］.［2017 – 12 – 01］. http://www. dupont. com/corporate – func-tions/our – company/dupont – history. html.

［95］Dupont. 1892 Carney's Point［EB/OL］.［2017 – 12 – 01］. http://www. dupont. com/corporate – func-tions/our – company/dupont – history. html.

［96］Dupont. 1909 Dupont. Washington［EB/OL］.［2017 – 12 – 01］. http://www. dupont. com/corporate – functions/our – company/dupont – history. html.

［97］Dupont. 1906 Arthur Douglas Chambers［EB/OL］.［2017 – 12 – 01］. http://www. dupont. com/corporate – functions/our – company/dupont – history. html.

［98］Dupont. 1914 Deepwater Point［EB/OL］.［2017 – 12 – 01］. http://www. dupont. com/corporate – func-tions/our – company/dupont – history. html.

［99］Dupont. 1917 Old Hickory［EB/OL］.［2017 – 12 – 01］. http://www. dupont. com/corporate – functions/our – company/dupont – history. html.

［100］Dupont. 1921 Buffalo, New York［EB/OL］.［2017 – 12 – 01］. http://www. dupont. com/corporate – functions/our – company/dupont – history. html.

［101］Dupont. 1928 Chemical Expansion［EB/OL］.［2017 – 12 – 01］. http://www. dupont. com/corporate – functions/our – company/dupont – history. html.

［102］Dupont. 1928 Waynesboro, Virginia［EB/OL］.［2017 – 12 – 01］. http://www. dupont. com/corporate – functions/our – company/dupont – history. html.

［103］Dupont. 1929 Spruance Plant［EB/OL］.［2017 – 12 – 01］. http://www. dupont. com/corporate – func-tions/our – company/dupont – history. html.

［104］Dupont. 1929 Krebs Pigment & Chemical Company［EB/OL］.［2017 – 12 – 01］. http://www. dupont. com/corporate – functions/our – company/dupont – history. html.

［105］Dupont. 1930 Roessler & Hasslacher Chemical Company［EB/OL］.［2017 – 12 – 01］. http://www. dupont. com/corporate – functions/our – company/dupont – history. html.

［106］Dupont. 1942 Manhattan Project［EB/OL］.［2017 – 12 – 01］. http://www. dupont. com/corporate – functions/our – company/dupont – history. html.

[107] Dupont. 1931 Neoprene［EB/OL］.［2017 – 12 – 01］. http://www. dupont. com/corporate – functions/ our – company/dupont – history. html.

[108] Dupont. 1939 Seaford, Delaware［EB/OL］.［2017 – 12 – 01］. http://www. dupont. com/corporate – functions/our – company/dupont – history. html.

[109] Dupont. 1957 First European Plant［EB/OL］.［2017 – 12 – 01］. http://www. dupont. com/corporate – functions/our – company/dupont – history. html.

[110] Dupont. 1802 Wilmington, Delaware［EB/OL］.［2017 – 12 – 01］. http://www. dupont. com/corporate – functions/our – company/dupont – history. html.

[111] Dupont. 1902 Laflin & Rand Powder Company［EB/OL］.［2017 – 12 – 01］. http://www. dupont. com/ corporate – functions/our – company/dupont – history. html.

[112] Dupont. 1983 Preserving Open Land［EB/OL］.［2017 – 12 – 01］. http://www. dupont. com/corporate – functions/our – company/dupont – history. html.

[113] Dupont. 1984 Reentering China［EB/OL］.［2017 – 12 – 01］. http://www. dupont. com/corporate – functions/our – company/dupont – history. html.

[114] Dupont. 2004 Best Know Global Fiber Brands Sold［EB/OL］.［2017 – 12 – 01］. http://www. dupont. com/corporate – functions/our – company/dupont – history. html.

[115] Dupont. 2011 Danisco Acquired［EB/OL］.［2017 – 12 – 01］. http://www. dupont. com/corporate – functions/our – company/dupont – history. html.

[116] Dupont. 2015 New Headquarters for the Next Generation Dupont［EB/OL］.［2017 – 12 – 01］. http:// www. dupont. com/corporate – functions/our – company/dupont – history. html.

[117] Dupont. 2015 Dupont Complestes Spin – off of The Chemours Company［EB/OL］.［2017 – 12 – 01］. http://www. dupont. com/corporate – functions/our – company/dupont – history. html.

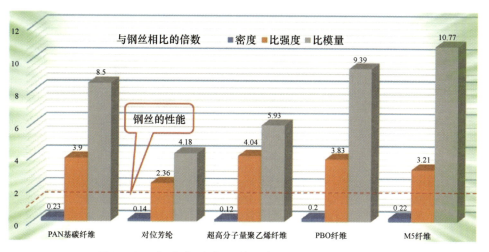

图1-3 主要高性能纤维与钢丝性能比较示意图

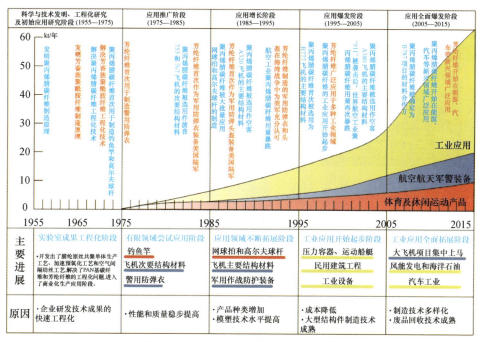

图2-1 高性能纤维发展的50年

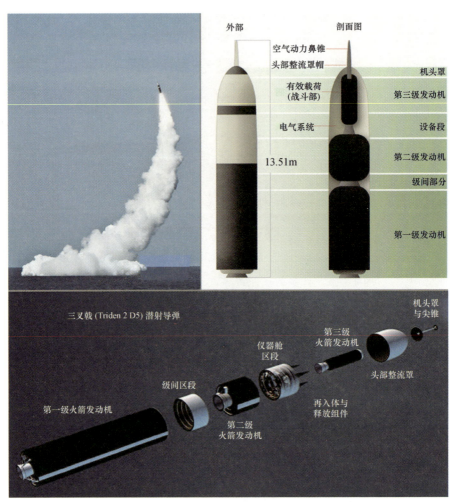

外部　　剖面图

空气动力鼻锥
头部整流罩帽　　　　　机头罩
有效载荷
（战斗部）　　　　　　第三级发动机
电气系统　　　　　　　设备段
13.51m　　　　　　　第二级发动机
　　　　　　　　　　　级间部分
　　　　　　　　　　　第一级发动机

三叉戟（Triden 2 D5）潜射导弹

机头罩
与尖锥

第三级
火箭发动机

仪器舱
区段

级间区段

第二级
火箭发动机

第一级火箭发动机

再入体与
释放组件

头部整流罩

图 3-1　CFRP 在导弹上的应用示例

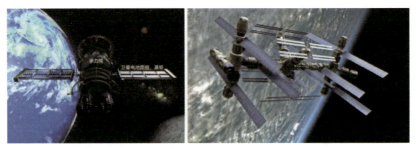

图 3-2　CFRP 在卫星和空间站上的应用示例

登山用绳缆

电力用牵引绳缆

特种线带

火星探测器着陆垫

舰船及海洋工程用绳缆

图 3 – 47　对位芳纶制造的特种绳缆及线带

海上液体输送管线

海上采油平台抽油管线

图 3 – 48　对位芳纶增强耐压橡胶管线

浆粕

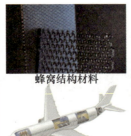
蜂窝结构材料

机载雷达罩

机体次要结构材料

风力发动机叶片框架(中空部分填充蜂窝材料)

图 3 - 53　对位芳纶纸制造的蜂窝结构材料

图 3 - 58　袋式除尘装置

图 3 - 61　不同高性能纤维制成的织网输送带

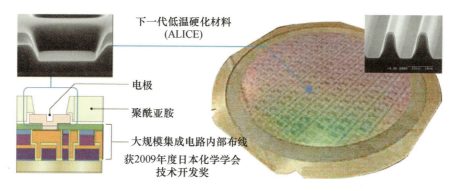

下一代低温硬化材料
(ALICE)

电极

聚酰亚胺

大规模集成电路内部布线

获2009年度日本化学学会
技术开发奖

图 5 - 13   300mm 晶圆用高可靠性正性光敏聚酰亚胺膜成型技术

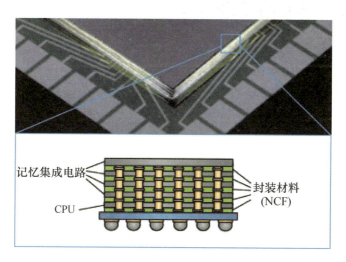

记忆集成电路

CPU

封装材料
(NCF)

图 5 - 14   封装与电磁功能材料示例

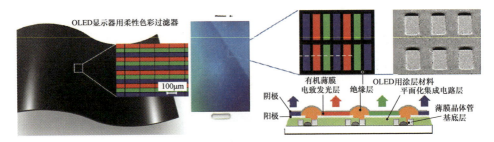

有机薄膜电致发光层　绝缘层　OLED用涂层材料平面化集成电路层

阴极
阳极
薄膜晶体管
基底层

OLED显示器用柔性色彩过滤器

100μm

图 5 - 15　先进显示材料示例

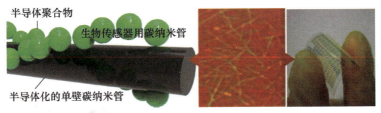

半导体聚合物
生物传感器用碳纳米管
半导体化的单壁碳纳米管

图 5 - 16　生物传感器用碳纳米管材料示例

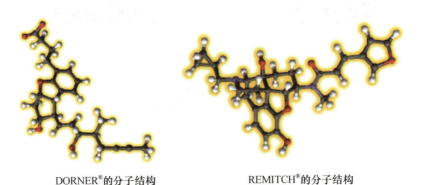

DORNER®的分子结构　　　　REMITCH®的分子结构

图 5 - 19　所发现的药物的分子结构示例

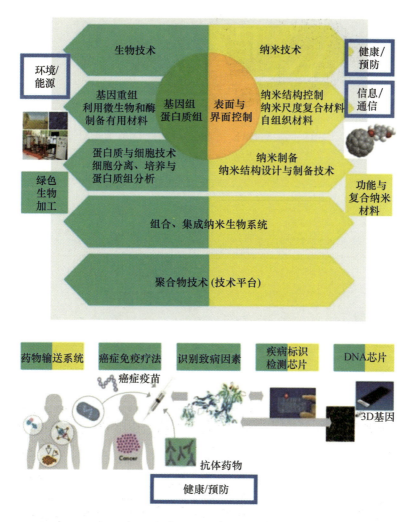

图 5-20 新前沿科学技术研究实验室研究领域示意图

图 5-27　基于 CAE 树脂流动性分析结果设计的
汽车发动机树脂部件

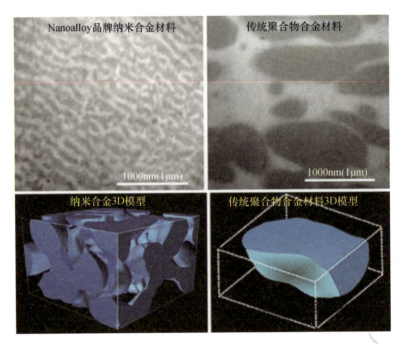

图 5-33　三维连续排列的纳米尺度相结构